国家生物安全出版工程

国家出版基金项目
NATIONAL PUBLICATION FOUNDATION

国家生物安全出版工程

—— 总主编 李生斌　沈百荣 ——

国家出版基金项目
NATIONAL PUBLICATION FOUNDATION

国家生物安全出版工程

——— 总主编 李生斌 沈百荣 ———

实验室生物安全及规范管理

主　编　廖林川
副主编　艾德生　黄　江

西安交通大学出版社
XI'AN JIAOTONG UNIVERSITY PRESS

图书在版编目（CIP）数据

实验室生物安全及规范管理／廖林川主编. — 西安：
西安交通大学出版社，2023.12
国家生物安全出版工程
ISBN 978-7-5693-3602-3

Ⅰ.①实…　Ⅱ.①廖…　Ⅲ.①生物学—实验室管理—
安全管理　Ⅳ.①Q-338

中国国家版本馆 CIP 数据核字（2023）第 242242 号

SHIYANSHI SHENGWU ANQUAN JI GUIFAN GUANLI

书　　名	实验室生物安全及规范管理
主　　编	廖林川
责任编辑	郭泉泉
责任印制	张春荣　刘　攀
责任校对	肖　眉

出版发行　西安交通大学出版社
　　　　　（西安市兴庆南路 1 号　邮政编码 710048）
网　　址　http://www.xjtupress.com
电　　话　(029)82668357　82667874(市场营销中心)
　　　　　(029)82668315(总编办)
传　　真　(029)82668280
印　　刷　西安五星印刷有限公司

开　　本　787mm×1092mm　1/16　印张　21　字数　379 千字
版次印次　2023 年 12 月第 1 版　　2023 年 12 月第 1 次印刷
书　　号　ISBN 978-7-5693-3602-3
定　　价　228.00 元

如发现印装质量问题,请与本社市场营销中心联系。
订购热线:(029)82665248　(029)82667874
投稿热线:(029)82668805

国家生物安全出版工程

编撰委员会

顾 问

樊代明　王　辰　李昌钰　杨焕明
贺　林　刘　耀　丛　斌

主任委员

李生斌　杨焕明

副主任委员

沈百荣　胡　兰　杨万海　陈　腾　石　昕　葛百川
李卓凝　焦振华　袁正宏　张　磊　谢书阳

丛书总主编

李生斌　沈百荣

丛书总审

杨焕明　于　军　贺　林　丛　斌
张建中　闵建雄　刘　超

编委会委员

参编单位

（以音序排列）

安徽大学	河北大学
安徽科技学院	河北医科大学
百码科技(深圳)有限公司	华大基因
北京大学	华壹健康技术有限公司
北京航空航天大学	华壹健康医学检验实验室有限公司
北京警察学院	华中科技大学
北京市公安局	济宁医学院
滨州医学院	暨南大学
长安先导集团	嘉兴南湖学院
重庆市公安局	江苏大学
重庆医科大学	精密微纳制造技术全国重点实验室
大连理工大学	空天微纳系统教育部重点实验室
复旦大学	昆明医科大学
广东省毒品实验技术中心	南京医科大学
广州市第八人民医院	南通大学
广州市公安局	宁波市公安局
广州医科大学	清华大学
贵州医科大学	山东第一医科大学
国家生物安全证据基地	山东农业大学
国家卫生健康委法医学重点实验室	山西医科大学
海南大学	陕西省司法鉴定学会
海南医学院	陕西省医学会
海南政法职业学院	陕西省医学会生物安全分会
杭州锘崴信息科技有限公司	上海交通大学

上海市公安局　　　　　　　　　　云南大学

深圳大学　　　　　　　　　　　　云南省公安厅

深圳华大基因科技有限公司　　　　浙江大学

深圳市公安局　　　　　　　　　　浙江警察学院

司法鉴定科学研究院　　　　　　　中国电子技术标准化研究院

四川大学　　　　　　　　　　　　中国法医学会

四川大学华西医院　　　　　　　　中国疾病预防控制中心

四川省公安厅　　　　　　　　　　中国科学院

苏州大学　　　　　　　　　　　　中国科学院大学

西安城市发展（集团）有限公司　　中国人民公安大学

西安交通大学　　　　　　　　　　中国人民解放军军事科学院

西安交通大学学报（医学版）第九届　中国人民解放军军事医学科学院

　　编辑委员会　　　　　　　　　中国人民解放军空军军医大学

西安人才集团　　　　　　　　　　中国刑事警察学院

西安市第三医院　　　　　　　　　中国研究型医院学会

西安市公安局　　　　　　　　　　中国医科大学

西安碳桢科技有限公司　　　　　　中国医学科学院

西北工业大学　　　　　　　　　　中国政法大学

香港城市大学　　　　　　　　　　中华人民共和国公安部

新乡医学院　　　　　　　　　　　中华人民共和国最高人民法院

烟台大学　　　　　　　　　　　　中华人民共和国最高人民检察院

烟台市公安局　　　　　　　　　　中南大学

烟台市公共卫生临床中心　　　　　中山大学

烟台业达医院　　　　　　　　　　珠海市人民医院

扬州大学

《实验室生物安全及规范管理》
编委会

主 编
廖林川

副主编
艾德生 黄 江

编 委
（按姓氏笔画排序）

王启燕	贵州医科大学	陈红英	四川大学
艾德生	清华大学	陈建平	四川大学
叶 懿	四川大学	林 瑶	四川大学
史 莹	四川大学	林静雯	四川大学
许 欣	四川大学	赵娅君	四川大学
江 轶	清华大学	钟 瑜	四川大学
刘玉波	贵州医科大学	黄 江	贵州医科大学
李树华	昆明医科大学	黄 强	四川大学
李婉宜	四川大学	黄梦珠	四川大学
杨 林	四川大学	梁少宇	四川大学
杨宏坤	四川大学	靳小业	贵州医科大学
何 柳	四川大学	廖林川	四川大学
张建辉	浙江大学	潘 倩	四川大学

国家生物安全出版工程

丛书总策划
刘夏丽

丛书总编辑
刘夏丽　李　晶　赵文娟

丛书编辑
刘夏丽　李　晶　赵文娟
秦金霞　张沛烨　郭泉泉
肖　眉　张永利　张家源

序 一
FOREWORD
国家生物安全出版工程

　　生物安全关注并解决全球、国家和地方规模的相关难题。这种跨学科的生物安全政策和科学方法,建立在人类、动物、植物和环境健康之间相互联系之上,以有效预防和减轻生物安全风险影响;同时提供一个综合视角和科学框架,来解决许多超越健康、农业和环境传统界限的生物安全风险。

　　面对全球生物安全风险的不断演变,我国政府高度重视生物安全体系建设,将生物安全纳入国家安全战略,积极推进多学科交叉整合和相关法律法规的制定与完善。生物安全内容涵盖了人类学、动物学、微生物学、植物学、基因组学、信息学、法医学、刑事科学、环境科学、人工智能、微纳传感、生物计算以及社会学、经济学等学科领域,主要用于调查和解决与生物安全风险相关活动、生物技术、药物滥用,以及生物威胁等问题,在确保全球公共卫生和安全方面发挥着至关重要的作用。因此,由国家出版基金资助,国家卫生健康委员会法医学重点实验室和国家生物安全证据基地牵头,联合西安交通大学、四川大学、中国科学院等90余所知名大学、科研机构的200余位专家共同编写了"国家生物安全出版工程"丛书。丛书共分10卷,包括《生物安全证据技术》《生物安全信息学》《生物安全多元数据与智能预警》《动物、植物与生物安全》《人类遗传资源保护与应用》《生物入侵与生态安全》《生物安全相关死亡的处理与应对》《生物安全威胁防控实践与进展》《实验室生物安全及规范管理》《法医微生物与生物安全》。

丛书统筹考虑国家生物安全涉及的各个要素间的关系,以生物安全证据为核心,探索生物安全智能分析、控制与预警应用,涉及相关技术、工具、算法等领域,包括生物溯源、生物分子分型、生物安全证据技术、生物威胁、死亡机制、遗传资源等方面。本项目首次较为系统地对生物安全证据方法、技术、标准以及教育科研等方面的研究进行了梳理,跟踪国内外生物安全证据与鉴定技术、科研、实验、标准的最新动向,为国家生物安全证据相关管理政策、技术标准的制定和立法评估等提供了技术支撑,也将成为在生物安全证据、司法鉴定、法医微生物等领域的新指南;有助于解决生物安全领域的争议或者纠纷事件,提供生物证据和预警依据,提升国家生物安全的防控能力,筑牢国家生物安全的防火墙。同时,书中关于建立微生物基因组分型的方法和技术,也将为确保全球公共卫生和生物安全方面发挥至关重要的作用。

丛书的编撰和出版,对于加快国家生物安全技术创新、保障生物科技健康发展、提升国家生物防御能力、防范生物安全事件、掌握未来生物技术、竞争制高点和有效维护国家安全具有重大意义。丛书审视当前国家生物安全的新特点,汇集整理了当今相关领域重要的研究数据,为后续研究提供了权威、可靠、较为全面的数据,为国家生物安全战略布局和进一步研究提供了重要参考。

在丛书编撰过程中,编写人员充分发挥了自己的专业优势,紧密结合国内外生物安全的最新动态,借鉴国际生物安全治理的经验,探讨了我国生物安全面临的风险与挑战,提出了切实可行的政策建议和管理措施。丛书不仅反映了我国生物安全领域的最新研究成果,也凝聚了所有编写人员的心血和智慧。

"国家生物安全出版工程"丛书的出版,不仅对提高全社会的生物安全意识、加强生物安全风险管理、促进生物技术健康发展具有重要意义,而且对推动我国生物安全领域的学术交流和人才培养、提升国家生物安全科技创新能力也将发挥积极作用。

我们期待这套丛书的出版能够为政府部门、科研机构、教育机构、法律司法机关以及广大读者提供一部了解生物安全、关注生物安全、参与生物安全的权威读本,为推动我国生物安全事业的发展、构建人类命运共同体贡献一份力量。

是为序。

2023 年 12 月 30 日

樊代明,中国工程院院士,美国医学科学院外籍院士,法国医学科学院外籍院士。

生物安全是当今世界面临的重大挑战之一。它是健康－农业－环境的系统协同和演变的基础。应对生物安全的挑战，涉及人类、动物、植物、微生物、生态、科学、社会、立法、治理和专门人才等多个层面。为了应对这一挑战，我们亟须深入研究和了解生物安全及其相互作用因素之间的关联性、独立性、复杂性，并推动科学、技术和社会的协同发展，共同治理未来全球范围面临的生物安全风险。

"国家生物安全出版工程"丛书是一套包含 10 卷书的权威著作，涉及《中华人民共和国生物安全法》核心以及相关学术界的最新理论研究，旨在为读者提供全面的生物安全知识和研究成果。丛书涵盖了生物安全领域的多个层次，从遗传和细胞层面到社会和生态层面，从科学技术交叉融合到社会发展需要，凝聚了众多专家、学者的智慧贡献，致力于创新研究、跨学科和跨国合作及知识的交流和传播。

在新突发感染性疾病以及未知疾病等生物安全背景下,分子遗传和细胞层面的研究对于我们理解病原体的特性、传播途径和防控策略至关重要。"国家生物安全出版工程"丛书中的《生物安全证据技术研究》《生物安全信息学》和《生物安全多元数据与智能预警》分卷为读者提供了数据、信息和智能等最新技术在生物安全应对中的应用,帮助我们更好地预测、识别和应对生物安全威胁。在社会层面,生物安全问题不仅仅是对科学技术的挑战,更关系到社会发展,《动物、植物与生物安全》《人类遗传资源保护与应用》《生物入侵与生态安全》分卷探讨了生物安全与社会经济发展、生态平衡和人类福祉的关系,为我们建立可持续发展的生物安全框架提供理论指导和实践经验。《实验室生物安全及规范管理》《生物安全相关死亡的处理与应对》《生物安全威胁防控实践与进展》《法医微生物与生物安全》分卷则从具体的应用实践角度讨论生物安全在不同领域和社会生活中的具体问题及其应对措施。

科学技术交叉融合是推动生物安全领域创新的重要动力。"国家生物安全出版工程"丛书的编撰涉及生物学、信息学、医学、法学等多个学科的交叉,旨在促进不同领域之间的合作与交流,推动科学技术在生物安全领域的应用与发展。生物安全问题既是挑战,也是机遇。解决生物安全问题需要培养专业人才,提升国家的科技创新能力,推动新质生产力形成生物安全国家战略科技力量。

"国家生物安全出版工程"丛书为生物安全相关领域的人才培养提供了重要的参考和教材蓝本,可帮助读者了解生物安全领域的前沿知识和技能,培养创新思维和综合能力,为国家的生物安全事业贡献人才和智慧。在国家层面,生物安全已经成为国家战略的重要组成部分。保障国家安全和人民生命健康是国家的首要任务,而生物安全作为其中的重要方面,需要得到高度重视和有效管理。"国家生物安全出版工程"丛书将为政策制定者和决策者提供科学依据和政策建议,推动国家生物安全能力的提升和规范化建设。

生物安全学科作为新时代的重要学科方向,发展迅猛、日新月异。本套丛书是国内这一领域的一次开创性努力。由于我们在这一新领域的知识和视野有限,编写方面的疏漏和不当之处在所难免,恳请广大读者提出宝贵意见和建议,以期将来再版时修正。期待"国家生物安全出版工程"丛书的问世能促进生物安全知识的传播与交流,激发科技创新和社会发展的活力,推动国家生物安全事业迈上新的台阶。希望读者能够从中受到启发和获益,为构建安全、可持续的生物安全环境而共同努力!

2023 年 12 月

李生斌,国家卫生健康委法医学重点实验室主任,国家生物安全证据基地主任,欧洲科学与艺术学院院士。

沈百荣,四川大学华西医院疾病系统遗传研究院院长。

近年来,随着我国教育事业的迅猛发展,特别是新工科、新医科、新农科等新兴学科建设的不断推进,高校实验室体系也随之日趋完备。实验室的增多和设备设施的日益复杂化,使得实验室安全问题愈发凸显。校园实验室发生的安全事故影响教学、科研活动的顺利进行,甚至威胁到实验人员的生命安全,关系到校园和社会的整体稳定。

习近平总书记多次对安全生产工作做出重要指示,做好实验室生物安全工作既是政治责任,也是生物安全实验室有效运行的底线和红线。《中华人民共和国生物安全法》的颁布、实施,不仅意味着生物安全已上升为国家安全的重要组成部分,而且意味着对落实总体国家安全观、筑牢生物安全屏障提出了更高要求。

加强高校实验室生物安全建设成为构筑国家生物安全屏障若干要素之一。为更好地迎接新时代的机遇和挑战,加强国家生物安全风险防控和治理,实验室生物安全的保证需要建立和实施安全保障体系,以防范和化解潜在的安全风险。

由廖林川主编,艾德生、黄江副主编的《实验室生物安全及规范管理》主要介绍了实验室生物安全的内涵、发展历史、现状、进展，重点对实验室生物安全管理核心要素进行阐述，主要包括组织架构、制度建设、人员、教育培训、设备、物料、操作、应急处理、安全检查和数字化管理等内容。该书通过总结分享各高校多年实验室生物安全管理经验，对实验室实现生物安全管理的科学化、规范化和现代化，提升实验室的整体安全水平，确保生物技术的健康发展有重要的借鉴价值。

该书有三个鲜明特色。首先，作者团队涵盖了高校实验室安全检查专家、管理专家、安全教育专家、实验设施设备专家及一线工作人员，确保了理论水平和实践指导价值。其次，该书围绕实验室生物安全管理的核心要素，系统地介绍了生物安全的概念、原则、实践方法及如何构建完整的生物安全管理体系，并结合生物安全管理体系涵盖的要素，从基础概念到具体操作，从制度建设到人员管理，从教育培训到应急处理（包括警示案例等），进行了逐章阐述，具有很强的指导性、针对性和实用性。最后，该书附录增加了生物安全实验室标识、相关政策法规等扩展材料，丰富了该书的内涵和展示手段，有助于激发读者的兴趣、满足不同的阅读需求。

《实验室生物安全及规范管理》在高校实验室安全检查方面具有很好的指导作用和参考价值，值得广大高校实验室安全检查者、管理者、教育培训者，以及实验室师生参考使用。

2023 年 12 月

刘超，广东省毒品实验技术中心（国家毒品实验室广东分中心）主任法医师，中国工程院院士。

前 言
PREFACE

随着科学技术的迅猛发展,理论、技术和应用领域的重大突破为我们带来了前所未有的机遇,但与此同时,进行科学研究的实验室也面临许多安全方面的挑战。实验室生物安全作为生物安全体系中的重要组成部分,面对日益复杂的科研环境和高风险的生物实验,需要更加严格的管理和规范,以确保实验室工作人员、周围环境及公众健康的安全。完善实验室生物安全管理体系,已成为保障科研可持续发展和社会稳定的重要任务。在这样的背景下,实验室生物安全管理不仅是技术层面的工作,更是一个系统工程,涉及规范操作、应急响应、风险评估与国际合作等多方面的综合保障措施。

自 1983 年首次发布《实验室生物安全手册》以来,世界卫生组织(WHO)对该手册进行了多次修订,并在 2020 年发布了第 4 版。这些更新不仅反映了全球实验室生物安全标准的逐步统一,也体现了应对不断变化的生物安全挑战时,规范与指导原则的持续完善。尤其是在 2003 年 SARS 疫情和 2020 年新型冠状病毒感染疫情等重大公共卫生事件的推动下,实验室生物安全的规范管理得到了全球的广泛关注,促使各国政府和国际组织加快制定和完善相关政策、法规和标准。这些事件不仅检验了现有科学技术的应对能力,更全面考验了管理体系、应急响应机制及国际合作的能力。

面对新时代的机遇与挑战,强化国家生物安全的风险防控与治理显得尤为重要。实验室生物安全保障体系的构建需要多层次的系统设计,包括组织架构的优化、制度建设的完善、人员管理的严格、教育培训的深入、设备与物资的严密管控、操作规程的科学制订、应急处理机制的高效运作、安全检查的常态化执行,以及数字化管理手段的有效应用。只有通过这些综合措施的有机结合,才能切实提升实验室的整体防护水平,确保实验室内外的生物安全风险得到有效控制与管理。

《实验室生物安全及规范管理》旨在对实验室生物安全的基本概念、发展历程、现状与前沿进展进行系统梳理,特别是对实验室生物安全管理的关键要素进行深入探讨。书中通过详细阐述组织架构、制度建设、人员管理、教育培训、设备物料、操作规程、应急处理、安全检查及数字化管理等方面的内容,期望为实验室生物安全保障体系的建设、实施与监管提供实用的参考与指导,推动该领域的理论与实践不断进步,构建更加稳固的实验室生物安全屏障。

本书的编写和出版得到了四川大学、清华大学、贵州医科大学、昆明医科大学及国家出版基金项目"国家生物安全出版工程"的大力支持,并由西安交通大学出版社出版。我们在此向所有参与本书编写的专家和工作人员表示诚挚的感谢,感谢他们的辛勤付出与宝贵意见。由于编者的学识和经验有限,书中难免存在不足之处,敬请各位读者和专家批评指正,以便在后续的版本中进一步修订完善。我们坚信,通过集体的努力和不断的改进,实验室生物安全保障体系的建设必将取得更加辉煌的成果,为全球生物安全事业的发展贡献我们的力量。

廖林川

2023 年 10 月

目 录
—— CONTENTS ——

第1章
实验室生物安全概述

生物安全是国家安全的重要组成部分。狭义的生物安全是指防范现代生物技术的开发和应用所产生的负面影响,包括对生物多样性、生态环境及人体健康可能造成的风险。广义的生物安全还包括防范重大新发突发传染病、动植物疫情、外来生物入侵、生物遗传资源和人类遗传资源的流失、实验室生物安全、微生物耐药性、生物恐怖袭击、生物武器威胁等[1]。我国于2021年正式颁布《中华人民共和国生物安全法》(以下简称《生物安全法》),其中规定生物安全为国家有效防范和应对危险生物因子及相关因素威胁,生物技术能够稳定健康发展,人民生命健康和生态系统相对处于没有危险和不受威胁的状态,生物领域具备维护国家安全和持续发展的能力[2]。

实验室是进行科学实验和研究的重要场所。在实验室里,研究人员进行各种实验和测试,收集数据,分析结果,以探索新知识、发展新技术和解决新问题。人们在取得研究成果,更好地理解自然、生命,改善生产、生活的同时,也会存在安全风险,甚至引发事故。而实验室的各种生物因素可能带来的生物安全风险和事故会对研究人员的健康甚至实验室周围环境产生威胁,世界各国在不同程度上均出现过实验室生物安全问题;其中实验室病原微生物泄漏造成的突发性公共卫生事件已成为国际社会生物安全的关注点。因此,实验室生物安全已成为生物安全的重点领域。实验室生物安全是指按照实验室的规范要求正确进行个体防护,按照安全操作规程进行操作,以避免危险。随着生物工程、生物技术开发、病毒研究、基因工程等技术的迅速发展,国家生物安全风险防控和治理面临新的挑战,最大程度地降低实验室生物安全风险,对人类健康、生态稳定、国家安全、社会安定、经济发展的重要性将更加突出。为了维护国家安全,保障研究人员和公众的生命安全,保护生态环境,加强实验室生物安全的建设和规范管理意义重大。本章主要概述了生物安全与实验室生物安全,实验室生物安全的发展历史、现状与发展趋势,实验室生物安全管理的基本原则和实验室生物安全管理体系的建设要求。

1.1 生物安全与实验室生物安全

1.1.1 实验室生物安全的主要概念与内涵

(1)生物安全(biosafety):一般指由现代生物技术开发和应用对生态环境和人体健康造成的潜在威胁及对其所采取的一系列有效的预防和控制措施。

(2)生物安保(biosecurity):指单位和个人为防止病原体或毒素丢失、被窃、滥用、转移或有意释放而采取的安全措施。

(3)生物因子(biological agents):指一切微生物和生物活性物质。能够引起生物危害的生物危险因子(biological risk factors)很多,包括可能致人和动物感染、过敏或中毒的一切微生物和其他相关的生物活性物质、天然动物、植物及经过细胞培养、基因修饰改造和转基因的生物。

生物危险因子有以下几类。①病原微生物,其风险程度的高低与病原微生物感染个体或群体后产生的危害性有关。风险程度分级不仅要考虑病原微生物的致病性、传播途径、稳定性、宿主范围(人群的已有免疫水平、宿主群体的密度和流动等)和环境条件(适合媒介昆虫的生存环境和环境卫生水平等),还要考虑对病原微生物开展的研究内容、操作方式及所具备的有效预防和治疗措施等。WHO 将病原微生物的危害程度分为Ⅰ级~Ⅳ级。②实验动物产生的生物危害,指在开展动物实验的过程中,存在因动物咬伤、注射或手术创伤而被感染的危险。如果病原体随动物尿液、粪便和唾液等排出,则存在扩散到环境中的风险;在解剖尸体和处理病理组织时,还存在接触动物体液和脏器中已繁殖的病原体的可能性,也会产生危害性大的动物性感染风险;进行动物实验的感染动物如果逃离实验室,则可能将病原微生物播散到环境中,并传染给其他野生动物等。按照对动物所携带病原微生物的控制程度,国际上通常将实验动物分为普通动物、无特定病原体动物及无菌动物3级。参照国际标准,我国将实验动物分为普通动物、清洁动物、无特定病原体动物和无菌动物4级。③转基因生物的危害,指通过基因操作技术将外源基因转入体内稳定遗传表达而获得新性状的动物、植物和微生物。通过对生物体本身遗传物质的修饰、敲除和沉默表达等方法来改变生物体的遗传性,获得的生物体也被称为基因修饰生物(genetically modified organisms, GMOs)。转基因技术及其产品存在不确定的风险,其中转基因生物或被转基因污染的生物,可通过繁殖和传播等方式挤占其他生物的生存空间,使自然环境生物多样性受到损害,甚至导致物种多样性的衰减和丧失,破坏生态环境的平衡。转基因生物实验中的危险因素包括实验过程中可能对人和环境造成危害的各种因素,包括生物因素、物理因素、化学因素及废弃物危害。对转基因生物可能带来的生物学或生态学的风险,以及其他生物危险因子对人类、动物、植物、微生物和生态可能带来的风险进行评估与防范是非常必要的[3]。

(4)病原体(pathogens):指可使人、动物或植物致病的生物因子,主要指微生物和寄生虫。其中,微生物占绝大多数,包括病毒、衣原体、立克次氏体、支原体、细菌、螺旋体和真菌;寄生虫主要有原虫和蠕虫。病原体属于寄生性生物,所寄生的自然宿主为动物、植物和人。能感染人的微生物超过400种,它们广泛存在于人的口、鼻、咽、消化道、泌尿生殖道及皮肤中。

(5)微生物安全数据单(microbiological safety data):指详细记录微生物的危险性和使用注意事项等信息的技术通报。

(6)生物危害风险等级(biohazard risk level):根据生物因子对个体和群体的危害程度可将其分为Ⅰ、Ⅱ、Ⅲ、Ⅳ级。

(7)生物危害标识(biohazard identification):指用来表明含有生物危害因子相关信息的标志。

(8)生物风险评估(biological risk assessment):指评估生物风险大小及确定是否可接受的全过程。按照《病原微生物实验室生物安全风险管理指南》(RB/T 040—2020)的说法,与生物风险评估相关的概念具体如下:生物风险(biorisk)指与生物因子相关的不确定性对目标的影响;风险评估(risk assessment)包括风险识别、风险分析和风险评价的全过程;风险识别(risk identification)指发现、确认和描述风险的过程,包括对风险源、事件及其原因和潜在后果的识别;风险分析(risk analysis)指分析理解风险性质、确定风险等级的过程,是风险评价和风险应对决策的基础[4]。

(9)生物风险管理(biorisk management):指在生物风险方面,指导和控制组织的协调活动。风险管理(risk management)是指导和控制组织的协调活动,对风险进行控制的过程。风险接受(risk acceptance)是接受某一特定风险的决定。接受的风险要受到监督和评审。风险控制(risk control)是为降低风险而采取的综合措施。

(10)生物安全实验室(biosafety laboratory):指通过实验室的设计建造、生物安全设备的配置、个体防护装备的使用,以及严格遵守预先制定的安全操作程序和管理规范等综合措施,确保操作生物危险因子的工作人员不受实验对象的伤害,确保周围环境不受生物因子污染,并保护实验对象(如病原微生物、样本)不被污染的实验室。

根据生物安全实验室的防护水平对其进行分级,不同级别的生物安全实验室有相应的资质要求。①生物安全实验室分级:根据对所操作病原微生物及相关生物因子的防护措施,WHO制定的实验室防护水平分级将病原微生物实验室生物安全防护水平(biosafety level,BSL)从低到高分为一级、二级、三级和四级,分别以 BSL-1、BSL-2、BSL-3 和 BSL-4 表示;对涉及从事感染动物活动实验室的相应生物安全防护水平用动物生物安全水平(animal biosafety level,ABSL)表示,同样分为一级、二级、三级和四级,分别以 ABSL-1、ABSL-2、ABSL-3 和 ABSL-4 表示。②生物实验室资质:开展病原相关实验研究的实验室,须具备相应的安全等级资质。其中 BSL-3/ABSL-3、BSL-4/ABSL-4 实验室须经政府部门批准建设;BSL-1/ABSL-1、BSL-2/ABSL-2 实验室建设后,需报政府主管部门备案。BSL-3/ABSL-3、BSL-4/ABSL-4 实验室应通过中国合格评定国家认可委员会(CNAS)生物安全实验室认可,饲养实验动物的场所应有资质证书。③病原微生物实验室活动资质:病原微生物实验室是指通过防护屏障和管理措施,达到病原微生物生物安全要求的实验室。实验人员应根据实验活动的特点选择适当的生物安全实验室进行操作。BSL-1/ABSL-1、BSL-2/ABSL-2 实验室不得从事高致病性病原微生物实验活动。BSL-3/ABSL-3、BSL-4/ABSL-4 实验室如果要从事某种高致病性病原微生物或者疑似高致病性病原微生物的实验活动,则应当按照规定报省级以上人民政府卫生主管部门或者其他主管部门等批准[5]。

生物安全实验室设施设备防护屏障既是构成生物安全实验室的基本要素,也是实验室生物安全的基本保障,更是保护实验人员免受感染和环境远离污染的安全防护屏障。实验室设施通常指实验室的建筑结构和配套的通风空调系统等整体性装置,一般为基础设施。为避免所操作的生物危险因子对生物体(包括实验室工作者在内)的伤害和对环境的污染所采取的防护措施,称为生物安全防护(biosafety containment)。实验室生物安全防护可分为一级防护(屏障)和二级防护(屏障)两类。

(11)一级防护屏障(primary protective barrier):指实验室的生物安全柜和个体防护装备等构成的防护屏障。二级防护屏障(secondary protective barrier):指实验室的设施结构和通风系统等构成的防护屏障。

(12)个体防护装备(personal protective equipment,PPE):在实验过程中为了防止个体受到生物性、化学性或物理性等危险因子伤害而对个体采用的相应器材和用品,如实验室防护服、手套、防护鞋、口罩、护目镜、面罩和呼吸器等防护用具。所保护的部位主要包括眼睛、头面部、躯体、手、足、耳及呼吸道等。在生物安全实验室中开展工作,必须使用恰当的个体防护装备,与生物安全柜等设施共同组成物理防护屏障,保护实验人员免于生物因子的危害。

(13)实验室防护区(laboratory containment area):指实验室内因生物风险相对较大而设立的物理分区,该区域对实验室的平面设计、围护结构的密闭性、气流,以及人员进入、个体防护等进行控制[6]。

(14)核心工作间(core working area):指开展实验活动的主要区域,如生物安全柜或动物操作间所在的房间。

(15)实验室辅助工作区(non-contamination area):指实验室中防护区以外的区域。

(16)生物安全柜(biological safety cabinet,BSC):指能防止实验操作处理过程中产生的气溶胶或者病原微生物对操作者或者环境带来危害的安全柜,是实验室生物安全一级防护屏障中最基本的安全防护设备。

生物安全柜是实验室中主要的一级防护屏障装备,可保护操作人员、实验室环境和(或)工作材料免受操作含有生物因子的材料时可能产生的传染性气溶胶和飞溅物的影响,在正确使用和维护的情况下,可以有效减少实验室相关感染。根据结构设计、正面气流速度、送风、排风方式的不同,可将生物安全柜分为Ⅰ级、Ⅱ级和Ⅲ级。

（17）排风高效过滤装置（exhaust high efficiency filtration units）：指用于特定生物风险环境，以去除排风中有害生物气溶胶为目的的过滤装置。其具备原位消毒及检漏功能。高效空气过滤器（high efficiency particulate air filter，HEPA filter）用于空气过滤且使用《高效空气过滤器性能试验方法 效率和阻力》（GB/T 6165—2021）规定的计数法进行试验，通常以 0.3 μm 大小的微粒为测试物，使用额定风量下未经消静电处理时的过滤效率及经消静电处理后的过滤效率均不低于 99.95% 的过滤器。超高效空气过滤器（ultra low penetration air filter，ULPA filter）用于空气过滤且使用《高效空气过滤器性能试验方法 效率和阻力》（GB/T 6165—2021）规定的计数法进行试验，使用额定风量下未经消静电处理时的过滤效率及经消静电处理后的过滤效率不低于 99.99% 的过滤器。

（18）气锁（air lock）：指具备机械送排风系统、整体消毒灭菌条件、化学喷淋（适用时）和压力可监控的气密室，其门具有互锁功能，不能同时处于开启状态[6]。

（19）消毒（disinfect）：指通过物理或化学手段杀灭、清除传播媒介上的病原微生物，使其达到无害化的处理措施。消毒对病原微生物的繁殖体具有致死作用，但不能杀死芽孢等全部病原微生物。因此，消毒是不彻底的，不能代替灭菌。通常采用化学品来进行消毒。

（20）灭菌（sterilization）：指杀灭或清除传播媒介上一切病原微生物的处理措施，包括采用强烈的理化因素使任何物体内、外部的一切病原微生物永远丧失其生长、繁殖能力的措施。通常用物理方法（如高温高压或干热）来达到杀灭的目的。

（21）实验室生物安全（laboratory biosafety）：指为避免病原微生物及相关生物因子造成实验人员感染，避免其扩散至环境并导致危害而采取的相关措施。

（22）实验室获得性感染（laboratory - acquired infections）：指在实验工作等过程中导致的工作人员及相关人员的感染。

（23）事故（accident）：指实验室内发生导致实验人员及动物感染、伤害、死亡或者实验设施损坏以及其他损失的情况。

（24）事件（incident）：指可能导致或导致实验室事故的情况。

（25）气溶胶（aerosols）：指悬浮于气体介质中的固体、液体微小粒子形成的溶胶状态分散体系，颗粒大小通常在 0.01 ~ 10 μm。

（26）医疗废物（medical waste）：指医疗卫生机构在医疗、预防、保健及其他相关活动中产生的具有直接或者间接感染性、毒性和其他危害性的废物[7]。

（27）危险废弃物（hazardous waste）：指有潜在生物危险、可燃、易燃、腐蚀、有毒、放射和有破坏作用的、对人和环境有害的一切废弃物。

（28）标准操作规范（standard operating procedure，SOP）：指在有限的时间与资源的条件下，为了执行复杂的日常事务所设计的内部程序。从管理学的角度来看，SOP 能够缩短新进人员面对不熟练且复杂的事务所使用的学习时间，只要按照步骤指示就能避免失误与疏忽。

1.1.2　实验室生物安全规范管理的意义

人类历史上发生了多次重大疫情。541—542 年，地中海地区暴发的第 1 次大规模鼠疫，即查士丁尼瘟疫，造成全世界 1 亿人丧生，使 541—700 年的欧洲人口减少约 50%。14 世纪欧洲的黑死病疫情，夺走了 2500 万（占当时欧洲总人口的 1/3）欧洲人的性命。1918—1919 年出现的西班牙流感疫情，造成全世界一半以上的人感染（约 10 亿人感染，当时世界人口约 17 亿人），其中 2500 万~4000 万人死亡。

21 世纪以来的 20 余年，全球已经暴发了多次疫情，包括 2003 年出现的 SARS 疫情、2009 年出现的猪流感（H1N1）疫情、2012 年出现的中东呼吸综合征（Middle East respiratory syndrome，MERS）疫情、2013—2014 年出现的禽流感（H7N9）疫情和西非埃博拉病毒疫情、2019 年出现的新型冠状病毒感染大流行、2022 年出现的猴痘疫情等。值得注意的是，这几次疫情都可能源自于人与野生动物之间的接触。随着人类活动范围的扩大，人员跨国界交流日益频繁，人与野生动物、昆虫等媒介动物接触的机会不断增多，生物安全问题已成为全球性安全问题。近年来，类似的这些感染事件（事故）还在不断发生，不断给生物安全及实验室生物安全敲着警钟。

随着科学技术的不断发展，人们在取得理论、技术和应用进步的同时，生物多样性、生态环境遭受破坏，病原体跨物种、跨地域传播，再发及新发传染病持续出现，都给生物安全及实验室生物安全带来了从未停止的挑战。面对挑战，加强实验室生物安全能力建设至关重要，这包括建立实验室生物安全管理体系，完善生物安全实验室的管理制度、标准体系、设计建造技术、关键防护装备的研究等；重点加强核心要素组织架构、制度建设、人员能力提升、教育培训、设备、物料、标准化操作、应急处理的管理。这样的努力将最大程度地实现实验室生物安全的规范管理,对人类健康、生态稳定、国家安全、社会安定和经济发展具有重要意义。

1.2 实验室生物安全的发展历史、现状与发展趋势

1.2.1 实验室生物安全的发展历史与现状

安全问题往往是在悲剧发生后才被世人认识,更是在许多类似事故发生后才得以被重视。实验室生物安全亦是如此。

19 世纪的维也纳,不少产妇在分娩之后会染上一种致命的产褥热,患者出现寒战、高烧等症状,最后抛下初生的婴儿,悲惨地死去。造成产褥热的原因一直没有被揭示,直到"手卫生之父"伊尼亚·塞麦尔维斯(Ignaz Semmelweis)开始着手系统性的调查。1847 年,伊尼亚·塞麦尔维斯的好友在解剖产褥热死者尸体时手指被划伤,之后出现了和产褥热患者类似的症状并死亡。这个悲剧让伊尼亚·塞麦尔维斯认识到,医生解剖尸体之后没有洗手,就去为产妇检查和接生,是造成产褥热的原因。他开展了对比试验,在要求医生和医学生进入产房前洗手消毒后,产房内的死亡率下降了90%。这是一项伟大的发现,使得伊尼亚·塞麦尔维斯成为第 1 位发现院内感染并提出解决方案的医生。

而世界上报道的第 1 例实验室感染事故,是 1893 年法国实验人员在培养破伤风梭菌过程中发生意外感染的[8]。1932 年,1 名实验人员被恒河猴咬伤后感染猴 B 病毒并死于脑脊髓炎。1967 年,德国发生了著名的马尔堡病毒事故,37 人因实验室的猴子造成直接或间接的感染。此后,随着病原微生物研究的种类不断增多、研究的类型日益扩展,实验室感染的相关报道也在增加,实验室的生物安全问题日益凸显。

在认识到生物安全问题后,生物安全学科也在探索实验室生物安全防护措施的过程中逐步建立起来。早在 19 世纪末,早期微生物学家,如罗伯特·科赫(Robert Koch),已经开始尝试设计简单的生物安全柜,用以进行微生物学实验。20 世纪初,科研人员开始通过设计各类防护装置来避免实验室感染的发生。随着认识和技术的发展,科研人员开始注重实验室的选址,在楼宇内进行区块化建设,对实验室排风系统、材料选择和设备安装等方面均考虑实现生物安全防护要求[9]。

1983 年，WHO 发布了第 1 版《实验室生物安全手册》（*Laboratory Biosafety Manual*）。作为历史上首本具有国际适用性的实验室生物安全手册，《实验室生物安全手册》的出版标志着生物安全实验室相关要求从探索走向规范和统一，在全世界广泛推广、应用，推动生物安全实验室建设进入了规范化发展阶段。第 1 版《实验室生物安全手册》的主要内容是将病原微生物根据其致病能力和传染的危险程度等划分为 4 类，并规定了这 4 类病原微生物的实验操作所需的实验室级别及程序。1993 年和 2004 年，WHO 发布了第 2 版和第 3 版《实验室生物安全手册》，2021 年《实验室生物安全手册》已更新至第 4 版。通过改版，更新实验室生物安全领域的最新进展，使实验室生物安全的指导原则更加全面、实用。

在《实验室生物安全手册》（第 3 版）中，WHO 阐述了 21 世纪所面临的生物安全和生物安保问题，强调了工作人员个人责任心的重要作用，并增加了风险评估、重组核酸技术的安全利用及感染性物质运输等内容。实验室生物安全防护逐渐形成包括风险评估、一级屏障、二级屏障、标准微生物操作规程和实验室管理体系等在内的综合防护系统。

《实验室生物安全手册》（第 4 版）较之前的版本有较大的变化。它首先将生物安全的防范对象从病原体和毒素（pathogens and toxins）扩展至生物因子，特别强调了风险评估的重要性，并修正了生物安全水平分级的概念，即生物因子的风险等级不应直接对应于实验室的生物安全等级，实际风险不仅是生物因子本身决定的，其决定因素还包括实验活动和实验人员的能力。更重要的是，《实验室生物安全手册》（第 4 版）借鉴了国际标准化组织（ISO）的《风险管理指南》（ISO 31000：2018）的思路，给出了风险评估的实施步骤，强调对风险进行彻底、循证和透明的评估，使操作生物因子的实际风险与对应安全措施相匹配。这意味着实验室的设计可以更加灵活多样，但更注重人员因素对实际风险的影响[10]。

与《实验室生物安全手册》配套，WHO 还发布了 7 个专题论著，包括《风险评估》（*Risk Assessment*）、《生物安全柜和其他安全装置》（*Biological Safety Cabinets and Other Primary Containment Devices*）、《实验室设计与维护》（*Laboratory Design and Maintenance*）、《个体防护装备》（*Personal Protective Equipment*）、《去污染与污物管理》（*Decontamination and Waste Management*）、《生物安全计划管理》（*Biosafety Programme Management*）、《突发疫情的准备与恢复》（*Outbreak Preparedness and Resilience*）。此外，WHO 还颁布了

《感染性物质运输规则指南》(*Guidance on Regulations for the Transport of Infectious Substances*)等指南。

ISO 是全球实验室生物安全政策、法规、标准体系建立中的重要组织。自 2003 年起,ISO 陆续发布了《医学实验室——质量与能力的专用要求》(ISO 15189:2012)、《实验室和其他相关组织的生物风险管理》(ISO 35001:2019)、《医学实验室——安全要求》(ISO 15190:2020)等实验室生物安全相关标准。其中,《医学实验室——质量与能力的专用要求》(ISO 15189:2012)后更名为《医学实验室——质量与能力的要求》(ISO 15189:2022),主要对医学实验室能力和质量提出了要求,是指导医学实验室建立和完善质量管理体系的适用标准,也是实验室生物安全标准化的重要管理依据。相比较之前颁布的《医学实验室——质量与能力的专用要求》(ISO 15189:2012),《医学实验室——质量与能力的要求》(ISO 15189:2022)在提出生物医学实验室质量管理的基础上更加强调其安全监管,要求高级别生物安全实验室指定专门的实验室安全管理人员以及提升全体实验人员的生物安全责任意识[11]。《实验室和其他相关组织的生物风险管理》(ISO 35001:2019)于 2019 年 11 月首次发布,是所有测试、储存、运输、使用或处置危险生物材料的机构的国际标准。在 COVID-19 大流行期间,《实验室和其他相关组织的生物风险管理》(ISO 35001:2019)对危险生物材料的生物风险管理起到了正确的指导作用。该标准能够识别、评估、控制和监测与危险生物材料相关的风险,是同类标准中第 1 个专门帮助在实验室和其他涉及生物危害材料的情况下保护个人和环境的标准。《医学实验室——安全要求》(ISO 15190:2020)是 ISO 制定的医学领域实验室安全方面的标准,其中给出了关于医学实验室中安全行为的要求[12]。

许多国家根据《实验室生物安全手册》制定了适用于各国的生物安全管理规范。在欧盟发布的 *Directive 2000/54/EC——biological agents at work* 中,为保护工作人员免遭生物因子的潜在威胁,要求使用替代生物因子、减少和降低生物因子的危害等措施。欧洲标准化委员会(CEN)在其第 31 次研讨会上通过了《实验室生物风险管理标准》(CWA 15793:2008),其中指出应重点加强实验室生物安全风险管理,强调风险评估是实验室生物安全的核心。

美国在实验室生物安全的发展中发挥了重要作用,出版、发布了多部实验室生物安全相关指南,如美国疾病预防控制中心(CDC)与国立卫生研究院(NIH)联合编写的《微生物和生物医学实验室的生物安全》(*Biosafety in Microbiological and Biomedical*

Laboratories）及 NIH 编写的《BSL - 3 实验室认证要求》（*Biosafety Level 3 - Laboratory Certification Requirements*）。《微生物和生物医学实验室的生物安全》在 1984 年第 1 次出版后，很快成了全世界实验室生物安全工作的指导标准和政策制订的依据，目前其已更新至第 6 版。《微生物和生物医学实验室的生物安全》的出版不仅为美国的病原微生物实验室生物安全相关法律、法规和规范的制订提供了科学指导，而且为国际社会和世界各国所关注。许多国家参考《微生物和生物医学实验室的生物安全》制定了本国的实验室生物安全技术手册。《BSL - 3 实验室认证要求》系统地描述了 BSL - 3 实验室的设计、建设及相关的安全措施和程序。

2011 年下半年，美国和荷兰的 2 个实验小组先后宣布培育出人造 H5N1 型禽流感病毒，这种病毒能够在人与人之间快速传播。2011 年 11 月，美国国家生物安全科学顾问委员会（NSABB）对实验室公布人造 H5N1 型禽流感病毒的具体研究细节进行了限制。这件事表明，合成生物学相关实验室生物安全已经被提到一定高度，需要进一步研究解决，其已成为全球研究的热点。针对合成生物学的潜在威胁，美国 NIH 组织编写了《NIH 关于重组或合成核酸分子研究的指南》（*NIH Guidelines for Research Involving Recombinant or Synthetic Nucleic Acid Molecules*）。

实验室生物安全科技和相关产业的快速发展，对人员培训、科技进展、信息交流和仪器设备更新等提出了更高要求。为此，很多国家和地区先后成立了生物安全协会（如美国生物安全协会、欧洲生物安全协会和亚太生物安全协会等），以期开展快速和畅通的信息交流，促进行业发展，努力保障实验室生物安全。

BSL - 3/ABSL - 3 实验室和 BSL - 4/ABSL - 4 实验室作为目前处理高致病性病原微生物及感染性动、植物的较高防护等级生物实验室，是衡量一个国家生物技术发展水平及生物安全水平的重要指标。美国有 1000 多个 BSL - 3/ABSL - 3 实验室，几乎所有医学院设有至少 1 个 BSL - 3/ABSL - 3 实验室；在法国，BSL - 3/ABSL - 3 实验室是大学和医疗机构的标准配置，每个大型的公立医院、医科院校或者研究机构都有 BSL - 3/ABSL - 3 实验室。一般而言，在欧美的大学和研究机构中，实验室安全归属于环境、卫生和安全（EHS）部门管理。EHS 为大学的工作人员、实验室、物理设施、医院和诊所提供安全方面的技术、政策、硬件和人力支持，以保持健康、安全和合规的工作环境[12]。

我国在生物安全管理方面虽然起步较晚，但是随着生物相关科学研究的全面展开,国际交流日益频繁,从2000年起,尤其是2003年SARS暴发以来,我国越来越重视生物安全问题,全国人民代表大会常务委员会、科技部、卫生部(现为国家卫生健康委员会)、国家食品药品监督管理局、国家质检总局、国家市场监督管理总局、中国标准化管理委员会、国家环境保护总局、中国合格评定认可委员会、国家认证认可监督管理委员会等颁布了《病原微生物实验室生物安全通用准则》《病原微生物实验室安全管理条例》《实验室 生物安全通用要求》(GB 19489—2008)、《可感染人类的高致病性病原微生物菌(毒)种或样本运输管理规定》《生物安全实验室建设技术规范》《医疗废物管理条例》《生物安全法》等法律、法规。我国目前已出台多部相关法律、法规及配套行业标准。2019年12月,随着新型冠状病毒(SARS – CoV – 2)引起新型冠状病毒感染疫情的暴发,生物安全问题受到了空前的关注[11]。

在《高级别生物安全实验室体系建设规划(2016—2025年)》中,国家计划按照"统筹布局,网络运行;积极建设,争取支持;应急优先,稳步推进;加强协调,科学管理"的原则,在全国高校新建15～20家BSL – 3/ABSL – 3实验室,重点规划在华北、华东、东北、西北、西南和华中建设,计划首批建设5或6个单位,并对现有的10家高校高等级生物安全实验室进行调研,组织专家召开研讨会,结合研究结果提出建设指导意见,强化管理体系,加强人员培训,优化硬件条件,加强实验室建设。此外,国家还积极推动高校高等级生物安全实验室网络体系构建,以华南国家生物安全中心为核心,以全国上述25～30家BSL – 3/ABSL – 3实验室为节点,互联共享,建成高校高等级生物安全实验室网络,使之成为国家生物安全体系的重要组成部分。

近年来,我国在实验室生物安全管理法律、法规方面也逐步完善,与此同时,在生物实验室的规划、立项、设计、建设、认证、使用、维护和监督等方面逐步形成更严格的要求,相关高端技术和管理人才队伍不断壮大,实验室生物安全的技术应用和管理实践逐步取得明显成效。这些有力地推进着我国实验室生物安全管理体系的建立健全,为实验室的生物安全和有效运行提供了保障。

1.2.2 实验室生物安全的发展趋势

1.2.2.1 风险管理

实验室生物安全并不是将所有的安全问题都完全扼杀掉,这在生物学和技术层面都是不可能实现的。生物安全的核心是将生物因子的潜在危害控制在可接受的范围内。从《实验室生物安全手册》(第 3 版)开始,风险评估逐渐为各国所认识、接受。我国也制定了相关标准,如认证认可行业标准《病原微生物实验室生物安全风险管理指南》及 CNAS 发布的《实验室风险管理指南》(CNAS - TRL - 022:2003)等。风险管理过程是实验室管理的重要组成部分,贯穿于实验室的全部活动过程之中。风险管理过程包括确定环境信息、风险评估、风险应对、监督检查等活动。其原则包括全员参与和持续改进。只有做到全员参与,才可以尽可能多地识别实验室管理、运行及操作过程中的潜在风险点,也只有发现了风险点,才可能做到风险控制。风险评估的方法可以参考其他领域的标准,包括《风险管理　原则与实施指南》(GB/T 24353—2009)、《风险管理　风险评估技术》(GB/T 27921—2011)等。

1.2.2.2　生物安全意识普及

对大众普及生物安全的认识可以在应对新发、突发传染病时减少恐慌、增强民众的配合度。欧美很多大学都是科普基地,会利用寒、暑假等时间,通过提供科普讲座、举办主题活动等方式为中小学及周围居民普及病原学及生物安全的相关知识。通过解释生物安全实验室,揭开高级别生物安全实验室(包括 BSL - 3 实验室和 BSL - 4 实验室)的“神秘面纱”,让公众理解科学家如何通过各种措施来保障实验室生物安全,可以极大地降低大众对生物安全实验室的畏惧感。

1.2.2.3　信息化建设

近年来,随着信息化、数字化的发展,我国通过创新生物安全监管模式,提升生物安全生产管理方法,积极引入自动化、信息化、网络化的办公手段,及时发现隐患、排查危险源,使得生物安全监控更精准化、应急救援指挥系统更科学化。

在我国不断修订的《病原微生物实验室安全管理条例》中,提到了“国家加强实验室生物安全监督管理信息化建设”。生物安全实验室的信息化管理是未来的发展趋势。《生物安全领域反恐怖防范要求　第 1 部分:高等级病原微生物实验室》(GA 1802.1—2022)中对高级别生物安全实验室的信息和网络安全措施做出了细化要求。如何在实现信息化的同时兼顾日益积累的庞大数据的安全,是高级别生物安全实验室建设者和管理者面临的考验。为保证信息安全,绝大多数的高级别生物安全实验室将数据存储并隔绝于内网。为满足新一代的实验数据(包括影像学等数据)的存储,且满足数据存储 20 年以上的规范要求,内网服务器需要不停地扩张,这将导致建设、运行和维护成本无限制地增加。如何运用信息安全技术,将数据有效地存储于云平台,也是未来实验室生物安全信息化建设与发展需要考虑的问题。

1.2.2.4　智慧化实验室建设

实验室的感染事故通常是因人员操作不当而产生,因设备故障而造成的事故非常少见。然而,高级别生物安全实验室的许多病原微生物操作是危险性较大的工作,因此很多机构也开始了人工智能与智慧化实验室的研究,包括病原微生物培养、动物喂养、菌(毒)种存取等操作都实现了不同程度的智慧化。这些设备或设施除了可以减少误操作引发的事故,还能极大地减少科研人员的工作量,使其从烦琐的、简单重复的工作中解放出来,有更多的时间和精力开展更为深入的研究。

1.3　实验室生物安全管理的基本原则

《生物安全法》指出,生物安全的主要原则为统筹发展和安全,坚持以人为本、风险预防、分类管理、协同配合。国家加强了对病原微生物实验室生物安全的管理,制定了统一的实验室生物安全标准。涉及生物安全的实验室(特别是病原微生物实验室)应当符合生物安全国家标准和要求。从事病原微生物实验活动时,应当严格遵守有关国家标准和实验室技术规范、操作规程,采取安全防范措施。

1.3.1　以人为本,安全首位

安全是保障实验活动顺利进行,避免危险生物因子造成实验室人员暴露、向实验室外扩散、危害环境和人类健康的基本保证。在实验活动过程中,应将安全(特别是操作人员及运维人员的安全)放在第一位,尽可能避免一切不安全因素。

1.3.2　风险控制,预防为主

从事病原微生物实验活动,对实验室感染应采取以预防为主的原则并把握以下3 个环节:①对实验室使用的生物安全柜、排风过滤器和高压蒸汽灭菌器等生物安全关键防护设备须定时检测,确保所操作的病原微生物无泄漏、零排放;②通过对实验室及实验活动的安全检查,发现问题,及时采取改进和预防措施;③对实验室使用的科研设备、所操作的病原微生物与动物模型、实验操作过程进行风险评估,采取必要的措施,以实现风险控制,并制订合理、有效的应急处置预案。当发现实验室有感染的征兆时,则应及时封闭实验室,对疑似感染人员采取医学观察或隔离治疗措施,以防止出现感染扩散[13]。

1.3.3 依法合规,严格管理

依法合规是实验室生物安全规范管理的重要原则。

应依据的法律及规范性文件有《中华人民共和国传染病防治法》(以下简称《传染病防治法》)、《生物安全法》《人间传染的病原微生物目录》《医疗废物管理条例》《消毒管理办法》《突发公共卫生事件应急条例》《人间传染的高致病性病原微生物实验室和实验活动生物安全审批管理办法》《可感染人类的高致病性病原微生物菌(毒)种或样本运输管理规定》《病原微生物实验室生物安全管理条例》《高等级病原微生物实验室建设审查办法》《医疗机构临床实验室管理办法》《医学检验实验室基本标准》《医学检验实验室管理规范》等。值得注意的是,医疗机构的临床实验室(包括医学检验实验室)等,虽然不是病原微生物实验室,但临床样本的采集和处理也涉及生物安全问题。

可供参考的标准有《实验室 生物安全通用要求》(GB 19498—2008)、《生物安全实验室建筑技术规范》(GB 50346—2001)、《病原微生物实验室生物安全通用准则》(WS 233—2017)、《生物安全领域反恐怖防范要求 第 1 部分:高等级病原微生物实验室》(GA 1802.1—2022)、《病原微生物实验室生物安全风险管理指南》(RB/T 040—2020)、《实验室设备生物安全性能评价技术规范》(RB/T 199—2015)、《临床实验室生物安全指南》(WS/T 442—2014)等。在重要的生物安全关键防护设备方面,也有相应的技术标准,如《生物安全柜》(GB 41918—2022)、《高效空气过滤器》(GB/T 13554—2020)等[14]。

1.3.4 分级管理,统一标准

根据《人间传染的病原微生物目录》,传染人的病原微生物按致病性高低可分为一至四类。病原微生物实验室按其生物安全防护从低至高也分为一至四级,病原微生物操作等实验活动需要在符合其相应生物安全要求的实验室中开展。BSL－1 实验室和 BSL－2 实验室须向地方卫生主管部门备案,对实验室的软、硬件进行审核。

高级别生物安全实验室,由于开展高致病性病原体相关实验活动,对其管理更加严格。首先,实验室须根据《高等级病原微生物实验室建设审查办法》完成资质审查,在获得 CNAS《实验室生物安全认可准则》(CNAS－CL05:2009)的认可后,再根据《人间传染的高致病性病原微生物实验室和实验活动生物安全审批管理办法》向卫生主管部门提交开展实验活动的资质申请。特别值得一提的是,2022 年 12 月 28 日,我国公安部正式发布了公共安全行业标准《生物安全领域反恐怖防范要求 第 1 部分:高等级病原微生物实验室》(GA 1802.1—2022),对高级别生物安全实验室的安全保卫提出了更为严格、规范的要求。此外,国家卫生健康委员会(以下简称国家卫健委)能力建设和继续教育中心发布的《实验室生物安全人才培训项目实施方案(2022 年版)》提出为高等级实验人员,包括生物安全管理人员、实验操作人员、运行维护人员,提供统一的规范化培训,这将极大地提升我国的生物安全软实力与生物安全治理能力。

分级管理及统一标准的原则可确保各地生物安全实验室的硬件设施满足建筑技术规范要求,人员资质和管理体系满足生物安全要求。

1.3.5 着眼要素,体系化管理

实验室生物安全管理体系主要包括组织架构、制度建设、人员管理、安全教育和文化建设、设施(设备)及环境管理、实验材料管理、标准化操作管理、文件及档案管理、安全检查管理、应急处置及安全体系的数字化管理等(图 1.1)。

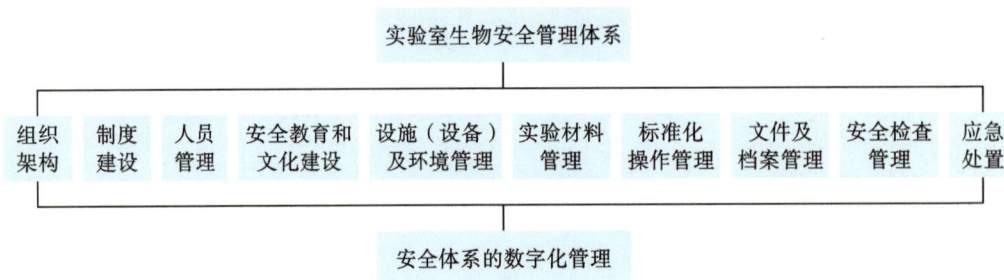

图 1.1　实验室生物安全管理体系框架

　　生物安全管理体系的核心是基于法律、法规及行业技术规范要求,基于风险评估管理原则,结合实验室设立单位自身管理需求,制订规范化的管理体系。通过确立组织架构、人员岗位职责等,制订明确的管理目标、程序和细则;配备具有相应能力并保持能力的实验人员和管理人员;配置相应的设备与设施并保持良好的安全环境;对实验活动的各个环节实施有效的控制;建立安全管理体系的改进机制,确保管理体系有效运行并不断完善管理体系。在覆盖全部实验过程中实施要素的管理,最大程度地规避实验室生物安全风险,防止实验室生物安全事件的发生。

1.4　实验室生物安全管理体系的建设要求

1.4.1　实验室生物安全管理体系的核心要素

1.4.1.1　实验室生物安全管理组织架构

　　实验室生物安全管理组织架构主要包括安全工作领导小组和安全责任人等。实验室安全工作领导小组成员通常由主管领导、实验室主任、相关安全管理专家和实验室安全负责人等组成。建立实验室生物安全管理组织架构是实施安全管理的重要保证。

1.4.1.2　实验室安全制度

　　根据国家和各部委有关实验室生物安全的法律、法规、实施办法和技术标准等,如《中华人民共和国国家安全法》(以下简称《国家安全法》)、《生物安全法》《微生物和生物医学实验室生物安全通用准则》等有关法律、标准,结合各单位的实际情况,制订实验室相关安全制度并严格执行。

1.4.1.3　实验人员管理

　　实验室实行人员准入制度,明确资格要求。在核实实验人员的资质情况后,还需对相关人员进行生物安全培训和考核。

　　对新从事实验的技术人员必须进行培训和上岗前体检,并保持健康状态,避免有发热、呼吸道感染、开放性损伤和怀孕等的实验人员从事高致病性病原微生物的相关工作,同时建立健康监护档案。对高级别生物安全实验室的工作人员按规定需保留本底血清样本。

1.4.1.4　安全教育及文化建设管理

从培训的组织实施、培训内容、培训对象、培训方式、培训重点及培训考核等方面，建立有效的实验室生物安全教育体系。教育体系又包括培训团队、培训内容、教育形式、培训考核和评价等。

培训内容包括但不限于：生物安全相关的法律、法规、标准和办法等；生物安全管理制度；生物安全操作规范、生物安全风险评估；仪器设备的使用、保养和维护；个体防护装备的正确使用；菌(毒)株及样本的收集、运输、保藏、使用和销毁；实验室的消毒与灭菌；应急预案、紧急事件的上报与处置程序；感染性废物的处置等。

1.4.1.5　设施设备管理

实验室要依据不同的防护水平配备相应的生物安全防护设备和设施。生物安全防护装备包括生物安全柜和个体防护装备(如口罩、帽子、护目镜、手套和防护服)等组成的一级防护屏障，以及由实验室设施结构和通风系统等构成的二级防护屏障。

1.4.1.6　实验材料管理

实验室内涉及细菌、病毒及其产物、微生物及其培养基、动物尸体及器官和基因工程样本等生物类型材料，对其应依照相关法律、法规制订详细的管理措施，加强实验室感染性材料的采集、包装、接收、运输、使用及相关废弃物的管理。生物安全实验材料主要包括实验动物和高致病性病原微生物等。

对实验动物，要建立实验动物准入管理制度，设立实验动物生物安全管理委员会和实验动物福利伦理委员会。

对高致病性病原微生物菌(毒)种感染性样本需要实行双人双锁管理；应严格执行登记制度，登记内容包括购进日期、使用和销毁情况、销毁人和销毁方法等；应设专库或者专柜单独储存；当保管人员变动时，必须严格落实交接手续；当菌(毒)种的保存范围发生变动或向外单位转移时，应按国家卫健委的相关规定执行。

对可感染人类的高致病性病原微生物菌(毒)种或样本的保存与运输，须依据《传染病防治法》《病原微生物实验室生物安全管理条例》《人间传染的病原微生物菌(毒)种保藏机构管理办法》《可感染人类的高致病性病原微生物菌(毒)种或样本运输管理规定》《生物安全领域反恐怖防范要求　第2部分：病原微生物菌(毒)种保藏中心》(GA 1802.2—2022)等法律、法规、标准来执行。

1.4.1.7 标准化操作管理

标准化操作规范是指在开展实验活动的实验室中,建立的一套符合法规要求、经过验证、安全、可靠的实验室操作技术规范,它适用于所有开展病原微生物实验活动的实验人员。实验人员必须严格遵守实验室安全操作规范,以保护实验室和社区的人员免受感染,防止环境污染,并对实验中的材料提供保护。实验室应编制简明易懂、可操作性强的安全手册,供实验室所有人员学习、遵守并执行。实验室规范化操作是避免病原微生物实验室人员受到感染及伤害的关键环节,为减少或避免实验过程中的失误、操作不规范以及仪器设备使用不当造成的事故或事件,应对开展的病原微生物实验活动进行风险评估,制订相应的病原微生物标准操作技术规范[15]。

实验操作不当可能产生的污染和泄漏主要有以下情形。

(1)可产生微生物气溶胶的操作:具体包括以下几个方面。①接种环操作:培养和划线培养、在培养介质中"冷却"接种环、灼烧接种环等。②吸管操作:混合微生物悬液和吸管操作液体溢出在固体表面等。③针头和注射器操作:排出注射器中的空气、从塞子里拔出针头、接种动物、针头从注射器脱落等。④其他操作:离心、搅拌、混合、灌注或倒入液体,开启培养容器,收取培养物,冻干、过滤感染性材料等。

(2)可引起危害性物质泄漏的操作:在设施内传递样本、倾倒液体、搅拌后立即打开搅拌器、打开干燥菌(毒)种安瓿、用乳钵研磨动物组织、液体滴落在不同表面等。

(3)可造成意外注射、切割伤或擦伤的操作:如发生离心管破裂、打碎干燥菌(毒)种安瓿、摔碎带有培养物的平皿、进行实验动物尸体解剖、用注射器从安瓿中抽取液体、进行动物接种等。

(4)实验动物饲养、实验过程中的不当操作:实验人员饲养、接触或进行实验动物时,若防护或操作不当,则可使饲养动物将病原体通过呼吸、粪和尿等途径排出体外,污染环境。实验人员会因接触污染物而感染[16]。用于实验研究的野生动物也可携带人畜共患病原微生物,对人类产生严重威胁。实验动物在运输过程中感染病毒,而实验室未对动物彻底隔离观察和检测就直接进入实验,也可能引起实验室污染及对实验人员产生危害。

(5)病原微生物菌(毒)种和样本保存与处理不当:病原微生物(特别是高致病性病原微生物)被盗、被抢、丢失、泄漏,会严重威胁实验室及环境的安全。主要原因:

①设备无法满足生物安保要求,进而引起病原微生物泄漏、被抢;②实验人员安全意识和操作技术无法保证实验室生物安全,引起泄漏、丢失。

1.4.1.8　文件及档案管理

实验室应当建立实验档案,记录实验室使用情况和安全监督情况,包括但不限于菌(毒)种和样本收集、运输、保存、领用和销毁等记录;生物安全柜记录、消毒和灭菌效果监测记录;废弃物处置记录;人员培训考核记录和健康监护档案;事故报告和分析处理记录等。

生物安全实验室资料档案不外借,若需要复制档案,则应得到批准。对超过保存期限的档案资料和记录,应通过生物安全管理委员会讨论、鉴定、批准是否实施销毁,进行销毁时,应至少由 2 人实施并做好销毁记录。生物安全实验室的记录、资料保存不得少于一定期限。

1.4.1.9　废弃物管理

感染性实验废弃物包括培养基、标本和菌(毒)种保存液、血液、血清、临床标本,使用过的手套、口罩、帽子、试管、吸管和移液器吸头等实验用品、实验器械,以及可能携带病原微生物的实验废弃物。对所有感染性材料必须在实验室内清除污染。有效且彻底的清除污染的方法为高压灭菌。灭菌或消毒处理前后均应使用黄色垃圾袋包装并按要求贴上警示标志,严禁将实验废弃物与生活垃圾混放。

动物实验室和动物饲养间需安装独立空调或高效过滤设备。对啮齿类动物,应尽量降低饲料密度,增加换气次数,并使用具有辅助换气功能的隔离饲料盒等。应严格保证排放标准。

对生物安全实验室的污水,必须经化学处理消毒(如次氯酸钠)或高温灭菌处理后才能排放,禁止直接排入废水处理系统。

对实验动物尸体和实验动物粪尿、污染垫料等感染性物质,要转入印有生物危害标识的袋中密封,必须经灭菌后再以焚烧或掩埋的方式进行处理。对污染的垫料,应贮存于特定场所,于当日进行高压灭菌后送出。

1.4.1.10　生物安全实验室标识

生物安全实验室标识是一种以图形传达信息的象征符号[17],如国际通用的生物危害标识(图1.2)。通过在实验室

图1.2　生物危害标识

相关区域张贴生物安全实验室标识,可以让实验人员直观区别、辨识特定生物危害,清楚地知道需要注意的安全问题以及实验操作的安全要求。生物安全实验室标识具有管理成本低、传达要求明确、警示醒目且效率高的特点。建立规范化、人性化、简洁化的生物安全实验室标识可以很好地完善生物安全实验室管理体系,实现"预防为主"的原则,为最大程度避免事故的发生起到指示、警告、提示、识别甚至命令的作用。

1.4.1.11 安全检查管理

生物安全检查是成本低、效率高的安全管理手段。通过建立安全检查制度,开展各种形式的安全检查(如内部自查、交叉互查、外方检查、重点检查、专项检查等),可以识别可能的安全风险和隐患,对所发现的问题进行监督和整改,能够极大地降低实验室生物安全管理的成本,及时消除隐患,避免安全事件或事故引起的损失(包括避免一些无法评估或无可估量的损失)。对生物安全检查,要有健全的检查组织架构、检查制度、执行主体、检查方式、检查重点等,以形成系统、全面的检查管理模式。

1.4.1.12 生物安全事故应急预案

实验室要建立处理意外事故的应急指挥和处置体系,制订应对各种意外危险的应急预案和生物危害事故现场处理办法。应急预案是生物安全实验室必备的文件和制度,是应对事故的操作规程,是良好的预警和预报制度。应急预案的目的是有效预防、及时控制和消除实验室生物安全事故及其危害,指导和规范各类实验室生物安全事故的应急处理。对有关应急预案要不断修订,应定期演练并保证实验室所有成员熟练掌握。

1.4.1.13 实验室数字化管理

实验室信息管理系统(laboratory information management system,LIMs)是一种基于实验室集成软件来解决实验室管理问题的软件系统,具有支持现代实验室运营的功能,是智慧实验室的重要组成部分,主要用于生物安全实验室的数字化管理。实验室数字化管理的内容包括实验室设施设备、实验项目、实验试剂耗材、实验样品、人员管理等方面,高等级生物安全实验室还会涉及保密信息的管理。

1.4.2 实验室生物安全管理体系的实施要求及监督

1.4.2.1 实验室生物安全管理体系的内涵

实验室生物安全管理体系是用于解决实验室生物安全问题相互关联的核心要素

的组合,大致包括了人员、设备、物料、方法和环境等。实验室生物安全管理体系的内涵包括实验室的方针和目标,在设立完整组织机构的基础上,建立实验室生物安全管理体系文件。这些体系文件的制订要符合国家的法律、法规、标准、认证认可的准则或规则[如《生物安全法》《病原微生物实验室生物安全通用准则》(WS 233—2017)、《实验室 生物安全通用要求》(GB 19489—2008)、《实验室生物安全认可准则》(CNAS-CL05:2009)等]的规定和要求,并结合实验室的具体情况。整个体系文件应包括:①生物安全管理质量手册;②程序文件;③标准操作规程(作业指导书);④记录表格、报告等。体系文件应内容完整,对所有的实验室关键活动都应制订明确的文件化规定。管理体系应具有系统性、协调性、有效性和可操作性,能支持、保证实验室的各种安全管理质量活动的运行和持续提高。

生物安全管理手册是实验室生物安全管理体系第一层次文件,是纲领性文件和政策性文件,其作用在于指导生物因子风险评估和风险控制,明确质量方针和质量目标,清晰阐明组织结构,合理分配人员的职责和权限,明确规定生物安全管理工作应该达到的要求。

程序文件是实验室生物安全管理体系的第二级文件,应明确规定生物安全管理工作应该做什么,具体怎么做,实施具体安全要求的部门(人)及其能力要求、责任范围、任务、流程等。其作用是对所有的核心要素进行连续和有效的控制,主要包括但不限于:人员培训、授权管理程序;人员考核、监督程序;仪器设备的控制与管理程序;服务和供应品的采购、验收程序;实验材料控制管理程序;环境设施建立、控制和维护程序;管理体系文件及档案管理程序、安全检查管理程序;数据控制和计算机、软件管理程序;管理体系内部审核程序;管理评审程序、实施预防措施控制程序等。

标准操作规程(作业指导书)应明确生物安全管理工作的具体操作细则,包括仪器设备、实验方法和关键技术细节,结果评判的要求(可根据标准方法的详略考虑制作的必要性)等,需要足够详细、明确并在实验室有可方便拿取的受控版本。

记录、表格是实验室生物安全管理体系运行的支撑性、能提供客观证据的文件。应明确规定对实验室活动进行记录的要求,至少应包括但不限于记录的内容、记录的管理(如保持记录完整性的措施、使用的权限、记录的安全、记录的保存期限等)。应有措施确保能较为容易地识别出档案内容发生增加或部分丢失的情况。

1.4.2.2　实验室生物安全管理体系的实施监督

实验室生物安全管理体系应覆盖管理活动的要素并能良好运行。完善的实验室生物安全管理体系应能维护实验室的活动符合实验室生物安全的规定,应制订应对风险和机遇的管理控制程序、不符合项控制管理程序、纠正及预防措施控制程序等。通过管理体系的运行,可识别风险、发现不符合项并对问题进行纠正和改进,以提高实验室生物安全体系运行的系统性、全面性、有效性及适应性,持续满足实验室生物安全管理的需求,并确保实验活动安全、有序。实验室生物安全管理体系监督的大体框架见图1.3。

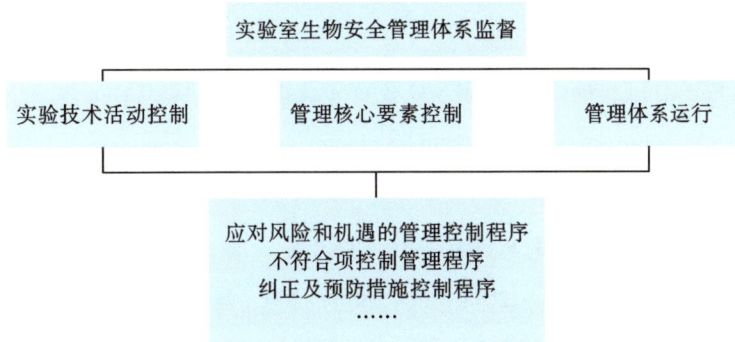

图 1.3　实验室生物安全管理体系监督的大体框架

(廖林川)

参考文献

[1] 翁景清.生物安全实验室管理[C]//中华医学会感染病学分会,中国疾病预防控制中心,卫生部自然疫源性疾病专家咨询委员会.第七次全国肾综合征出血热学术会议论文汇编.浙江省疾病预防控制中心,2006:11.

[2] 全国人民代表大会常务委员会.中华人民共和国生物安全法[EB/OL].(2020 – 10 – 18)[2023 – 12 – 30].https://www.gov.cn/xinwen/2020 – 10/18/content_5552108.htm.

[3] 敖天其,廖林川.实验室安全与环境保护[M].成都:四川大学出版社,2015.

[4] 中国合格评定国家认可委员会.病原微生物实验室生物安全风险管理指南:RB/T 040 – 2020[EB/OL].(2018 – 03 – 19)[2023 – 12 – 30].https://www.cnas.org.

cn/rkgf/sysrk/rkzn/2020/12/904441. shtml.

［5］ 国务院.病原微生物实验室生物安全管理条例［EB/OL］.（2018 – 03 – 19）［2023 –
12 – 30］. https：//www. mee. gov. cn/ywgz/fgbz/xzfg/202303/t20230316_1019776.
shtml.

［6］ 全国认证认可标准化技术委员会.实验室 生物安全通用要求：GB 19489—2008
［S］.北京：中国标准出版社,2009.

［7］ 国务院.医疗废物管理条例［EB/OL］.（2005 – 08 – 02）［2023 – 12 – 30］. https：//
www. gov. cn/banshi/2005 – 08/02/content_19238. htm.

［8］ NICOLAS J. Sur un de tetanos chezl'homme par inoculation accidentelle des produits
solubles due bacilli de nicolaier［J］. CR Soc Biol,1893,5：844 – 846.

［9］ HANEL E, MILLER O T,PHILLIPS G B,et al. Laboratory Design for Study of Infectious
Disease［J］. American Journal of Public Health and the Nations Health,1956,46（9）：
1102 – 1113.

［10］ KOJIMA K,BOOTH C M,SUMMERMATTER K,et al. Risk – based reboot for Global
Lab Biosafety［J］. Science,2018,360（6386）：260 – 262.

［11］ 武桂珍.实验室生物安全能力建设［M］.北京：清华大学出版社,2023.

［12］ 江轶,黄开胜,艾德生,等.高校非高等级病原微生物实验室生物安全管理研究
［J］.实验技术与管理,2018,35（9）：253 – 257.

［13］ 叶冬青.实验室生物安全［M］.3 版.北京：人民卫生出版社,2020.

［14］ 中国生物技术发展中心.中华人民共和国生物安全相关法律法规规章汇编［M］.
北京：科学技术文献出版社,2019.

［15］ 孙丽翠,姜永莉,甄理,等.实验室生物危害分析及生物安全管理［J］.质量安全
与检验检测,2023,33（5）：46 – 49.

［16］ 中国动物疫病预防控制中心.动物病原微生物实验室生物安全［M］.北京：中国
农业出版社,2023.

［17］ 韩建保,李明华,冯小丽,等.高等级生物安全实验室标识系统设计设置方法探讨
［J］.实验室研究与探索,2018,37（10）：301 – 304,309.

第 2 章
实验生物危害的来源及分级

生物危害有广义和狭义两个范畴。广义的生物危害是指各种生物因子对社会、经济、人类健康、生物多样性及生态环境造成的危害或潜在危害。狭义的生物危害是指在实验室进行科学研究的过程中，各种生物因子对实验人员造成的危害和对实验环境的污染。能够引起生物危害的生物危险因子很多，包括天然动物、天然植物、微生物以及经过基因改造和转基因的生物。本章主要从实验微生物危害、实验动物引起的危害及转基因生物危害三方面对实验生物危害的来源及分级进行介绍。

2.1 实验病原微生物危害

病原微生物研究对于人类认识和控制疾病，特别是感染性疾病的诊断、预防和治疗，均起到重要作用。但是，几乎是伴随着人们开始在实验室从事病原微生物研究，实验室感染事件就不断发生。早在 19 世纪末，就不断有实验室相关伤寒、霍乱、破伤风、布鲁氏菌病等发生的报道。20 世纪 40 年代，迈耶（Meyer）和艾迪（Eddie）在调查报告中对美国发生的 74 例实验室相关布鲁氏菌感染进行了分析，并得出"处理布鲁氏菌培养物或标本，以及吸入含有布鲁氏菌的灰尘等均会对实验人员具有明显危险性"的结论。20 世纪 70 年代，苏尔金（Sulkin）和派克（Pike）累计报告了 3921 例实验室获得性感染病例,其中不到20%与已知事故有关,80%以上推测是由病原微生物感染性气溶胶引起的[1]。

2.1.1 实验病原微生物危害的评估及分级

实验病原微生物危害的评估是指对实验微生物及其产物可能给人或环境带来的危害进行综合评估,依据评估结果,在保障实验室生物安全的前提下,选择适当防护水平的实验室进行病原微生物学相关实验研究。根据实验病原微生物危害评估的结果,我们可以确定进行病原微生物操作的生物安全实验室的防护级别,选择具有相应生物安全防护水平的实验室,采用相应的个体防护装备,并制订相应的操作规范、实验室管理制度和紧急事故处理预案等,以保障实验室的生物安全及实验活动的顺利进行。因此,在建设或使用具有传染性或潜在传染性生物材料的实验室之前,必须对病原微生物的危害进行评估。

进行实验病原微生物危害评估最有用的工具之一就是明确病原微生物的危害等级[2-7]。WHO在《实验室生物安全手册》(第4版)中指出,各国和各地区应按照病原微生物危险程度的等级并结合当地具体情况,确定各国病原微生物的危害程度分级。

2.1.1.1 实验病原微生物危害程度的分级原则

实验病原微生物危害程度的高低是依据病原微生物感染个体或群体后可能产生的相对危害来划分的。进行病原微生物危害程度分级时,不仅要考虑病原微生物因素,如病原微生物的致病性、传播途径、稳定性、浓度、宿主范围等,还要考虑对病原微生物进行具体研究的内容和方法、外界环境条件及当地所具备的有效防治措施等,综合做出分析和评估。实验病原微生物危害程度的分级原则详见图2.1。

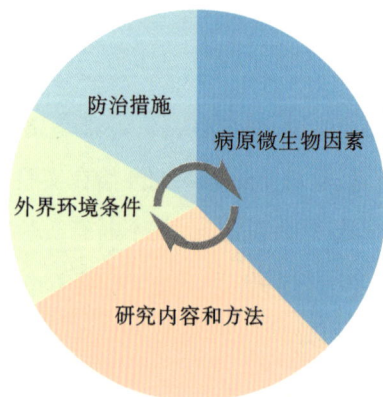

图 2.1 实验病原微生物危害程度的分级原则

1. 病原微生物因素

(1)病原微生物的致病性:致病性是指病原微生物引起宿主患病的能力,主要与病原微生物的毒力、入侵机体的数量和入侵途径相关。一般情况下,病原微生物的致病性越强,其导致的疾病就越严重,危害等级也就越高。

(2)病原微生物的传播途径:目前已知,通过气溶胶传播的病原微生物是引起实验室感染的最主要因素。气溶胶传播的可能性越大,其危害程度就越高。因此,当计划对一种传播方式不确定、相对特征不明确的病原微生物进行操作时,应考虑到气溶胶传播的可能性。

(3)病原微生物的稳定性:指病原微生物抵抗外界环境的存活能力。对病原微生物稳定性的评估不仅要考虑病原微生物在自然界中的自身稳定性,还应考虑到其对物理因素(如干燥、阳光暴晒、紫外线照射等)或化学因素的敏感性。病原微生物在自然环境和实验室环境中的稳定性越强,受理化因素的影响越小,其危害等级就越高。

(4)病原微生物的浓度:病原微生物的浓度与其造成的危害程度密切相关。确定浓度大小的影响时,应考虑到含有病原微生物的标本特性(如固体组织、液体介质、黏滞性高的血液或痰液)和实验操作的特点(如病原体培养、超声或离心处理)。此外,被处理的浓缩物质的体积对病原微生物危害程度的影响也很重要,随着高浓度病原微生物的操作体积的增加,其危害程度也会增加。

(5)病原微生物的宿主范围:病原微生物感染具有一定的宿主范围。大多数感染节肢动物的病原微生物不会直接感染人类,但也有少数能通过节肢动物的叮咬或排泄物污染创口等途径引起人类患病。某些对植物有致病性而对人类不致病的病原微生物也可能通过特殊的方式传播到新的宿主,从而引起人类感染。因此,某些可能引起人类感染的植物和动物应受到严格监控和管理。此外,病原微生物与宿主之间的相互作用是复杂的,在进行病原微生物危害程度的分级时,还应考虑到当地人群已有的免疫水平、宿主群体的密度和人口流动等因素的影响。

2. 研究内容和方法

病原微生物可通过天然或人为的方式从实验动物体内逸散。病原微生物的天然逸散方式包括经唾液、尿液、粪便排出或从皮肤损害部位释出等。在进行实验室操作的过程中,促使病原微生物从实验动物体内逸散的人为方式有很多,如从患病动物体内抽取血样、进行组织活检或尸检操作时被带有病原微生物的针头、刀刃刺伤、割破或直接被动物咬伤,饲养动物或进行实验操作时吸入带病原微生物的气溶胶,以及操作人员的眼睛、鼻腔或口腔黏膜被带病原微生物的污染物飞溅等。因此,实验室操作的规范性及安全性也直接影响到病原微生物的危害程度。

3. 外界环境条件

外界环境条件包括适宜媒介昆虫的生存环境、环境卫生水平等。媒介昆虫在自然疫源性疾病的发生和传播中发挥着作用,在越适宜媒介昆虫生存的环境中,某些人畜共患病病原微生物的危害程度就越高。同样,卫生状况差的环境中更容易滋生细菌、真菌等病原微生物,其危害等级就更高。

4. 防治措施

有效的防治措施是进行病原微生物危害程度分级时应考虑的重要因素。预防措施包括接种疫苗或注射抗血清、食品和饮水的卫生、动物宿主和节肢动物媒介的控制等;治疗措施包括被动免疫、暴露后接种疫苗,并使用抗生素、抗病毒药物或化学治疗药物等。此外,还应考虑到病原微生物变异所导致的耐药菌/毒株对预防、治疗效果的影响。预防及治疗措施的有效性越低,病原微生物的危害等级就越高。

2.1.1.2 WHO 对病原微生物危害程度的分级

在 WHO 的《实验室生物安全手册》(第 4 版)中,将病原微生物的危害程度分为4级,即由Ⅰ级到Ⅳ级逐级递增。

1. 危险度Ⅰ级

危险度Ⅰ级指无或具有极低个体和群体危险的病原微生物。这类病原微生物一般不太可能引起人和动物患病。

2. 危险度Ⅱ级

危险度Ⅱ级指具有中等个体危险和较低群体危险的病原微生物。这类病原微生物能引起人和动物患病,但感染的传播风险有限,一般情况下不会对实验人员、社区、牲畜或环境造成严重危害。

3. 危险度Ⅲ级

危险度Ⅲ级指具有较高个体危险和中等群体危险的病原微生物。这类病原微生物能引起人和动物的严重感染,但一般不会发生感染个体向其他个体传播,且对该类病原微生物引起的感染已具备有效的预防和治疗措施。

4.危险度Ⅳ级

危险度Ⅳ级指个体和群体危险性均高的病原微生物。这类病原微生物通常能引起人和动物患严重疾病,很容易发生个体之间的直接传播和间接传播,且对该类病原微生物引起的感染一般缺乏有效的预防和治疗措施。

2.1.1.3　我国对病原微生物危害程度的分级

依据病原微生物的传染性、感染后对个体或者群体的危害程度,在《病原微生物实验室生物安全管理条例》(国务院令 424 号)中将病原微生物按危害程度由高到低分为四类管理,其中第一类和第二类病原微生物被称为高致病性病原微生物;同时明确规定,只有在生物安全防护级别较高的高级别生物安全实验室内且获得上级有关主管部门批准后,方可从事相应的高致病性病原微生物实验活动,详见本书第 3 章的相关内容。因为病原微生物的危害程度还与对其进行研究或操作的内容有关,所以我国卫生部于 2006 年颁布了《人间传染的病原微生物名录》,进一步明确了病原微生物的危害程度分类,并针对各病原微生物所需进行的操作内容及菌(毒)株或感染样本运输等,规定了需具备的生物安全防护条件。2020 年 4 月,《生物安全法》正式实施,全国人大常委会要求各相关部门加快制订、修订与其配套的法规、制度。2021 年,根据国际上病原微生物和实验室生物安全的最新研究进展,以及对新发现的人间传染的病原微生物的生物学特性、致病机制等的不断认识,为确保实验室生物安全,国家卫健委组织专家对《病原微生物实验室生物安全管理条例》及《人间传染的病原微生物名录》进行了修订。目前,《病原微生物实验室生物安全管理条例》修订版尚未正式公布,2006 版《人间传染的病原微生物名录》已更名为《人间传染的病原微生物目录》[国卫科教发(2023)24 号],并于 2023 年 8 月 18 日颁布执行。2004 版《病原微生物实验室生物安全管理条例》和 2023 版《人间传染的病原微生物目录》中关于病原微生物按危害程度分级的情况详见表 2.1。

表2.1　病原微生物危害程度分级

病原微生物危害等级	分级标准	主要病原微生物
第一类(高致病性病原微生物)	能引起人类或者动物患非常严重的疾病,容易直接、间接或通过偶然接触在人与人、动物与人、动物与动物间传播,以及我国尚未发现或已经宣布消灭的微生物	其包括29种病毒,如天花病毒、猴痘病毒、亨德拉病毒、尼帕病毒、克里米亚-刚果出血热病毒、埃博拉病毒、马尔堡病毒、猴疱疹病毒、西方马脑炎病毒等
第二类(高致病性病原微生物)	能引起人类或动物患严重疾病,比较容易直接或间接在人与人、人与动物、动物与动物之间传播的微生物	其包括46种病毒、19种细菌和7种真菌,如大别班达病毒、汉坦病毒、高致病性禽流感病毒、人类免疫缺陷病毒(HIV)、SARS病毒、中东呼吸综合征冠状病毒、新型冠状病毒、乙型脑炎病毒、脊髓灰质炎病毒、狂犬病毒(街毒)、朊粒、炭疽杆菌、布鲁氏菌属、结核分枝杆菌、牛分枝杆菌、立克次氏体属、鼠疫耶尔森菌、霍乱弧菌、皮炎芽生菌、粗球孢子菌、荚膜组织胞浆菌等
第三类	能引起人类或者动物患病,但一般情况下对人、动物或环境不构成严重危害,传播风险有限,实验室感染后很少引起严重疾病,并具备有效治疗和预防措施的微生物	对人类致病的常见微生物主要属于此类,包括肠道病毒、肝炎病毒、流感病毒、疱疹病毒、腺病毒、脑膜炎奈瑟菌、金黄色葡萄球菌、志贺菌、白念珠菌、新生隐球菌、马尔尼菲篮状菌等
第四类	通常情况下不会引起人类或动物患病的微生物	其包括豚鼠疱疹病毒、小鼠乳腺瘤病毒、大鼠白血病病毒等

2.1.1.4　国外对病原微生物危害程度的分级

因为病原微生物在不同国家的流行状况不同,所以不同国家主要依据病原微生物的传染性、感染后对个体或群体的危害程度、流行状态,以及是否具有有效的预防、治疗措施等因素,来进行各自的病原微生物危害程度分级。

1. 美国 CDC/NIH 的分级标准

美国 CDC/NIH 编写的《微生物和生物医学实验室生物安全》(第 4 版)中将病原微生物危害分为以下 4 级。

(1)BSL−1 级病原微生物:指不会经常引起健康成年人患病的微生物。

(2)BSL−2 级病原微生物:指可因皮肤伤口、吸入、黏膜暴露而感染人体的病原微生物。

(3)BSL−3 级病原微生物:指可通过气溶胶传播、能导致严重后果或危及生命的内源性和外源性病原微生物。

(4)BSL−4 级病原微生物:指对生命有高度危险的外源性病原微生物或未知传播危险的有关病原微生物。

2. 澳大利亚和新西兰的分级标准

澳大利亚和新西兰依据病原微生物的危害程度,将病原微生物分为以下 4 类。

(1)第一类病原微生物:指不太可能给健康人群、动物、植物带来疾病的病原微生物。

(2)第二类病原微生物:指可能给人类、动物、植物带来疾病,但对实验人员和环境危害不大的病原微生物,实验室暴露可能引起感染,但具备有效的预防和治疗措施,且传播风险有限。

(3)第三类病原微生物:指能给人类、动物、植物带来严重疾病,并可以给实验人员及环境带来较大危害,但通常能找到有效预防措施和治疗手段的病原微生物。

(4)第四类病原微生物:指能给人类、动物、植物带来严重疾病,并可以给实验人员及环境带来较大危害,且不能找到有效预防措施和治疗手段的病原微生物。

2.1.2 实验病原微生物危害的主要来源及途径

实验病原微生物危害的传播途径包括自然传播途径及实验操作所致的非自然传播途径[7]。病原微生物既可通过空气、水、食物、母婴、血液、接触、虫媒和土壤等自然途径传播,也可由于实验操作过程中吸入含病原微生物的气溶胶、经口摄入病原体、被污染的针或刀片刺伤或割伤、动物或昆虫的咬伤或抓伤以及病原微生物经皮下或黏膜透入等非自然途径传播[8]。常见实验病原微生物危害的主要传播途径详见表 2.2。

表2.2　实验病原微生物危害的主要传播途径

病原微生物	主要传播途径			
	吸入	食入	黏膜接触	接触动物
汉坦病毒	+	+	+	+
乙型肝炎病毒（HBV）	−	−	+	+
丙型肝炎病毒（HCV）	−	−	+	+
狂犬病毒	+	−	+	+
淋巴细胞性脉络丛脑膜炎病毒	+	+	+	+
猴 B 病毒	−	−	+	+
委内瑞拉马脑炎病毒	+	−	+	+
马尔堡病毒	−	−	+	+
埃博拉病毒	−	−	+	+
HIV	−	−	+	−
伤寒沙门菌	−	+	+	−
其他沙门菌	−	+	+	+
炭疽杆菌	+	+	+	+
霍乱弧菌	−	+	+	−
鼠疫耶尔森菌	+	+	+	+
衣原体属	+	?	+	?
立克次氏体属	+	−	+	+
钩端螺旋体	+	+	+	−
荚膜组织胞浆菌	+	−	+	+
粗球孢子菌	+	−	+	+
新型隐球菌	+	−	+	+

同一种病原微生物可以有1种以上的传播途径，同一传染病在不同病例中的传播途径也可以不同。在实验病原微生物危害的传播途径中，最常见的是暴露于病原微生物感染性气溶胶中。

2.1.2.1　实验室病原微生物气溶胶的种类

悬浮于气体介质中的粒径为 0.001~1000 μm 的固体、液体微小粒子形成的溶胶状态分散体系总称气溶胶。其中，气体介质称连续相，通常为空气；微粒或粒子称分散相，成分较复杂。分散相中含有病原微生物的气溶胶，称为病原微生物气溶胶。病原微生物实验室产生的微生物气溶胶主要有气沫核气溶胶和粉尘气溶胶两大类。

1. 气沫核气溶胶

外力作用于含有病原微生物的液体(如液体标本或培养基),可形成分散于空气中的细小颗粒,这些颗粒中的水分迅速蒸发后,留下核心颗粒悬浮于空气中,就形成了气沫核气溶胶。

2. 粉尘气溶胶

外力作用于干燥的培养物,或干结的带病原微生物的硬壳、皮毛或毛发碎屑,或沉降在物体表面或地面的灰尘等,可形成悬浮于空气中的微小颗粒,即粉尘气溶胶。

这两类气溶胶都对实验人员具有一定程度的危害性,其危害程度取决于病原微生物本身的毒力、气溶胶的浓度、气溶胶的粒子大小以及实验室的局部环境条件等。

2.1.2.2 实验室病原微生物气溶胶的产生

实验室中的许多操作都可能产生病原微生物气溶胶。有研究人员曾对 276 种实验操作进行了测试,结果发现其中 239 种操作可产生不同程度的病原微生物气溶胶,占全部操作的 86% 以上。

在病原微生物实验室中,像搅拌、研磨、振荡、吹打、离心、超声破碎等常规操作均可以产生大量的病原微生物气溶胶。此外,液体薄膜突然破裂可产生气溶胶,将烧热的接种环放入菌液也可激起病原微生物颗粒并形成气溶胶。即使是在人们认为没有病原微生物气溶胶感染危险的某些操作中,危险依然存在,如振荡混匀后将菌液或病毒液置于密闭的培养瓶中,并将培养瓶静置,其产生的病原微生物气溶胶也可在空气中持续存在 1 h 左右。

实验室中的静电排斥作用在一定条件下也可产生气溶胶,而带静电的物体(如塑料器皿)因可以吸附空气中的病原微生物颗粒,故污染程度通常比不带静电的器皿高。一些在自然环境中繁殖的病原微生物一旦进入实验室的空调系统或通风系统,或污染了空调冷凝水,就可形成更为广泛的病原微生物气溶胶,如军团菌气溶胶的形成。

气溶胶进入空气后,一部分降落在物体表面,另一部分水分被蒸发后,剩下直径 ≤5 μm 的微滴核仍悬浮于空气中,这些含有病原微生物的微滴核经呼吸道进入人的肺泡后即可导致感染发生。除结核分枝杆菌这类典型的经空气传播的病原菌外,自然条件下非经空气传播的病原菌也可以在实验室条件下发生空气传播的感染事件。操作严重污染的或大体积的含菌液体时,可导致实验人员吸入过量细菌,增加感染的可能性。

不同实验操作产生气溶胶颗粒的程度各异。研究表明：常规的玻片凝集试验、在火焰上烧灼接种环、颅内接种、鸡胚接种或抽取培养液等操作，一次可产生少于 10 个颗粒的气溶胶；实验动物尸体解剖、用乳钵研磨动物组织、离心沉淀后注入混悬毒液、细菌接种、打开培养容器的螺旋瓶盖、摔碎带有培养物的平皿等操作，一次可产生 10~100 个颗粒的气溶胶；而打碎离心管、打开或打碎干燥菌种安瓿、搅拌后立即打开搅拌器盖、注射器针尖脱落喷出毒液、小白鼠鼻内接种等操作，一次可产生 100 个颗粒以上的气溶胶。

显然，一次能产生大量病原微生物气溶胶的操作危害程度更大，但那些一次操作产生的病原微生物气溶胶较少，却需要多次重复的操作，也可以在短时间内产生大量的病原微生物气溶胶，并对实验人员造成较大危害。

2.1.2.3　实验室病原微生物气溶胶的粒径大小与危害性

不同实验操作可产生不同大小的病原微生物气溶胶颗粒。研究人员曾用 Anderson 空气微生物采样器对一些实验操作过程中产生的病原微生物气溶胶颗粒进行了粒径测定，结果发现：在冻干培养物产生的气溶胶颗粒中，粒径 >0.5 μm 的占 80% 以上；在搅拌粉碎机产生的气溶胶颗粒中，粒径 <0.5 μm 的占 98% 以上；离心悬液、用吸管吹吸混匀、超声波粉碎感染性材料、收取鸡胚培养液、摔碎菌液瓶等操作所产生的病原微生物气溶胶颗粒，其平均粒径也均 <0.5 μm。

不同粒径的病原微生物气溶胶颗粒所造成的危害程度不同，详见图 2.2。研究表明，粒径为 50~1000 μm 的液滴可快速沉积在各种表面，若沉积在伤口或黏膜上，造成感染的机会就很大；粒径 10~50 μm 的飞沫可以扩散，但大多不易被吸入呼吸道，最终也会沉降；粒径 5~10 μm 的气溶胶颗粒被吸入呼吸道后，由于呼吸道黏膜屏障的阻拦作用，主要分布于气管、支气管以上的部位，可对机体造成一定危害；而粒径 <5 μm 的气溶胶颗粒被吸入呼吸道后，可直接进入肺泡囊腔，并在其中生长、繁殖、扩散，对机体的危害性最大。

2.1.2.4　实验室病原微生物气溶胶的感染特点

实验室中产生的病原微生物气溶胶，可随空气扩散污染实验室空气，工作人员吸入了污染的空气，便可引起实验室获得性感染。病原微生物气溶胶感染具有以下特点:①可随空气流动进入密闭、无空气过滤装置的空间,造成污染的空间和面积效应均较大;②吸入病原微生物气溶胶的易感性明显高于实验病原微生物的其他感染方式;③可同时造成大量人群感染,临床上可能引起非典型症状,容易误诊并延误治疗;④对吸入病原微生物气溶胶所导致的感染,防治比较困难。

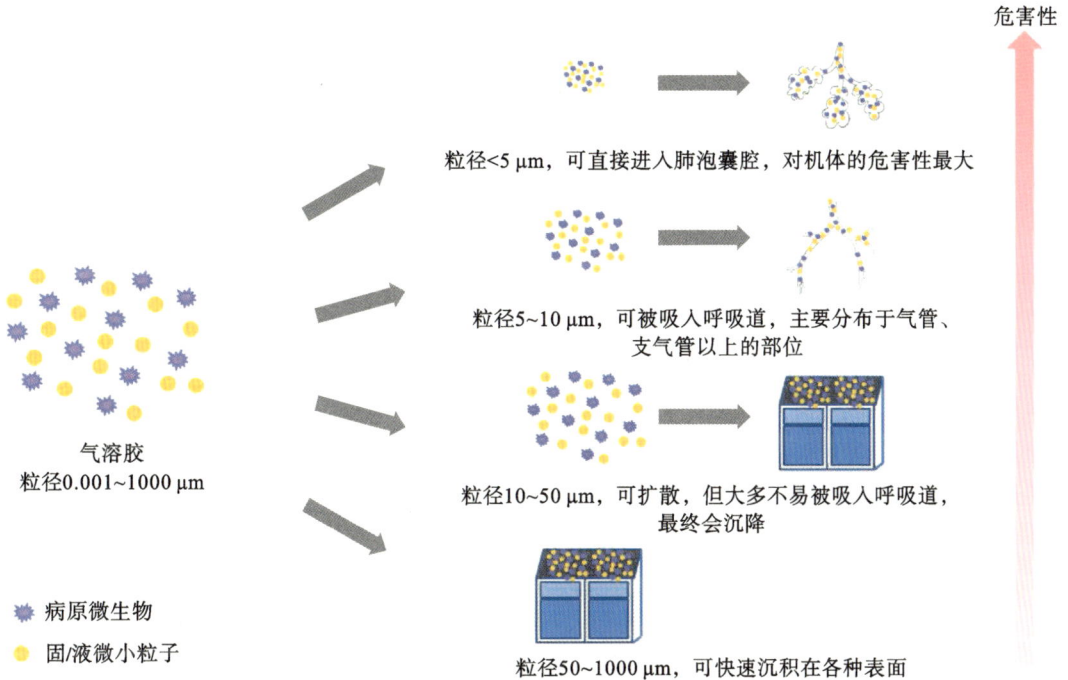

图 2.2 不同粒径病原微生物气溶胶颗粒的实验室危害程度

2.1.3 引起实验室获得性感染的常见病原微生物

据报道,大部分实验室获得性感染是由细菌(43%)引起的,其次是病毒(27%)和立克次氏体(15%)。引起实验室获得性感染最常见的细菌是布鲁氏菌属、土拉热弗朗西丝菌、结核分枝杆菌、伤寒沙门菌、衣原体属和立克次氏体属,36%的实验室获得性病毒感染是由肝炎病毒和汉坦病毒引起的,50%以上的实验室获得性真菌感染是由荚膜组织胞浆菌和粗球孢子菌引起的。表 2.3 对引起实验室获得性感染的常见病原微生物的危害程度分级、主要存在部位及感染途径进行了总结。

表2.3　实验室获得性感染的常见病原微生物

病原微生物	危害程度分级	主要存在部位	感染途径
布鲁氏菌属	其属于第二类病原微生物,传染源主要是感染的羊、牛、猪等,可经皮肤、黏膜、眼结膜、消化道、呼吸道等不同途径感染人体,引起布鲁氏菌病	其主要存在于感染动物或人的血液、脑脊液和精液中,也可存在于尿液中	实验操作过程中产生的气溶胶是其主要的潜在危害,经口吸入、意外的胃肠道外接种或培养物溅入眼、口、鼻等也可导致实验室感染发生
土拉热弗朗西丝菌	其属于第二类病原微生物。家兔、野兔、鼠类等啮齿类动物是其主要储存宿主,可经直接接触、动物咬伤、节肢动物叮咬、食入污染食物或呼吸道等途径感染人体并引起土拉菌病	其主要存在于感染动物伤口渗出液、呼吸道分泌物、脑脊液、血液、尿液和组织中,也存在于受感染节肢动物的体液中	皮肤和黏膜直接接触感染性物质、意外的胃肠道外接种、摄入以及暴露于感染性气溶胶和飞沫中均可导致实验室感染发生
结核分枝杆菌	其属于第二类病原微生物,可通过呼吸道、消化道或皮肤损伤等途径侵入机体,引起全身多器官、组织的结核病,其中以肺结核最常见	其主要存在于痰液、胃灌洗液、脑脊液、尿液等临床标本中,也可存在于被污染的操作台、器械、仪器等表面,在加热固定的涂片中可存活,也可在制备冷冻切片和操作液体培养物的过程中被气雾化	暴露于感染性气溶胶是其最主要的实验室危害。一般情况下,对取自可疑或已知结核病患者的痰液及其他临床标本均应视为具有传染性
伤寒沙门菌	其属于第三类病原微生物,主要通过消化道途径侵入机体,引起伤寒(也称肠热症)、胃肠炎、败血症等疾病	人类是其唯一已知的传染源,主要存在于感染者的粪便、血液、胆汁和尿液中	摄入和胃肠道外接种是其主要的实验室感染途径。目前尚不清楚暴露于气溶胶中可否引起感染

续表2.3

病原微生物	危害程度分级	主要存在部位	感染途径
衣原体属	其属于第三类病原微生物。人类致病性衣原体主要有沙眼衣原体、鹦鹉热衣原体、肺炎衣原体，能引起人类沙眼、泌尿生殖道感染、呼吸道感染等疾病	鹦鹉热衣原体存在于鸟类的组织、粪便、鼻分泌物和血液中，以及受感染人类的血液、痰液和组织中；沙眼衣原体存在于受感染人类的生殖器、腹股沟淋巴结渗出液和结膜液中	鹦鹉热衣原体的主要实验室感染途径是暴露在处理受感染的鸟类及其组织时产生的气溶胶和飞沫中；沙眼衣原体的主要实验室感染途径是意外胃肠道外接种、黏膜直接或间接接触生殖器以及腹股沟淋巴结渗出液，其感染性气溶胶也存在潜在危险
立克次氏体属	其属于第二类病原微生物，以人虱、鼠蚤、蜱或螨等节肢动物为传播媒介，可引起斑疹伤寒、Q 热、恙虫病等人类立克次氏体病	其主要存在于受感染的人或哺乳动物的血液、尿液、粪便、乳汁及组织中，也存在于某些节肢动物体内	实验操作中，病原体意外从胃肠道外途径进入人体或吸入感染性气溶胶，均会对实验人员造成危害
肝炎病毒	其属于第三类病原微生物。其中，HBV 是引起实验室获得性感染的最常见肝炎病毒	HBV 感染者的血液及其血液制品、尿液、精液、脑脊液及唾液中均可能含有HBV。此外，HBV 在凝固的血液或某些血液成分中也可存活数天	HBV 最常见的实验室感染方式是注射、黏膜接触及创伤感染
汉坦病毒	其属于第二类病原微生物，主要储存宿主和传染源为啮齿类动物，可通过呼吸道、消化道、创伤等途径感染人类，引起肾综合征出血热和汉坦病毒肺综合征，也可通过胎盘和虫媒传播	其主要存在于啮齿类动物的唾液、尿液、粪便及被带毒动物排泄物污染的环境中	接触啮齿类动物的排泄物、新鲜尸检组织、动物饲养垫料，以及黏膜或破损皮肤接触到污染组织、被感染动物咬伤等途径，均具有感染的可能性

续表 2.3

病原微生物	危害程度分级	主要存在部位	感染途径
荚膜组织胞浆菌	其属于第二类病原微生物,好生长于碱性土壤中,通常经呼吸道吸入或伤口侵入机体而引起组织胞浆菌病	其孢子在空气可存活较长时间,尤其是分生孢子,体积较小,易在空气中播散并滞留在于肺内	产孢子的菌丝相培养物和取自该病流行区土壤样本中的菌丝相真菌,常经呼吸道吸入而引起感染;存在于感染动物的组织或体液中的酵母相真菌,可经胃肠道外接种而引起局部感染
粗球孢子菌	其属于第二类病原微生物,主要分布于较干旱的土壤中,具有极强的感染性,通常经呼吸道吸入或伤口侵入机体而引起粗球孢子菌病	体积较小的感染性关节孢子可大量存在于培养物、土壤及其他环境标本中;体积较大的厚壁球孢子主要存在人和动物的组织中	吸入来自环境标本或菌丝相培养物的关节孢子是该菌主要的实验室危害,临床样本或取自感染组织的动物或人体标本引起实验室感染的危险性较小

2.2 实验动物引起的危害

实验动物(experimental animal)是指经人工饲养、繁育,对其携带的微生物及寄生虫实行控制,遗传背景明确或者来源清楚,应用于科学研究、教学、生产和检测以及其他科学实验的动物,如大鼠、小鼠、裸鼠、豚鼠、家兔、犬、小型猪、恒河猴等。作为人类疾病临床前研究模型和"活的精密仪器",实验动物在保障人类健康和优化生存环境的研究中起着不可替代的作用。天花的灭绝、各种疫苗的研制、异体器官移植以及克隆技术等重大突破,都是首先在实验动物身上获得成功的。当前,也有越来越多的研究者使用动物进行艾滋病、病毒性肝炎、流行性出血热、狂犬病、鼠疫等烈性传染病的研究,实验动物作为重要的研究手段已被广泛应用于生命科学研究的各个领域[9-11]。

然而,动物感染实验从接种病原体到实验结束,要经历给动物喂食、给水、更换垫料及笼具等操作,这些操作中若遇到病原体随动物尿液、粪便、唾液等排出,就会存在感染性气溶胶不断扩散到环境中的危险;解剖动物时,实验人员还存在接触到在动物体液和脏器中已繁殖病原体的危险;进行动物实验时,还存在因动物咬伤、注射或手术创伤而被感染的危险等。20 世纪 40 年代,研究人员分析了 222 例实验室获得性病毒感染病例,发现其中至少 1/3 的感染原因与操作感染性动物和组织有关。

因此,生命科学领域的实验动物在为人类健康作出越来越多贡献的同时,也存在威胁人类健康安全的潜在危险,并涉及一定的生物安全问题。1988 年,国家科委颁布了第一部《实验动物管理条例》,此后,国家技术监督局、国家质量监督检验检疫总局陆续颁布并不断修订和完善了实验动物国家标准、实验动物环境和设施国家标准,并对实验动物的生产和使用实行了"行政许可证"管理制度,标志着我国实验动物的研究和管理工作逐步走上了规范化轨道[12]。

2.2.1　实验动物的健康分级

自然界中的病原体种类很多,它们不仅可以影响和干扰科学实验研究的正常进行与实验结果的准确性,而且会引起实验动物大量死亡,甚至可能危及人类的公共卫生与生命安全。使用标准化实验动物既有利于实验工作的顺利完成,也有利于实验室的生物安全。

按照对动物所携带微生物的控制程度,国际上通常将实验动物分为普通动物、无特定病原体动物及无菌动物三级。在参照国际标准的基础上,从我国实验动物的实际情况出发,我国在《实验动物　微生物、寄生虫学等级及监测》(GB 14922—2022)中将实验动物分为普通动物、无特定病原体级动物和无菌级动物三级。

2.2.1.1　普通动物

普通动物(conventional animals, CV animals)是指不携带所规定的对动物和(或)人类健康造成严重危害的人畜共患病病原体和动物烈性传染病病原体的实验动物。因为这类动物微生物控制标准低、动物质量差,以及在实验研究中动物敏感性较低等,所以常导致实验结果不准确。同时,在慢性实验过程中,CV 级动物较高的死亡率也容易导致实验失败。因此,CV 级动物主要用于教学实验及某些实验研究的预实验。但一些大型的普通实验动物(如地鼠、豚鼠、犬、猴等)目前仍被广泛应用于各种科学实验、生产活动及检验工作中。

2.2.1.2　无特定病原体级动物

无特定病原体级动物(specific pathogen free animals, SPF animals)是指除普通动物

应排除的病原体外,不携带对动物健康危害大和(或)对科学研究干扰大的病原体的实验动物。SPF 级动物是目前普遍使用的标准实验动物,被广泛用于生命科学研究的多个领域。

2.2.1.3　无菌级动物

无菌级动物(germ free animals,GF animals)是指动物体内无可检出的一切生命体的实验动物。这种动物体内排除了各种寄生虫和微生物的干扰,用于科学实验研究后能够得出较准确、可靠的结果,且可用于研究机体和某种特定微生物之间的相互关系,已成为良好的动物模型。

2.2.2　实验动物引起危害的主要途径

实验动物引起危害的常见方式包括吸入含病原体的气溶胶、动物造成的损伤以及动物的破坏和逃逸等。

2.2.2.1　气溶胶感染

感染动物释放的气溶胶是实验动物引起实验室获得性感染的主要原因。在进行动物实验的过程中,感染动物除了能释放微生物气溶胶外,还会产生动物性气溶胶。

在对实验动物进行观察饲养期间,在感染动物呼吸、排泄、抓咬、挣扎和逃逸时,在更换垫料和进行病原体接种时,在解剖尸体和处理病理组织时,均会产生传播危害性极大的动物性气溶胶。有研究报道,暴露于炭疽杆菌气溶胶中的动物,在 13 d 左右的饲养期间,在其饲养笼周围空气中可监测到炭疽杆菌。将豚鼠暴露于枯草芽孢杆菌黑色变种的芽孢气溶胶中后,其可连续产生枯草芽孢杆菌气溶胶长达 12 d。不同病原微生物在空气中的存活能力各不相同。但病原微生物形成气溶胶后,可明显提高病原体经呼吸道吸入而导致感染的发生率。某些存活能力强的病原微生物,还可能随空气播散到较远的地方,并引起疾病的流行。感染动物释放的气溶胶一般无法察觉,人们往往在不知不觉中受到感染。因此,应将防止气溶胶的产生及进一步播散作为动物实验室感染的首要预防措施。

2.2.2.2　动物损伤

在动物实验室接触感染动物时,虽然有常规的个体防护措施,但还是可能遇到与之相关的意外伤害,如实验动物的抓伤、咬伤或踢伤等。因此,要求实验人员既应在所从事的动物处理工作方面接受过专业训练并具有一定经验,还应熟悉动物的生活习性和潜在危害,并且要求配备适当的能防护自身安全的工作服和仪器设备。

2.2.2.3 动物的破坏和逃逸

饲养中的动物可能将接种的病原体通过呼吸道、粪便或尿液等途径排出体外而污染实验室环境。如果实验人员防护和操作不当,则可能因接触到污染物而感染。实验废弃物、动物尸体、排放液体等如果未能得到有效处理,则会扩散到实验室外而污染环境,对人类造成危害。感染动物如果逃离实验室,则可能将病原微生物播散到环境中并传染给其他野生动物。一些科学家还利用野外捕捉到的野生动物进行实验,这些野生动物可能携带有对人类产生严重威胁的人畜共患病病原体,如果使用或管理不当,则可能引起疾病扩散,给人类带来巨大危害。

2.2.3 实验动物中常见的人畜共患病病原体

人畜共患病是指人类和脊椎动物之间由共同病原体引起的、在流行病学上有关联的疾病,其病原体包括病毒、细菌、真菌、支原体、衣原体、立克次氏体、螺旋体、寄生虫等。在常见的 188 种人畜共患病中,涉及鱼类 4 种、两栖类 1 种、爬行类 2 种、鸟类 33 种,而涉及哺乳动物的有 148 种,且同一种疾病或感染可涉及几种不同的动物宿主。

实验动物携带着众多的人畜共患病病原体,如布鲁氏菌、结核分枝杆菌、炭疽杆菌、沙门菌、汉坦病毒、猴 B 病毒、狂犬病毒、柯克斯体、皮肤癣真菌、弓形虫、肝吸虫等,这些病原体也曾多次引发实验室获得性感染。从 1984 年至今,韩国、日本等国曾多次发生实验用大鼠将所携带的汉坦病毒传染给人,致使实验人员感染死亡的事件。在能引起动物性疾病的病原微生物中,约有 1/3 可同时引起人类感染。实验动物中常见的人畜共患病病原体及其危害情况详见表 2.4。在众多实验动物中,非人灵长类动物本身对人类常见的传染病很敏感,而且是多种严重人畜共患病病原体的潜在传染源,因此,要特别重视对这类动物的检疫和质量检测。

表 2.4 实验动物中常见的人畜共患病病原体及其危害

病原体	易感动物	传播及危害
沙门菌	所有动物	无症状携带者;伤寒、败血症
志贺菌	猴	细菌性痢疾

续表2.4

病原体	易感动物	传播及危害
布鲁氏菌	猪、牛、羊等	生殖道感染、流产、睾丸炎、不育
柯克斯体	牛、羊、犬、猪等	Q热
钩端螺旋体	猪、小鼠等	钩端螺旋体病
狂犬病毒	犬、猫、猴等	狂犬病,死亡率高
伪狂犬病毒	犬、猫	发热、皮肤剧痒、神经节炎、脑神经炎
汉坦病毒	大鼠、小鼠	急性出血热综合征,死亡率高
淋巴细胞性脉络丛脑膜炎病毒	小鼠、豚鼠、仓鼠	普通小鼠群抗体阳性率为3%,人感染后主要表现为流感症状和脑膜炎
B病毒	猴	我国猴群抗体阳性率为20%~50%,可引起人上呼吸道疾病,死亡率高
麻疹病毒	猴	我国猴群抗体阳性率为46%,主要引起麻疹,也可并发巨细胞性肺炎
马尔堡病毒	猴	马尔堡出血热,死亡率高
埃博拉病毒	猴	埃博拉出血热,死亡率高
猴痘病毒	猴、松鼠	我国猴群抗体阳性率为3.7%,可引起皮疹,重者死亡
弓形虫	猫、犬等	流产、先天性畸形、脑膜脑炎、弓形虫眼病等

2.3 转基因生物的危害

转基因生物(transgenic organisms)是指通过基因操作技术将外源基因转入体内稳定遗传表达而获得新性状的动物、植物、微生物。随着分子生物学技术的不断发展,科学家们还能在不导入外源基因的情况下,通过对生物体本身遗传物质的修饰、敲除、沉默表达等方法来改变生物体的遗传性,获得人们希望得到的性状,这类新的生物体也被称为基因修饰生物。因为"转基因"一词已普遍为人们所接受,而且外源基因导入仍然是目前分子生物技术在生物育种领域所采用的主要方法之一,所以"转基因生物"一词就沿用至今,泛指经过基因分子操作技术改变了遗传物质而表现新性状的生物[1,11,13-14]。

作为现代生物技术的核心内容之一,转基因生物技术在工业、农业、医药卫生等多个领域均得到了广泛的应用。1983年,第1例转基因烟草问世。此后,转基因技术广泛应用于培育高产、优质、抗病毒、抗虫、抗旱、抗涝、抗寒、抗盐碱、抗除草剂等特性的农作物新品种。转基因作物减少了对农药、化肥和水的依赖,降低了农业成本,大幅度提高了单位面积产量,改善了食品质量,极大地缓解了世界粮食短缺的问题,对农业生产的发展产生了重大影响。自 1980 年世界首个转基因小鼠诞生以来,转基因猪、牛、羊、鱼等相继培育成功,转基因动物给畜牧业及医药行业等带来了巨大的社会效益和经济效益。转基因微生物作为最早培育成功的转基因生物,也已经广泛应用于食品、化工、生物医药等多个领域,展现出了良好的商业应用前景。

　　但由于科学技术发展阶段的局限性,转基因技术及其产品现在仍存在一些不确定的风险,如果使用或管理不当,则有可能对人类健康和生态环境造成无可挽回的损失,即转基因生物安全问题。伴随着转基因生物技术的快速发展和转基因产品在社会生产、生活中的影响日益扩大,转基因生物安全问题已成为全球关注的焦点和争论的热点。

2.3.1　转基因生物对人类健康和生态环境的影响

　　随着转基因生物技术及其产品的广泛应用,人们关注的生物安全问题主要聚焦在转基因生物对人类健康的可能风险及其对生态环境的潜在威胁两大方面。

2.3.1.1　转基因生物对人类健康的风险

　　长期以来,转基因生物的食用安全性一直受到人们的广泛关注。食用安全主要指利用转基因生物体生产人类所需要的生物制品,用于医药、食品等方面存在的潜在安全问题。人们最早对转基因食品进行安全性研究并提出质疑发生在 1998 年。当年,英国苏格兰研究所的阿帕德·普斯蒂埃(Arpad Pusztiai)教授用转基因马铃薯喂食实验大鼠,并在电视上宣布食用转基因马铃薯的实验大鼠出现了体重减轻、器官生长异常、免疫系统受损等问题,此事引发了全球关于转基因食品安全性的大讨论。然而,1999 年 5 月,英国皇家学会宣称该研究从实验设计和结果评价都存在问题,从中不能得出"转基因生物对生物健康有害"的结论。2012 年 9 月,法国学者在《食品与化学毒理学》(*Food and Chemical Toxicology*)杂志上发表论文称,用抗除草剂的转基因玉米NK603 喂养的大鼠,致癌率明显增高,该实验周期长达 2 年。然而,同年 10 月,法国生物技术最高委员会和国家卫生安全署先后否定了关于转基因玉米致癌的结论,同时建议对转基因作物的长期影响进行研究。2013 年 11 月,该论文被杂志社撤稿。还有研究报道,巴西坚果中 2S 清蛋白基因转入大豆后的转基因大豆可导致部分食用者发生过敏反应,这是所报道的第 1 例对人体造成危害的转基因生物,该转基因生物的推广应用很快就被终止了。因为缺乏评价转基因生物对人体健康的安全性的第一手资料,加之科学逻辑和媒体认知存在偏差,所以导致了公众对转基因食品的安全性存疑。

转基因食品在基因重组的过程中,会改变生物的营养成分,也可能产生某种毒性、过敏性或耐药性。转基因食品对人类健康的可能危害主要表现在以下几个方面:①毒性问题,外源基因可能带来新的毒素,食用后可能引起急性或慢性中毒;②过敏性问题,外来基因产生的新成分可能引起部分人群的过敏反应;③耐药性问题,转基因技术通常会使用抗生素抗性基因作为筛选标记,机体摄入带抗性基因的转基因食品可能将这种抗性基因转入人体消化系统的正常菌群体内,从而产生新的耐药菌,影响抗生素的治疗效果。

总之,从科学的角度而言,经过安全认证的转基因食品对人类短期的、直接的影响较小,至少目前为止,还没有发现转基因食品对人类有害。但现在也缺乏证据证明它的无害性,即转基因食品对人类长期的、间接的、累积的影响还难以确定。

2.3.1.2 转基因生物对生态环境的威胁

转基因生物对生态环境的威胁是指人工修饰的外源基因通过转基因生物进入并整合到自然界的生物体基因组内,通过生物间遗传物质的交流和个体繁衍,造成人工修饰的外源基因在自然界基因库的混杂和污染。这种"基因污染"会随着生物的生长和繁殖不断蔓延,对自然种群生态造成不可修复的损伤,使生物多样性丧失。1999 年,美国康乃尔大学一个研究小组在《自然》(*Nature*)杂志上发表了一篇关于"转苏云金杆菌 *Bt* 基因抗虫玉米花粉可致黑脉金斑蝶幼虫死亡"的研究论文后,立即在全球范围内引发了一场关于转基因作物生态安全的辩论。尽管随后由美国农业部牵头的研究团队进行了田间实验,证明了转苏云金杆菌 *Bt* 基因抗虫玉米花粉在田间对黑脉金斑蝶并无威胁,但该事件的警示作用应该被充分重视。转基因生物或被转基因污染的生物,可能凭借人工赋予的某种优势大量繁殖和传播,挤占其他生物的生存空间,通过竞争、环境胁迫使自然环境生物多样性受到损害,甚至导致物种遗传多样性的衰减和丧失,严重影响生态环境安全。

在自然界,生物物种种类繁多、各具特色,其种性的相对独立性与物种长期进化而形成的生殖隔离是分不开的。生殖隔离阻止了遗传物质的横向转移,保持了不同物种的特异性,使生物多样性得以维持和延续。转基因技术打破了自然界物种间因生殖隔离而形成的遗传物质的天然隔离,人为地将目的基因转到任何物种中。完全由人工制造出的转基因生物可能是自然界原本不存在的特殊生物物种,它对生态环境的影响可能比自然生物物种的入侵要严重而深远得多。转基因植物的外源基因一旦转移到近缘植物和微生物中,就可能导致这些生物的野生等位基因丢失,造成遗传多样性丧失,也可能使野生植物成为超级杂草。此外,外源基因的导入可能改变植物体内的次生代谢产物,从而对其他生物(如土壤微生物)产生影响,并可能通过食物链影响到更高层次的生物。例如,带有几丁质酶的抗真菌转基因作物,遗传分解时,可能减少土壤中菌根的种群,使土壤中凋落物的分解受阻,从而阻滞整个生态系统的功能;再比如,耐除草剂转基因作物的种植,必将大幅度提高除草剂的使用量,从而加重环境污染程度以及农田生物多样性的丧失。

综上所述,转基因生物对生态环境的威胁可能主要表现在以下几个方面:①通过改变物种间的竞争关系,破坏原有的自然生态平衡;②通过基因漂移,可能产生出自然界原本不存在的具有新特性的有害生物或增强某些有害生物的危险性,如具有各种抗性的杂草;③作为新品种进入农业生态系统并大量种植,可能导致生物多样性破坏,将会对现有农业生态系统造成冲击;④可能会对自然界中的许多目标生物产生直接或间接的影响,使原有生态系统失衡。

由此可见,转基因技术是一把双刃剑,在给人类带来好处的同时,也可能给人类带来危害。因此,对转基因生物可能带来的生物学或生态学的风险,以及对如何减少或者克服它们对人类、动物、植物、微生物和生态可能带来的风险进行评估与防范的科学研究是非常必要的。因为生物基因作用的特殊性,所以对转基因生物的安全监管应重在预防,并在转基因生物实验室研发、中试、商业化生产、加工、使用等各个环节进行全程安全的评估和监管。

2.3.2　转基因生物实验中的危险因素

转基因生物实验中的危险因素是指实验过程中可能对人和环境造成危害的各种因素,包括生物因素、物理因素、化学因素以及废弃物危害。

2.3.2.1　生物因素

转基因生物实验中所操作的生物材料包括生物个体、组织、细胞和微生物菌种、质粒、载体以及病毒等,可能具有感染性、致癌性、耐药性或生态学效应,如果操作或防护不当,则有可能对实验人员造成危害或对环境造成污染。

进行转基因生物实验时,动物本身携带的人畜共患病病原体、动物的获得性病原体或动物性气溶胶吸入等均可能对实验人员造成危害。此外,作为常用的转基因受体,某些微生物或重组微生物也可能造成实验人员的感染,甚至社会性污染。例如,转基因生物实验中常用的病毒载体,虽然缺少了病毒复制的某些基因,但在可弥补这些缺陷的细胞株中仍可以复制,由于自发性重组,这类病毒载体的贮存液中可能存在具有复制能力的病毒。因此,这些病毒载体的操作,应采用与获得这些载体的母本病毒相同生物安全水平的操作技术及防护设施。

此外,在进行转基因生物小规模实验应用的过程中,导入的基因或转基因生物存在意外释放到环境中形成“基因污染”的风险,如实验室盆栽、温室种植,或进行田间小规模实验过程中可能发生的基因逃逸、水平基因转移以及种子散落或遗失等。转基因动物、微生物等也可能逃出实验控制区域并进入大自然,对生态环境造成污染和危害。

2.3.2.2　物理因素

在进行转基因生物实验的过程中,需使用到各类仪器设备,如离心机、微波炉、酒精灯等,如果使用不当或仪器发生故障,则可能导致操作人员的身体受到伤害。例如,在使用微波炉加热培养基时,若温度过高,则可能造成培养基喷出或金属材料燃烧;若酒精灯操作不当,则可能引起爆炸;若离心机平衡不好或高压蒸锅水不够,则可能造成重大安全事故;若身体直接暴露在紫外线或放射性同位素中,则将造成直接损伤。

2.3.2.3　化学因素

在进行转基因生物实验的过程中,经常使用到各类化学试剂或药品,如溴化乙锭、氯仿、甲苯、丙烯酰胺、酸碱溶液、染料等,其中很多可能具有腐蚀性、剧毒性或致畸性。如果操作人员使用或防护不当,则这些化学试剂可能造成身体伤害或环境污染。各种化学药品的慢性、低水平暴露可能导致多种不良后果,包括过敏、神经系统和免疫系统受损、生殖功能障碍、发育障碍,甚至导致肿瘤或多器官损伤。因此,在进行转基因实验操作前,应充分了解所用化学试剂的性能并采取戴手套、使用通风橱等相应的防护措施。

2.3.2.4　废弃物危害

在进行转基因生物实验的过程中,特别需要注意的是实验废弃物处理不当造成的危害。转基因生物实验的废弃物主要包括:①生物活性材料类,包括转基因植物植株(花粉、果实、种子等),动物器官、组织、细胞,各类微生物以及含有筛选药物的培养物、有毒代谢物、外源基因残留物等。因为重组后的 DNA 可能在生物体间发生基因转移,这种转移最容易发生在微生物之间,继而向人体或动物体转移,从而导致新的疾病,所以必须特别小心处理那些经过基因重组后的生物体。②生化试剂类,包括重金属、氰化物、溴化乙锭、丙烯酰胺、甲酰胺及其结合物、酸碱溶液、有机溶剂、染料、抗生素、同位素、电泳凝胶、培养基、洗脱液等。③实验耗材类,包括各种吸头、吸管、离心管、注射器、手套、培养皿等塑料用品,各种培养皿、试管、吸管、载玻片、盖玻片、常用容器、过滤器皿等玻璃制品,以及注射针头、刀片等金属物品。

2.3.3　与转基因生物实验相关的社会伦理问题

转基因技术在保证农业稳产、高产方面具有巨大潜力,这对于面临粮食短缺问题的发展中国家来说意义重大。然而,部分公众对转基因食品持怀疑和观望态度也是不争的事实。目前,国际上对转基因生物安全性的争论已不单纯是科学技术问题,还包含了政治、经济、伦理等诸多方面。也有人对转基因动物器官移植持有伦理上的异议,认为这对于人和动物都是不尊重和不仁道的[15]。转基因生物实验引发的社会伦理问题主要体现在以下几个方面。

2.3.3.1　科学伦理问题

一般公众对转基因技术及转基因生物的相关信息知之不多,对基因工程药物、基因治疗、转基因食品等应遵循伦理学"知情同意"原则缺乏自主能力。例如,2012 年中国疾病预防控制中心、浙江省医学科学院、湖南省疾病预防控制中心联合公布的"黄金大米"事件调查结果显示,该事件中有 25 名儿童食用了"黄金大米",但当事人及其监护人均缺乏知情能力,无法做出自主选择。联合调查最终认为此项转基因实验违反了科学伦理、科研诚信及相关规定,相关研究论文也被《美国临床营养学杂志》(*The*

American Journal of Clinical Nutrition)撤稿。

2.3.3.2　生物稳定性问题

随着转基因技术在生命科学领域的广泛应用,"生殖基因治疗"或"基因增强"等技术对生物种群遗传稳定性的影响备受争议。人们究竟有没有权利对未来人类的遗传特征进行人为干预?这种干预是否会影响人类健康甚至进化秩序?这些问题引起了科学界乃至全社会的广泛关注。

2.3.3.3　遗传隐私问题

接受基因工程药物或者基因治疗的个体首先要将自己的"遗传隐私"向医生公布,人们担心由此导致的个人信息公开化将会对自己在求职、婚姻、保险甚至人际交往方面产生不利影响。

2.3.3.4　利益公平问题

转基因生物的获利者主要是一些大型种子公司、制药公司以及相关专利拥有者,如何保障普通人(特别是与转基因作物相关的农民)的利益也是全社会所关注的。此外,某些转基因药物的研发需要消耗大量的资金、资源和人力成本,但用量极少且价格昂贵,这必然会降低社会对常见疾病常规防治的投入,导致医疗资源和资金分配的不公。

2.3.3.5　动物伦理问题

动物与人一样具有感觉能力,能够感受到生的喜乐和死的恐惧,不同的是它们无法用语言与我们沟通,我们人类对动物具有保护责任。因此,在利用动物进行转基因实验操作时,应考虑到实验动物福利问题,比如残疾动物的安置、动物安乐死等。

(李婉宜　潘　倩)

参考文献

[1] 敖天其,廖林川.实验室安全与环境保护[M].成都:四川大学出版社,2015.

[2] 世界卫生组织.实验室生物安全手册[EB/OL].4版.(2020 – 03 – 27)[2023 – 12 – 30].https://www.chinacdc.cn/lac/gzzd/gwfgbz/202003/t20200327_215579.htm.

[3] 叶冬青.实验室生物安全[M].3版.北京:人民卫生出版社,2020.

[4] 浙江省病原微生物实验室安全质量管理中心.生物安全实验室的建设与管理

[M]. 杭州：浙江文艺出版社，2019．

[5] 余新炳. 实验室生物安全[M]. 北京：高等教育出版社，2015．

[6] 国务院. 病原微生物实验室生物安全管理条例[EB/OL]. (2018 - 03 - 19)[2023 - 12 - 30]. https：//www.mee.gov.cn/ywgz/fgbz/xzfg/202303/t20230316_1019776.shtml.

[7] 国家卫生健康委员会. 人间传染的病原微生物目录[EB/OL]. (2006 - 01 - 27)[2023 - 12 - 30]. http://www.nhc.gov.cn/wjw/gfxwj/201304/64601962954745c1929e814462d0746c.shtml.

[8] 李劲松. 病原微生物实验室相关感染的原因及预防措施[J]. 中国预防医学杂志，2003,(3):75 - 77.

[9] 国务院. 实验动物管理条例[EB/OL]. (2017 - 03 - 01)[2023 - 12 - 30]. https://www.gov.cn/gongbao/content/2017/content_5219148.htm.

[10] 科学技术部. 实验动物 微生物、寄生虫学等级及监测：GB14922—2022[S]. 北京：国家市场监督管理总局，国家标准化管理委员，2022:12.

[11] 祁国明. 病原微生物实验室生物安全[M].2 版. 北京：人民卫生出版社，2004.

[12] 钱军，孙玉成. 实验动物与生物安全[J]. 中国比较医学杂志，2011,21(Z1):15 - 19 + 12.

[13] 赵小平. 转基因产品对人体健康和生态环境的影响研究[J]. 产业与科技论坛，2013,12(10):147 - 148.

[14] 门玉峰. 关于转基因食品安全性的研究探索[J]. 现代食品，2016,(13):27 - 29.

[15] 杨君. 转基因作物风险分析方法研究与安全管理[D]. 大连：大连理工大学，2011.

第 3 章
实验室生物安全防护水平分级

实验室生物安全防护水平分级是生物安全管理体系中非常关键的一环。防护是指在有病原微生物存在的实验室环境中,为了减少或消除实验人员、实验室内/外环境暴露于病原微生物中而采取的技术方法或综合措施。生物安全防护水平是指根据拟开展的病原微生物种类、实验活动、已证实或可能的传播途径、实验室功能或活动特殊性的需要,由实验室操作技术、安全设备和实验室设施构成的不同防护水平的组合。实验室生物安全防护旨在确保实验室在处理和研究各种具有不同潜在危害性的病原微生物时,能够采取适当的防护措施,从而保护实验人员、公众和环境的安全。同时,随着生物技术的快速发展和病原微生物的不断变异,这一制度也需要不断更新和完善,以适应新的挑战和要求[1]。

3.1 BSL 实验室

如前文所述,我国将实验室生物安全防护水平分为一级、二级、三级和四级,一级防护水平最低,四级防护水平最高(表 3.1)。我国和国际上一致,以 BSL-1、BSL-2、BSL-3、BSL-4 表示仅从事体外操作的实验室的相应生物安全防护水平;以 ABSL-1、ABSL-2、ABSL-3、ABSL-4 表示包括从事动物活体操作的实验室的相应生物安全防护水平。生物安全防护水平为一级的实验室适用于操作在通常情况下不会引起人类或者动物疾病的病原微生物。生物安全防护水平为二级的实验室适用于操作能够引起人类或者动物疾病,但一般情况下对人、动物或者环境不构成严重危害,传播风险有限,实验室感染后很少引起严重疾病,并且具备有效治疗和预防措施的病原微生物。生物安全防护水平为三级的实验室适用于操作能够引起人类或者动物严重疾病,比较容易直接或者间接在人与人、动物与人、动物与动物间传播的病原微生物。生物安全防护水平为四级的实验室适用于操作能够引起人类或者动物非常严重疾病的病原微生物,以及我国尚未发现或者已经宣布消灭的病原微生物[2]。

表 3.1 生物安全实验室的分级

分级	危害程度	处理对象
一级生物安全水平	无或有极低的个体和群体危险	不易引起人或动物致病的病原微生物
二级生物安全水平	个体危险度中等,群体危险度低	病原微生物能够对人或动物致病,但对实验人员、社区、牲畜或环境不易导致严重危害。实验室暴露也许会引起严重感染,但对感染有有效的预防和治疗措施,并且疾病传播的危险有限
三级生物安全水平	个体危险度高,群体危险度高	病原微生物通常引起人或动物的严重疾病,但一般不会发生感染个体向其他个体的传播,并且对感染有有效的预防和治疗措施
四级生物安全水平	个体和群体危险度均高	病原微生物通常能够引起人或动物的严重疾病,并且很容易发生个体之间的直接或间接传播,对感染一般没有有效的预防和治疗措施

3.1.1 BSL-1实验室

3.1.1.1 BSL-1实验室简介

BSL-1实验室主要从事通常不会引起人类或者动物致病的病原微生物(如大肠杆菌等)的操作。由此可知,BSL-1实验室的生物风险非常有限,但是对一些特殊群体来说,仍可能存在风险,这些群体包括孕妇、婴幼儿、过敏体质、免疫力低下或有特定疾病的人员。培训和教学为一级生物安全实验室的主要活动,当涉及教学时,如果学生与教师的实验室生物安全意识差、人员众多、管理混乱,则可能促使一些危险情况发生。BSL-1实验室的建造与管理能有效对微生物污染进行控制,避免特殊群体感染与危险发生,保证环境安全,确保实验室结果质量,达到实现实验室生物安全的目的。

3.1.1.2 BSL-1实验室的设计建造要求

BSL-1实验室的门应设计有可视窗并可锁闭,应达到适当的防火级别,门锁及门的开启方向不得妨碍室内人员逃生。在实验室内应设有洗手池,水龙头开关宜为非手动式,宜设置在靠近实验室的出口处。在实验室门口处设存衣或挂衣以及存放私人物品的装置,将个人服装与实验室工作服分开放置。实验室的墙壁、天花板和地面应清洁、不渗水、耐化学品和消毒灭菌剂的腐蚀,地面平整、防滑,不应铺设地毯。实验室台柜和座椅等稳固,边角圆滑,实验室台柜等和其摆放应便于清洁,实验台面应选择防水、耐腐蚀、耐热和坚固的材料。实验室应保持有足够的空间等,以摆放实验设备、台柜和物品。根据工作性质和流程合理摆放实验设备、台柜、物品等,避免相互干扰、交叉污染,不应妨碍逃生和急救。对实验室来说,可以利用自然通风,也可采用机械通风。若实验室使用自然通风,则在窗户处应安装防蚊虫的纱窗;若实验室采用机械通风,则应避免气流流向导致的污染和避免污染气流在实验室之间或与其他区域之间串通而造成交叉污染。实验室内应有足够的照明,应避免不必要的反光和强光。若在实验室内操作刺激性或腐蚀性物质,则应在30 m内设有洗眼装置,必要时,应设有紧急喷淋装置;若操作有毒、有刺激性、有放射性或易挥发的物质,则应在风险评估的基础上,配备适当的排风柜(罩);若使用高毒性、高放射性等物质,则还应配备相应的符合要求的安全设施、设备和个体防护装备;若使用高压气体和可燃气体,则应有符合要求的安全措施。实验室应有可靠和足够的电力供应,以确保用电安全,应设应急照明装置,同时应安装在合适的位置,以保证人员安全离开实验室。实验室应有足够的固定电源插座,应避免多台设备使用共同的电源插座,并有可靠的接地系统,应在关键节点安装漏电保护装置或监测报警装置。实验室用水需求应得以满足,供水和排水管道系统不渗漏,下水有防回流设计;应配备适用的应急器材(如消防器材、意外事故处理器材、急救器材等),配备适用的通信设备,必要时,配备适当的消毒、灭菌设备[3]。

典型的BSL-1实验室示意图如图3.1所示。

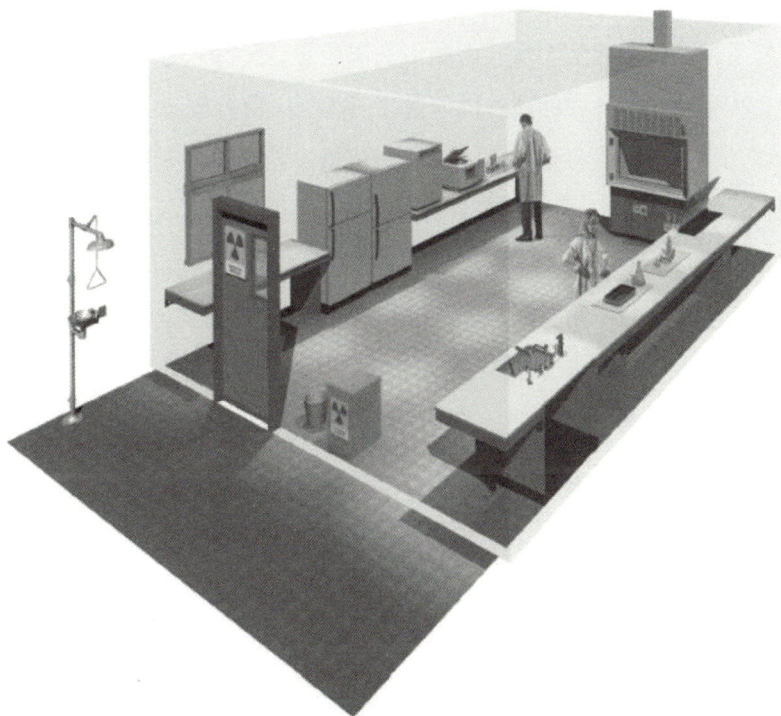

图 3.1　典型的 BSL－1 实验室示意图

图片来自 WHO 的《实验室生物安全手册》(第 3 版)。

3.1.2　BSL－2 实验室

3.1.2.1　BSL－2 实验室简介

BSL－2 实验室主要从事操作一些已知的危险度中等的、对人类或者动物致病的病原微生物,并且这些病原微生物与人类某些常见疾病息息相关,存在生物安全风险,如各类型肝炎病毒、腮腺炎病毒等。BSL－2 实验室是生物安全事故发生概率最高的实验室类型,此类实验室数量与从业人员数量众多,实验研究工作量大、工作种类繁多、样本类型复杂,因此未知因素较多,如果实验人员安全意识薄弱,那么就容易发生实验室生物安全不良事件[4]。

3.1.2.2　BSL－2 实验室的设计建造要求

在 BSL－1 实验室基础上,BSL－2 实验室主入口的门、放置生物安全柜实验间的门应可以自动关闭;在实验室主入口设计有进入控制措施。实验室工作区域外有存放备用物品的条件。在实验室工作区内配备洗眼装置,必要时,应在每个工作间配备洗眼装置。在实验室或其所在的建筑内配备高压蒸汽灭菌器或其他适当的消毒、灭菌设备,所配备的消毒、灭菌设备是以风险评估为依据的。在操作病原微生物及样本的实验间内配备有Ⅱ级生物安全柜,并按产品的设计、使用说明书的要求安装和使用生物安全柜。如果生物安全柜的排风在室内循环,则室内应具备通风换气的条件;如果使用需要通过管道排风的生物安全柜,则应通过独立于建筑物其他公共通风系统的管道排出。实验室应有可靠的电力供应,必要时,可对重要设备(如培养箱、生物安全柜、冰箱等)配置备用电源。实验室入口应有生物危害标识,出口应有逃生发光指示标识[5]。

典型的 BSL-2 实验室示意图如图 3.2 所示。

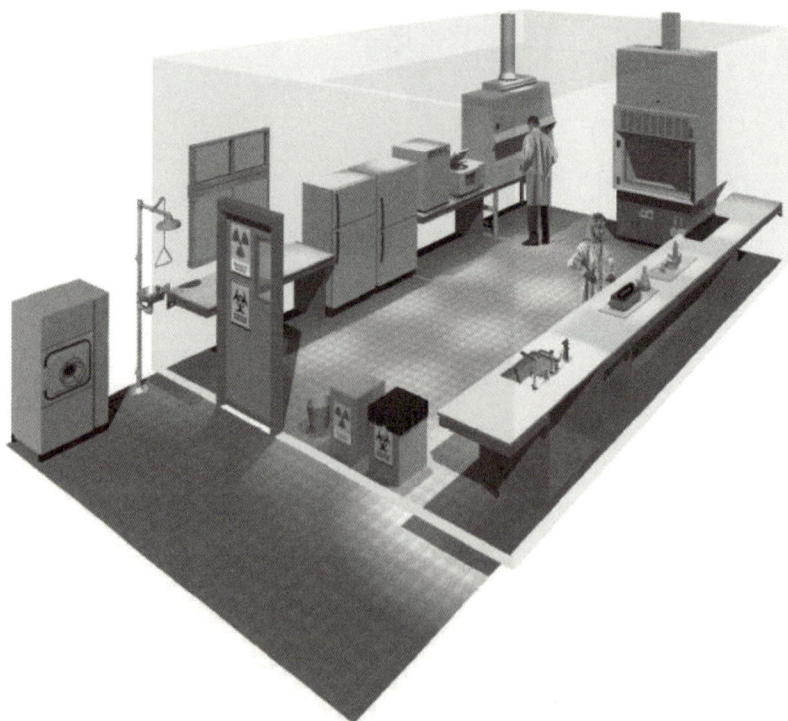

图 3.2　典型的 BSL-2 实验室示意图

图片来自 WHO 的《实验室生物安全手册》(第 3 版)。

在 BSL-2 实验室的基础上,可增加部分防护配制,这样实验室称为加强型 BSL-

2 实验室。该类实验室包含缓冲间和核心工作间,缓冲间的门能互锁,互锁门的附近设置紧急手动互锁解除开关,缓冲间可兼作防护服更换间,必要时,可设置准备间和洗消间等。实验室设有洗手池;水龙头开关为非手动式,一般设置在靠近出口处。实验室采用机械通风系统,送风口和排风口应采取防雨、防风、防杂物、防昆虫及其他动物的措施,送风口应远离污染源和排风口。排风系统使用高效空气过滤器。核心工作间内送风口和排风口的布置采用定向气流的原则,以利于减少房间内的涡流和气流死角。核心工作间气压相对于相邻区域应为负压,压差应不低于 10 Pa。在核心工作间入口的显著位置安装有显示房间负压状况的压力显示装置。实验室的排风与送风连锁,排风先于送风开启,后于送风关闭。实验室应有措施防止产生对实验人员有害的异常压力,围护结构能承受送风机或排风机异常时导致的空气压力载荷。核心工作间温度应控制在 18 ~ 26 ℃,噪音控制应低于 68 dB。实验室内应配有高压蒸汽灭菌器以及其他适用的消毒、灭菌设备[6]。

3.1.3 BSL – 3 实验室

3.1.3.1 BSL – 3 实验室简介

BSL – 3 实验室是为处理高致病性病原微生物的实验研究工作而设计的,如炭疽杆菌、SARS 病毒、新型冠状病毒、HIV 等。在 BSL – 2 实验室基础上,BSL – 3 实验室的操作和安全程序更加严格。因为该类实验室一旦发生病原微生物感染事件,就会严重危害实验人员的健康和生命,引起社会恐慌,从而造成巨大损失,所以 BSL – 3 实验室应在国家或其他有关卫生主管部门进行登记或被列入名单。中国疾病预防控制中心病毒病预防控制所的三级生物安全实验室、中国科学院微生物研究所三级生物安全实验室、复旦大学三级生物安全防护实验室是我国知名的 BSL – 3 实验室[6]。

3.1.3.2 BSL – 3 实验室的设计建造要求

在 BSL – 2 实验室基础上,BSL – 3 实验室明确区分为辅助工作区和防护区,在建筑物中自成隔离区或为独立建筑物,有出入控制措施。防护区中直接从事高风险操作的工作间为核心工作间,实验人员通过缓冲间进入核心工作间。对从事非经空气传播致病性生物因子的实验室,其辅助工作区至少应包括监控室和清洁衣物更换间;防护区应至少包括缓冲间及核心工作间。对可有效利用安全隔离装置(如生物安全柜)操作常规量经空气传播致病性生物因子的实验室,其辅助工作区应至少包括监控室、清洁衣物更换间和淋浴间;防护区应至少包括防护服更换间、缓冲间及核心工作间。实验室核心工作间不与其他公共区域相邻。如果安装传递窗,则其结构承压力及密闭性均应符合所在区域的要求,以保证围护结构的完整性,并具备对传递窗内物品进行消毒、灭菌的条件。实验室应设有尺寸足够的设备门,以满足生物安全柜、双扉高压蒸汽灭菌器等大型设备进出实验室的需要。

对 BSL-3 实验室防护区内围护结构的所有缝隙和贯穿处的接缝都应进行可靠密封,使其内表面光滑、耐腐蚀、防水,以易于清洁、消毒和灭菌,其地面应防渗漏、完整、光洁、防滑、耐腐蚀、不起尘,所有的门均可自动关闭,需要时,可设观察窗,门的开启方向应不妨碍逃生,所有窗户应为密闭的耐撞击、防破碎的玻璃窗。实验室及设备间的高度应符合设备的安装要求,应预留维修和清洁空间,检修口不得设置在实验室防护区的顶棚上。在通风系统正常运行的状态下,当采用烟雾测试法检查实验室防护区内围护结构的严密性时,所有缝隙应无可见泄漏[7]。

BSL-3 实验室应安装有独立的送排风系统,以确保在实验室运行时气流由低风险区向高风险区流动,同时确保实验室空气只能通过高效空气过滤器过滤后经专用的排风管道排出。实验室防护区房间内送风口和排风口的布置应符合定向气流的原则,以利于减少房间内的涡流和气流死角;送排风系统应不影响其他设备(如Ⅱ级生物安全柜)的正常功能,在生物安全柜操作面或其他有气溶胶发生地点的上方不得设送风口。对实验室防护区排出的空气不得循环使用,不能在实验室防护区内安装分体空调。实验室空调系统的设计应充分考虑生物安全柜、离心机、二氧化碳培养箱、冰箱、高压蒸汽灭菌器、紧急喷淋装置等设备的冷、热、湿负荷。实验室的送风系统应经过初效、中效和高效空气过滤器过滤。实验室防护区室外排风口应设置在主导风的下风向,与新风口的直线距离应大于 12 m,并应高于所在建筑的屋面 2 m 以上,应有防风、防雨、防鼠、防虫设计,但不应影响气体向上空排放。过滤器的安装位置应尽可能靠近送风管道(在实验室内的送风口端)和排风管道(在实验室内的排风口端)。实验室防护区外使用的高效空气过滤器单元的结构应牢固,应能承受 2500 Pa 的压力;高效空气过滤器单元的整体密封性应达到在关闭所有通路并维持腔室内的温度稳定的条件下,当使空气压力维持在 1000 Pa 时,腔室内每分钟泄漏的空气量应不超过腔室净容积的 0.1%。在实验室防护区送风管道和排风管道的关键节点处应安装密闭阀,以便于必要时能完全关闭。实验室的排风管道宜采用耐腐蚀、耐老化、不吸水的不锈钢管道。密闭阀与实验室防护区相通的送风管道和排风管道应牢固、气密、易消毒,管道的密封性应达到在关闭所有通路并维持管道内的温度稳定的条件下,当使空气压力维持在 500 Pa 时,管道内每分钟泄漏的空气量应不超过管道内净容积的 0.2%。排风机应一用一备,尽可能减少排风机后排风管道正压段的长度,该段管道不应穿过其他房间[7]。

在 BSL-3 实验室防护区内的实验间的靠近出口处设置有非手动洗手设施;若实验室不具备供水条件,则应设非手动手消毒装置。若在实验室的给水与市政给水系统之间设有防回流装置,则应设置在防护区外围护结构的边界处。进、出实验室的液体和气体管道系统应牢固、不渗漏、防锈、耐压、耐温(冷或热)、耐腐蚀。实验室内暴露的管道应方便清洁、维护和维修,在关键节点处应安装截止阀、防回流装置或高效空气过滤器等。实验室若有供气(液)罐等,则应将其放在实验室防护区外易更换和维护的位置,安装牢固,不应将不相容的气体或液体放在一起。实验室若有真空装置,则应有防止真空装置内部被污染的措施;不应将真空装置安装在实验场所之外[5]。

在 BSL-3 实验室防护区内应设置符合要求的污物处理及消毒系统,配置符合生物安全要求的高压蒸汽灭菌器。实验室内应安装生物安全型双扉高压蒸汽灭菌器,其主体应安装在易维护的位置,对其与围护结构的连接之处应可靠密封。在实验室防护区内,对不能经过压力蒸汽灭菌的物品,应采取其他措施进行消毒、灭菌。高压蒸汽灭菌器的安装位置不应影响生物安全柜等安全隔离装置的气流。实验室内若设置有传递物品的渡槽,则应使用强度符合要求的耐腐蚀性材料并方便更换消毒液;对渡槽与围护结构的连接之处应可靠密封。地面液体收集系统应有防液体回流装置。应明设排水管道,应有足够的空间便于清洁、维护和维修实验室内暴露的管道。应将截止阀安装在关键节点处,以减少发生意外时的污染范围,便于进行设备的检修和维护。实验室防护区内如果有下水系统,则应与建筑物的下水系统完全隔离并直接通向本实验室专用的污水处理系统。所有下水管道应有足够的倾斜度和排量,应确保管道内不存水;在管道的关键节点处应按需要安装防回流装置、存水弯管(深度应适用于空气压差的变化)或密闭阀等;下水系统应符合相应的耐压、耐热、耐化学腐蚀的要求,应安装牢固、无泄漏,应便于维护、清洁和检查。实验室排水系统应单独设置通气口,在通气口处应设高效空气过滤器或其他可靠的消毒、灭菌装置。如在通气口设置高效空气过滤器,则应保证能够在原位对高效空气过滤器进行消毒和检漏,同时应保证通气口处通风良好。实验室应以风险评估结果为依据,确定实验室防护区污水(包括污物)的消毒方法;应对消毒效果进行监测,以确保每次消毒的效果。实验室辅助区的污水应经处理达标后方可排放至市政管网内。在实验室防护区可能发生生物污染的区域(如生物安全柜、离心机附近等)应配备便携的消毒装置,同时应配备足够的适用消毒剂。当发生意外时,应及时进行消毒处理[8]。

BSL - 3 实验室电力供应应按一级负荷供电,应满足实验室的用电要求并有冗余。生物安全柜、送风机和排风机、照明系统、自控系统、监视和报警系统等应配备不间断备用电源,电力供应至少维持 30 min。在实验室辅助工作区安全的位置应设置专用配电箱,确定其放置位置时,应考虑实验人员误操作的风险、恶意破坏的风险及受潮湿或水灾侵害等风险。实验室核心工作间的照度应不低于 350 lx,其他区域的照度应不低于 200 lx,应避免过强的光线和光反射,宜采用吸顶式密闭防水洁净照明灯。在实验室内应设应急照明系统以及紧急发光疏散指示标识。

BSL - 3 实验室自动化控制系统由计算机中央控制系统、通信控制器和现场执行控制器等组成,应具备自动控制和手动控制的功能,应急手动应有优先控制权,且应具备硬件连锁功能。实验室自动化控制系统应保证实验室防护区内定向气流的正确及压力压差的稳定。实验室通风系统连锁控制程序应先启动排风机,后启动送风机;关闭时,应先关闭送风机及密闭阀,后关闭排风机及密闭阀。通风系统应与Ⅱ级 B 型生物安全柜、排风机柜(罩)等局部排风设备连锁控制,确保实验室稳定运行,并在实验室通风系统开启和关闭的过程中保持有序的压力梯度。当排风系统出现故障时,应先将送风机关闭,待备用排风机启动后,再启动送风机,以避免实验室出现正压。当送风系统出现故障时,应有效控制实验室负压在可接受范围内,避免影响实验人员安全、生物安全柜等安全隔离装置的正常运行和围护结构的安全。自控系统应能够连续监测送排风系统及高效空气过滤器的阻力。在有压力控制要求的房间入口的显著位置,应安装显示房间压力的装置。中央控制系统应可以实时监控、记录和存储实验室防护区内压力、压力梯度、温度、湿度等有控制要求的参数,以及排风机、送风机等关键设施设备的运行状态、电力供应的当前状态等。实验室应设置历史记录档案系统,以便随时查看历史记录,对历史记录数据宜以趋势曲线结合文本记录的方式表达。中央控制系统的信号采集间隔时间应不超过 1 min,各参数应易于区分和识别。实验室自控系统报警应分为一般报警和紧急报警。一般报警为过滤器阻力的增大、温/湿度偏离正常值等,暂时不影响安全,实验活动可持续进行的报警;紧急报警指实验室出现正压、压力梯度持续丧失、风机切换失败、停电、火灾等,对安全有影响,应终止实验活动的报警。一般报警应为显示报警;紧急报警应为声光报警和显示报警,可以向实验室内外人员同时显示紧急警报,应在核心工作间内设置紧急报警按钮。核心工作间的缓冲间的入口处应有指示核心工作间工作状态的装置,必要时,应设置限制进入核心工作间的连锁机制。在实验室关键部位应设置摄像机实行电视监控,以实时监视并录制实验室活动情况和实验室周围情况。监视设备应有足够的分辨率和影像存储容量。

在 BSL - 3 实验室防护区内应设置向外部传输资料和数据的传真机或其他电子设备。在监控室和实验室内应安装语音通信系统。如果安装对讲系统,则应采用向内通话受控、向外通话非受控的选择性通话方式[5]。

进入 BSL - 3 实验室的门应有门禁系统,以保证只有获得授权的人员才能进入实验室,需要时可立即解除实验室门的互锁功能。当出现紧急情况时,所有设置互锁功能的门应能处于可开启状态。

典型的 BSL - 3 实验室示意图如图 3.3 所示。

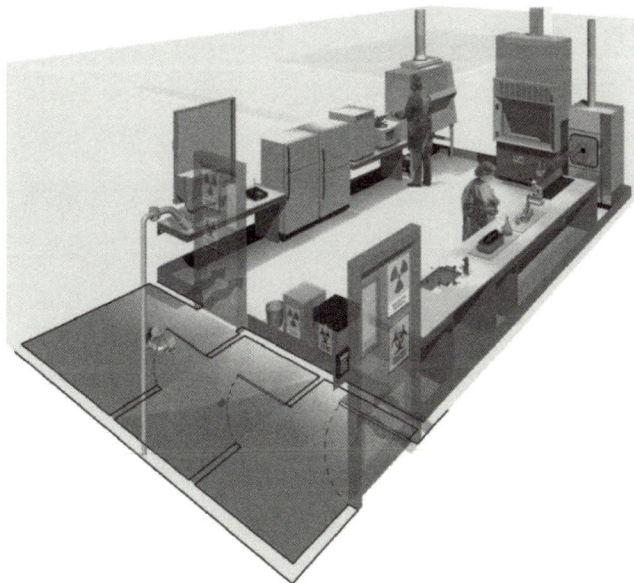

图 3.3　典型的 BSL - 3 实验室示意图

图片来自 WHO 的《实验室生物安全手册》(第 3 版)。

BSL-3 实验室的围护结构应能承受送风机或排风机异常时导致的空气压力载荷。操作非经空气传播致病性生物因子的实验室,其核心工作间的气压(负压)与室外大气压的压差应不小于 30 Pa,与相邻区域的压差(负压)应不小于 10 Pa;可有效利用安全隔离装置操作常规量经空气传播致病性生物因子的实验室的核心工作间的气压(负压)与室外大气压的压差应不小于 40 Pa,与相邻区域的压差(负压)应不小于 15 Pa。实验室防护区各房间的最小换气次数应不小于 12 次/时。实验室内的温度应控制在 18~26 ℃。正常情况下,实验室的相对湿度应控制在 30%~70%;在消毒状态下,实验室的相对湿度应能满足消毒的技术要求。在生物安全柜开启的情况下,核心工作间的噪声应不大于 68 dB[5]。实验室防护区的静态洁净度应不低于 8 级水平。

3.1.4　BSL-4 实验室

3.1.4.1　BSL-4 实验室简介

BSL-4 实验室是最高防护级别实验室,被誉为病毒学研究领域的"航空母舰",是为进行人类已认识或尚未认识的最危险的病原微生物实验研究工作而设计的。这类病原微生物(如埃博拉病毒、天花病毒等)在自然界中存活力强、易通过气溶胶传播、毒力高,具有传播性强、感染后死亡率高的特性,曾给人类带来极大的灾难。因为 BSL-4 实验室生物风险极高,所以要求必须保证实验人员在与操作对象完全隔离的状态下从事相关工作。进入 BSL-4 实验室的实验人员必须换上隔离正压服,即在人与病原微生物之间设置可靠的隔离操作系统。为保证环境安全,须采用两层高效空气过滤器处理排出的气体,所有废弃物须经可靠消毒后才能移出实验室,从而保证实验室生物安全[6]。

3.1.4.2　BSL-4 实验室的设计建造要求

在 BSL-3 实验室的基础上,BSL-4 实验室应建造在独立的建筑物内或建筑物中独立的隔离区域内。正压服型实验室和安全柜型实验室是 BSL-4 实验室的 2 种类型。在安全柜型实验室中,所有病原微生物的操作均应在Ⅲ级生物安全柜中进行。在正压服型实验室中,实验人员应穿着配有生命支持系统的正压服。实验室应有严格限制进入其内的门禁措施,记录进入实验人员的个人资料、进出时间、授权活动区域等信息;与实验室运行相关的关键区域应有严格和可靠的安保措施,应避免非授权人员进入;实验室的辅助工作区应至少包括监控室和清洁衣物更换间。

利用具有生命支持系统的正压服操作常规量经空气传播致病性生物因子的实验室的防护区应包括防护走廊、内防护服更换间、淋浴间、外防护服更换间、化学淋浴间和核心工作间;化学淋浴间应为气锁,应具备对专用防护服或传递物品的表面进行清洁、消毒及灭菌的条件,应具备使用生命支持系统的条件。正压服型实验室还应配备紧急支援气罐,紧急支援气罐的供气时间应不少于每人 60 min。生命支持系统应有不间断备用电源,连续供电时间应不少于 60 min,供呼吸使用的气体的压力、流量、含氧量、温度、湿度、有害物质的含量等应符合职业安全要求。生命支持系统应有异常报警装置,实验室内应有检漏器具和维修工具。根据工作情况,进入实验室的实验人员应配备满足工作需要的合体的正压服[5]。

BSL-4 实验室防护区的围护结构应尽量远离建筑外墙;实验室的核心工作间应尽可能设置在防护区中部。在实验室的核心工作间内应配备生物安全型高压蒸汽灭菌器;如果配备双扉高压蒸汽灭菌器,则其主体所在房间的室内气压应为负压,并设在实验室防护区内易更换和维护的位置。在无电力供应的情况下,要保证化学淋浴消毒装置仍可以使用,消毒液储存器的容量应满足所有情况下对消毒使用量的需求。实验室防护区内所有需要运出实验室的物品或其包装的表面应经可靠灭菌并符合安全要求。实验室防护区内所有区域的室内气压应为负压,实验室核心工作间的气压(负压)与室外大气压的压差应不小于 60 Pa,与相邻区域的压差(负压)应不小于 25 Pa。在安全柜型实验室内,实验人员应在Ⅲ级生物安全柜或相当的安全隔离装置内操作致病性生物因子,同时应具备与安全隔离装置配套的物品传递设备以及生物安全型高压蒸汽灭菌器。

3.2 ABSL 实验室

ABSL 实验室的生物安全防护设施一般参照 BSL 实验室的相关规定来实行,但因为对动物的呼吸、排泄、毛发、抓咬、挣扎、逃逸及动物实验(如感染试验、医学检验、取样、尸体剖检、采血、接种等)等都有严格的管理规程和制度,所以 ABSL 实验室有其不同的特点和要求。

ABSL 实验室的建筑要求与动物房不同,动物房的建筑要求是避免外界病原微生物感染饲养的清洁级或 SPF 级动物,因此空气是外排的,而动物是清洁的。此时,进入 ABSL 实验室的实验人员反而可能作为传染源感染动物。ABSL 实验室内的动物是不安全因素,要避免动物及其排泄物污染外界环境,因此 ABSL 实验室内是负压,空气是向内流的。对在动物饲养、尸体刮检、感染动物排泄物的处理过程中产生的潜在生物危害要严加防护,应当特别注意:①对动物性气溶胶的防护;②对实验室获得性疾病的防护;③对人畜共患病的防护。应根据动物的种类、大小、生活习性、实验目的等选择具有一定防护水平,专用于动物饲养、观察和符合国家相关标准的生物安全柜、动物饲养设施、实验设施、消毒设施和清洗设施等。实验室建筑可确保动物不能逃逸,同时确保非实验室动物(如野鼠、昆虫等)不能进入。

ABSL 实验室主要根据所研究病原微生物的危险度评估结果和危险度等级命名为 ABSL‒1、ABSL‒2、ABSL‒3 或 ABSL‒4 实验室。对动物实验室中使用的病原微生物,需要考虑的因素包括:①正常的传播途径;②使用的容量和浓度;③接种途径;④能否和以何种途径被排出。对动物实验室中使用的动物,需要考虑的因素包括:①动物的自然特性,亦即动物的攻击性和抓咬倾向性;②自然存在的体内外寄生虫;③易感的动物疾病;④播散过敏原的可能性[6]。

3.2.1 ABSL‒1 实验室

3.2.1.1 ABSL‒1 实验室简介

ABSL‒1 适用于操作在通常情况下不会使人类或者动物患病的病原微生物。

3.2.1.2 ABSL‒1 实验室的设计建造要求

在 ABSL‒1 实验室内,动物饲养间应与建筑物内的其他区域隔离,饲养间的门应有可视窗并向内开,门应能够自动关闭;饲养间的工作台表面应防水并易于消毒、灭菌,如果安装窗户,则所有窗户应密闭,需要时,可在窗户外部安装防护网;围护结构的强度应与所饲养的动物种类相适应;地面液体收集系统应设防液体回流装置,存水弯管应有足够的深度;在出口处应设置洗手池或手部清洁装置;动物饲养间的室内气压应为负压;对饲养实验动物的笼具或护栏,除考虑安全要求外,还应考虑到动物福利要求。对动物尸体及组织应做无害化处理。废物应经彻底灭菌后方可排出。ABSL‒1 实验室内应具备常用个体防护装备(如防动物面罩等)及动物解剖等特殊防护用品

（如防切割手套等）[5]。

3.2.2　ABSL－2 实验室

3.2.2.1　ABSL－1 实验室简介

ABSL－2 实验室是在 ABSL－1 实验室的操作、规程、防护设备和设施要求的基础上建立的，适用于进行与人类疾病相关、对实验人员和环境可造成中度危害的病原微生物的相关实验动物感染实验（参照《人间传染的病原微生物目录》及《动物病原微生物分类名录》）。ABSL－2 实验室涉及摄入性危害以及皮肤和黏膜暴露风险防护[2]。

3.2.2.2　ABSL－2 实验室的设计建造要求

在 ABSL－1 实验室的基础上，应在 ABSL－2 实验室动物饲养间出入口处设置缓冲间；在出口处设置非手动洗手池或手部清洁装置；在动物饲养间的邻近区域配备高压蒸汽灭菌器；若从事可能产生有害气溶胶的活动，则应在安全隔离装置内进行；动物饲养间和实验操作间的室内气压相对外环境应为负压，气体应直接被排放到其所在的建筑物外。在 ABSL－2 实验室的排风口处应增加高效空气过滤器，以免外排空气对设施周边环境造成污染。ABSL－2 实验室防护区的室外排风口应设置在主导风的下风向，与新风口的直线距离应大于 12 m，并应高于所在建筑的屋面 2 m 以上，在不影响气体向上空排放的情况下，可加入防风、防雨、防鼠、防虫设计。对污水、污物等应进行消毒处理，应对消毒效果进行检测，以确保达到排放要求。

3.2.3　ABSL－3 实验室

3.2.3.1　ABSL－3 实验室简介

ABSL－3 实验室是在 ABSL－2 实验室的操作规程、防护设备和设施要求的基础上建立的，适用于操作能够使人类或者动物患严重疾病，比较容易直接或间接在人与人、动物与人、动物与动物间传播的病原微生物。

3.2.3.2　ABSL－3 实验室的设计建造要求

在 ABSL－2 实验室的基础上，在 ABSL－3 实验室防护区内应设淋浴间，有需要时，应设置强制淋浴装置；动物饲养间属于核心工作间，如果有入口和出口，则应设置缓冲间。对从事非经空气传播致病性生物因子的实验室来说,其防护区应至少包括淋浴间、防护服更换间、缓冲间及核心工作间。对从事不能有效利用安全隔离装置操作常规量经空气传播致病性生物因子的实验室来说,其动物饲养间的缓冲间应为气锁,并具备对动物饲养间的防护服或传递物品的表面进行消毒、灭菌的条件,可适当处理防护区内淋浴间的污水,并应对消毒效果进行监测,以确保达到排放要求。ABSL‒3实验室应有严格限制进入动物饲养间的门禁措施;动物饲养间内应安装有监视设备和通信设备,配备便携式局部消毒、灭菌装置(如消毒喷雾器等),并备有足够的适用消毒、灭菌剂。对从事非经空气传播致病性生物因子的实验室和可有效利用安全隔离装置操作常规量经空气传播致病性生物因子的实验室来说,其动物饲养间的气压(负压)与室外大气压的压差应不小于 60 Pa,与相邻区域的压差(负压)应不小于 15 Pa。对从事不能有效利用安全隔离装置操作常规量经空气传播致病性生物因子的实验室来说,其动物饲养间的气压(负压)与室外大气压的压差不小于 80 Pa,与相邻区域的压差(负压)应不小于25 Pa;从事可传染人的病原微生物的操作活动时,应根据进一步的风险评估结果确定实验室的生物安全防护要求。实验室应提供合适、优良的个体防护装备,应对可重复使用的物品进行有效消毒[7]。

3.2.4　ABSL‒4 实验室

3.2.4.1　ABSL‒4 实验室简介

ABSL‒4 实验室适用于操作能够使人类或者动物患非常严重的疾病的病原微生物,以及我国尚未发现或者已经宣布消灭的病原微生物。实验人员必须受过严格的培训,熟练掌握处理 ABSL‒4 实验室中的动物、实验材料的操作方法,考核合格后方能处理非常危险的感染性材料和受感染的动物。实验人员对相关设备、实验室设计特点等要完全了解。动物设施主管或实验室主任应严格控制进出实验区的人流、物流、动物流。

3.2.4.2　ABSL‒4 实验室的设计建造要求

在 ABSL‒3 实验室的基础上,ABSL‒4 实验室的淋浴间应设置强制淋浴装置,动物饲养间的缓冲间应为气锁,应有严格限制进入动物饲养间的门禁措施。动物饲养间的气压(负压)与室外大气压的压差应不小于 100 Pa,与相邻区域的压差(负压)应不小于25 Pa。动物饲养间和实验操作间及其缓冲间的气密性应达到在关闭受测房间所有通路并保持房间内温度稳定的条件下，当房间内的空气压力上升到500 Pa后，20 min内自然衰减的压力小于250 Pa。对所有物品或其包装的表面，在运出动物饲养间前，应进行清洁和可靠的消毒、灭菌处理，必要时，可进行两次消毒、灭菌处理[5]。

3.2.5 特殊要求的实验室——无脊椎动物操作实验室

无脊椎动物操作实验室主要针对无脊椎动物（如昆虫、软体动物等）进行实验，而非普通动物生物安全实验室要操作的脊椎动物，如鼠、兔、狗等。另外，无脊椎动物操作实验室的实验目的通常包括生物学特性研究、生理机制探讨、药物筛选等；而非普通动物生物安全实验室更多涉及的是疾病模型建立、药物安全性评价、疫苗研发等目的。从设施设备而言，无脊椎动物操作实验室需要特殊的设备来满足无脊椎动物的生活习性和实验需求，如特定的饲养盒、饲养架、饲料等。在操作规范方面，因为无脊椎动物的生理机制和行为习性与脊椎动物有所不同，所以无脊椎动物操作实验室也和普通动物生物安全实验室存在一定差异。

此类动物设施的生物安全防护水平要根据国家相关主管部门的规定和风险评估结果来确定。应根据动物特性和实验活动特点来进行实验室功能区分，实验室应具备有效控制动物逃逸、藏匿等的防护装置。如果从事某些节肢动物（特别是可飞行、快爬或跳跃的昆虫）的实验活动，则应采取以下适用措施：通过缓冲间进入动物饲养间；在缓冲间内安装适用的捕虫器，并在门上安装防节肢动物逃逸的纱网；在所有关键的可开启的门窗上安装防节肢动物逃逸的纱网；在所有通风管道的关键节点处安装防节肢动物逃逸的纱网；具备分房间饲养已感染节肢动物和未感染节肢动物的条件；具备密闭和进行整体消毒、灭菌的条件；安装喷雾式杀虫装置；安装制冷装置，以在有需要时能够及时降低动物的活动能力；有确保水槽和存水弯管内的液体或消毒、灭菌剂不干涸的机制；尽可能对所有废物进行高压灭菌；有监测和记录会飞、爬、跳跃的节肢动物幼虫和成虫数量的机制；配备适用于放置装蜱、螨容器的油碟；具备带双层网的笼具，以饲养或观察已感染或潜在感染的逃逸能力强的节肢动物；具备适用的生物安全柜或相当的安全隔离装置，以操作已感染或潜在感染的节肢动物实验；具备操作已感染或潜在感染的节肢动物实验的低温盘；需要时，可设置监视器和通信设备[7]。

3.3　生物安全实验室的建造资质

开展病原微生物实验研究的实验室,须具备相应的安全等级资质。新建、改建或者扩建 BSL-1/ABSL-1、BSL-2/ABSL-2 实验室,应当向设区的市级人民政府卫生主管部门或者兽医主管部门备案。设区的市级人民政府卫生主管部门或者兽医主管部门应当每年将备案情况汇总后报省、自治区、直辖市人民政府卫生主管部门或者兽医主管部门;新建、改建、扩建 BSL-3/ABSL-3、BSL-4/ABSL-4 实验室须经国务院科技主管部门审查同意,应符合国家生物安全实验室体系规划和建筑技术规范,并依法履行有关审批手续,依照《中华人民共和国环境影响评价法》的规定进行环境影响评价,并经环境保护主管部门审查批准,建设完成后,应当通过国家生物安全实验室认可,饲养实验动物的场所应有相应的资质证书,并向所在地的县(区)级人民政府环境保护主管部门和公安部门备案[6]。

3.4　生物安全实验室的活动资质

实验活动应在与其防护级别相适应的生物安全实验室内开展,应根据确定的病原微生物实验活动所需生物安全实验室级别,选择恰当的生物安全实验室并进行操作。实验室的设立单位及其主管部门负责实验室日常活动的管理,建立健全安全管理制度,并督促执行,检查、维护实验设施设备,以达到控制实验室感染的目的。实验活动应严格遵循实验室技术规范与操作规程,应指定专人对实验活动进行督查[7]。

BSL-1/ABSL-1、BSL-2/ABSL-2 实验室不得从事高致病性病原微生物实验活动。BSL-3/ABSL-3、BSL-4/ABSL-4 实验室需要从事某种高致病性病原微生物或者疑似高致病性病原微生物实验活动的,应当依照国务院卫生主管部门或者兽医主管部门的规定,报省级以上人民政府卫生主管部门或者兽医主管部门批准,实验室工程质量应经建筑主管部门依法检测验收合格,同时应具有与拟从事的实验活动相适应的实验人员。

对我国尚未发现或者已经宣布消灭的病原微生物,任何单位和个人未经批准不得从事相关实验活动。

(许 欣 江 轶)

参考文献

［1］全国人民代表大会常务委员会.中华人民共和国生物安全法［EB/OL］.（2020 – 10 – 18）［2023 – 12 – 30］.https：//www.gov.cn/xinwen/2020 – 10/18/content_5552108.htm.

［2］国家卫生健康委员会.人间传染的病原微生物目录［EB/OL］.（2006 – 01 – 27）［2023 – 12 – 30］.http：//www.nhc.gov.cn/wjw/gfxwj/201304/64601962954745c1929e8144 62d0746c.shtml.

［3］国务院.病原微生物实验室生物安全管理条例［EB/OL］.（2018 – 03 – 19）［2023 – 12 – 30］.https：//www.mee.gov.cn/ywgz/fgbz/xzfg/202303/t20230316_1019776.shtml.

［4］江轶,黄开胜,艾德生,等.高校非高等级病原微生物实验室生物安全管理研究［J］.实验技术与管理,2018,35（9）：253 – 257.

［5］国家卫生和计划生育委员会.病原微生物实验室生物安全通用准则：WS 233—2017［S］.北京：中国标准出版社,2017.

［6］中国实验室国家认可委员会.实验室 生物安全通用要求：GB 19489—2008［S］.北京：中国标准出版社,2009.

［7］全国认证认可标准化技术委员会.生物安全实验室建筑技术规范：GB 50346 – 2011［S］.北京：中国标准出版社,2011.

［8］祁国明.病原微生物实验室生物安全［M］.2 版.北京：人民卫生出版社,2006.

第 4 章
实验室生物安全管理制度

国家生物安全法律法规体系、制度保障体系的构建是人民健康、国家安全与长治久安的重要保障，是国家生物安全治理能力的体系化、制度化保证，也是人类命运共同体必须要面对的问题。国家卫生健康、农业农村、生态环境、市场监督、海关等管理部门及行业组织出台了一系列政策、规章、标准、规范等。然而，我国生物安全风险防控和治理体系还有待完善，表现为传统生物安全问题和新型生物安全风险相互叠加，境外生物威胁和内部生物风险交织并存，生物安全风险呈现出许多新特点，这就要求必须科学分析我国的生物安全形势，应对面临的风险、挑战，明确加强生物安全建设的思路和举措。

从事生物安全科研、教学、检验、检疫等相关机构是实验室安全管理的重点领域。众多实验室安全事故与感染事件表明，实验室生物研究活动与不良事件相伴而生，实验室生物安全制度不健全、管理不规范是不良事件发生的主要原因。我们应该依托生物安全相关法律、法规、管理办法、标准、规范等制订实验室生物安全管理的各项制度，各项制度须合理且可执行。

4.1　实验室生物安全相关的法律

实验室生物安全管理涉及多个行业,结合具体行业制定相关法规将更具指导意义。然而,部分从业人员专注于技术研究,对实验室生物安全的规范化学习和法律责任意识尚需提升。实验室生物安全相关行业专业性强、风险性高,需要实验人员有较强的生物安全法律意识,将实验室生物安全的合法性贯穿工作的始终,既要展现本行业的专业水平,又要保障行业安全。近些年,我国进一步完善了国家行业实验室生物安全管理法律,加快实验室生物安全法律体系的建设速度,促进各行业实验室生物安全风险防控体系的完善。涉及生物安全实验室管理的法律主要有《国家安全法》《中华人民共和国安全生产法》(以下简称《安全生产法》)、《生物安全法》《传染病防治法》《中华人民共和国环境保护法》(以下简称《环境保护法》)、《中华人民共和国动物防疫法》(以下简称《动物防疫法》)、《中华人民共和国国境卫生检疫法》(以下简称《国境卫生检疫法》)、《中华人民共和国进出境动植物检疫法》(以下简称《进出境动植物检疫法》)等。

4.1.1　《国家安全法》

《国家安全法》是安全领域的纲领性法律。2015 年 7 月 1 日,第十二届全国人民代表大会常务委员会第十五次会议通过该法,国家主席习近平签署第 29 号主席令予以公布。该法对政治安全、国土安全、军事安全、文化安全、科技安全等 11 个领域的国家安全任务进行了明确,共 7 章 84 条,自 2015 年 7 月 1 日起施行[1]。该法的主要内容包括维护国家安全的任务、维护国家安全的职责、国家安全制度、国家安全保障、公民与组织的义务和权利等[2]。

国家安全是国家生存发展的前提和基础,也是各国政府关注的重点。维护国家安全是国家的头等大事。《国家安全法》是一部涉外性、策略性很强的法律,是实体法和程序法的结合体,既具有实体法的特征,又具有程序法的内容。

4.1.2　《安全生产法》

2021 年 6 月 10 日,第十三届全国人民代表大会常务委员会第二十九次会议通过

《全国人民代表大会常务委员会关于修改〈中华人民共和国安全生产法〉的决定》，其中规定该法自 2021 年 9 月 1 日起施行。该法主要对生产经营单位的安全生产保障、从业人员的安全生产权利义务、安全生产的监督管理、生产安全事故的应急救援与调查处理、法律责任等做了规定。实验室生物安全管理的一些依据，也参照了该法，尤其是对法人单位、单位内部的二级组织、基层实验室的安全责任，大部分依据该法进行了完善[3]。

4.1.3 《生物安全法》

《生物安全法》是为维护国家安全、防范和应对生物安全风险、保障人民生命健康、保护生物资源和生态环境、促进生物技术健康发展、推动构建人类命运共同体、实现人与自然和谐共生而制定的法律[4]。《生物安全法》由第十三届全国人民代表大会常务委员会第二十二次会议于 2020 年 10 月 17 日通过，自 2021 年 4 月 15 日起施行[5]。

作为生物安全领域基础性、系统性、综合性、纲领性的重要法律，该法的正式实施对于提升国家生物安全治理能力、传染病防控能力、人类命运共同体构建能力等方面具有非常重要的意义。该法的实施，有助于健全生物安全法律法规体系，提升国家生物安全治理能力；有助于维护生物安全秩序，提升传染病防控能力；有助于推进国际生物安全合作，提升人类命运共同体的构建能力[6]。该法所规定的制度包括日常监管制度和应急管理制度两方面内容，日常监管制度中的生物安全名录和清单制度、生物安全标准制度、生物安全审查与监督检查制度、生物安全管理的基本法律措施、生物安全风险监测预警制度、生物安全风险调查评估制度、生物安全信息发布及共享制度等对指导实验室生物安全的日常管理工作具有重要意义[6]。应急管理制度中的指导原则是制订实验室生物安全应急措施的主要依据。

4.1.4 《传染病防治法》

《传染病防治法》是为了预防、控制和消除传染病的发生与流行，保障人体健康和公共卫生，而制定的国家法律，由第七届全国人民代表大会常务委员会第六次会议于 1989 年 2 月 21 日通过，由第十二届全国人民代表大会常务委员会第三次会议于 2013 年

6 月 29 日修订。2020 年 10 月 2 日，国家卫健委发布《〈传染病防治法〉（修订草案征求意见稿）》，明确提出甲、乙、丙三类传染病的特征，并在乙类传染病中新增人感染 H7N9 禽流感和新型冠状病毒 2 种[7]。该法的主要内容包括传染病预防、疫情报告、通报和公布、疫情控制、医疗救治、监督管理、保障措施、法律责任等[8]。

从法律实施的角度看，该法的发布，为各级政府加强对传染病防治工作的领导提供了法律保证；从法律功能的角度看，该法将"预防为主"的卫生工作方针以法律形式固定下来，增强了法律的生命力；从信息管理的角度看，该法规定了法定报告责任人、报告病种、报告渠道和报告时限，有利于及时掌握传染病的发生和流行趋势，为科学制订传染病防治对策提供依据；从获得时效的角度看，该法的发布，有助于充分利用公共卫生法律手段，保证传染病预防控制措施的落实；从保护健康权益的角度看，国家对个人与公共利益关系的调整，保证了大多数人的最大利益。这些基本原则也为我们制订实验室生物安全制度提供了借鉴。

4.1.5 《环境保护法》

《环境保护法》由第十二届全国人民代表大会常务委员会第八次会议于 2014 年 4 月 24 日修订通过，自 2015 年 1 月 1 日起施行。保护环境是国家的基本国策，我国制定本法的目的是为了保护和改善环境，防治污染和其他公害，保障公众健康，推进生态文明建设，促进经济、社会可持续发展。该法的主要内容包括监督管理、保护和改善环境、防治污染和其他公害、信息公开和公众参与、法律责任等[9]。

首先，《环境保护法》具有强烈的目的性。人类进入工业时代以后，为了寻求快速发展，只能牺牲环境和资源，进而实现生产能力的飞跃。那时候，人类还没有意识到生态环境被破坏，资源被恶意消耗的严重弊端。其次，《环境保护法》意在调节人类利用环境关系，树立环境保护意识。最后，《环境保护法》的内容涵盖较多方面，集合了环境保护、资源保护等。《环境保护法》的实施需要相关法律部门参与，更需要全社会的加入，这样才能真正实现该法的现实意义和价值。我们所制定的实验室生物安全相关制度，尤其是生物废弃物的管理措施，其上位法一般来自该法。

4.1.6 《动物防疫法》

《动物防疫法》是为了加强对动物防疫活动的管理，预防、控制、净化、消灭动物疫病,促进养殖业发展,防控人畜共患传染病,保障公共卫生安全和人体健康,而制定的法律。2021 年 1 月 22 日,《动物防疫法》由第十三届全国人民代表大会常务委员会第二十五次会议修订通过,自 2021 年 5 月 1 日起施行。该法的主要内容包括动物疫病的预防、动物疫情的报告、通报和公布、动物疫病的控制、动物和动物产品的检疫、病死动物和病害动物产品的无害化处理、动物诊疗、兽医管理、监督管理、保障措施、法律责任。《动物防疫法》具有以下几个显著的特点:机构设置规范、执法主体明确。新修订的《动物防疫法》明确规定了省、市、县三级政府设置建立兽医管理部门、动物卫生监督机构和动物疫病防控体系。兽医管理部门为本辖区行业主管部门,动物疫病防控机构为技术支持体系,动物卫生监督机构为执法主体,并设置官方兽医岗位代表政府具体负责动物、动物产品的检疫工作,以及有关动物防疫的监督管理和实施兽医行政处罚,检疫权回归政府[10]。新修订的《动物防疫法》删除了原《家畜家禽防疫条例》和《动物防疫法》中关于"两厂"检疫权由"农、商"两家协商确定的表述,将"检疫执法权"回归到政府工作层面,全面提升动物卫生水平和全力防控人畜共患传染病。新修订的《动物防疫法》按照全面提升动物卫生水平和全力防控人畜共患传染病的目标,调整完善了动物防疫方针,保障公共卫生安全和人体健康的工作机制、防疫责任体系、制度体系、监管体系和法律责任,着力构建科学、合理、健全的动物防疫法律体系[11]。新修订的《动物防疫法》的突出亮点是着力构建科学、合理、健全的动物防疫法律体系[12]。

4.1.7 《国境卫生检疫法》

《国境卫生检疫法》于 1986 年 12 月 2 日第六届全国人民代表大会常务委员会第十八次会议通过,根据 2018 年 4 月 27 日第十三届全国人民代表大会常务委员会第二次会议《关于修改〈中华人民共和国国境卫生检疫法〉等六部法律的决定》第三次修订。该法的主要作用为防止传染病由国外传入或者由国内传出,实施国境卫生检疫,保护人体健康。该法的主要内容包括检疫、传染病监测、卫生监督、法律责任[13]。

《国境卫生检疫法》的特点主要包括涉外性、预防方针、行政管理。

4.1.8 《进出境动植物检疫法》

《进出境动植物检疫法》是为防止动物传染病、寄生虫病和植物危险性病、虫、杂草以及其他有害生物传入、传出国境,保护农、林、牧、渔业生产和人体健康,促进对外经济贸易的发展,而制定的法律。该法于1991年10月30日第七届全国人民代表大会常务委员会第二十二次会议通过,自1992年4月1日起施行。该法的主要内容包括进境检疫、出境检疫、过境检疫、携带、邮寄物检疫、运输工具检疫、法律责任[14]。

《进出境动植物检疫法》的特点主要包括以下几个方面。①立法目的明确。该法的立法目的是为了防止动物传染病、寄生虫病和植物危险性病、虫、杂草以及其他有害生物传入、传出国境,保护农、林、牧、渔业生产和人体健康,促进对外经济贸易的发展。②适用范围广泛。该法适用于进出境的动植物、动植物产品和其他检疫物,装载动植物、动植物产品和其他检疫物的装载容器、包装物,以及来自动植物疫区的运输工具。③重视风险防范。该法通过立法手段防止危险性的有害生物传入、传出国境和蔓延,需要国家授权的口岸出入境检验检疫机构执行,具有较高的技术行政特点。④突出检疫措施。该法规定的检疫措施包括对有害生物鉴定、消毒、灭菌、杀虫等科学技术的应用,是高水平的技术行政。⑤强调国家安全。该法将国门生物安全上升至国家安全的高度,是构成国家安全的重要一环。

4.2 实验室生物安全相关的条例

实验室生物安全相关的条例是针对实验活动项目或实验组织团体制定的规则,目的是使实验活动有条不紊地进行,是国家权力机关或行政机关(一般为国务院)制定而发布的用于管理和规范实验室生物安全活动的法规文件。

4.2.1 《病原微生物实验室生物安全管理条例》

为了加强病原微生物实验室生物安全管理,保护实验人员和公众的健康,特制定了《病原微生物实验室生物安全管理条例》。该条例为中华人民共和国国务院令第424号。该条例的主要内容包括病原微生物的分类和管理、实验室的设立与管理、实验室感染控制、监督管理等[15]。

4.2.2 《中国微生物菌种保藏管理条例》

为了进一步做好菌种的分离筛选、收集保藏、鉴定编目、供应交流,特制定《中国微生物菌种保藏管理条例》。该条例由国家科委于 1986 年 8 月 8 日发布。该条例的主要内容包括收集与保藏、命名与编目、供应与交流、奖惩等[16]。

4.2.3 《医疗废物管理条例》

为加强医疗废物的安全管理,防止疾病传播,保护环境,保障人体健康,根据《传染病防治法》和《固体废物污染环境防治法》制定《医疗废物管理条例》。该条例于 2010 年 12 月 29 日经国务院第 138 次常务会议通过,自公布之日起施行,为中华人民共和国国务院令第 588 号。该条例的主要内容包括医疗废物管理的一般规定、医疗卫生机构对医疗废物的管理、医疗废物的集中处置、监督管理与法律责任等[17]。

4.2.4 《进出境动植物检疫法实施条例》

根据《进出境动植物检疫法》的规定,制定《进出境动植物检疫法实施条例》。依照《进出境动植物检疫法》和本条例的规定对一些物品实施检疫,包括进境、出境、过境的动植物、动植物产品和其他检疫物;装载动植物、动植物产品和其他检疫物的装载容器、包装物、铺垫材料;来自动植物疫区的运输工具;进境拆解的废旧船舶;有关法律、法规、国际条约规定或者贸易合同约定应当实施进出境动植物检疫的其他货物、物品。国务院农业行政主管部门主管全国进出境动植物检疫工作[18]。

4.2.5 《农业转基因生物安全管理条例》

为加强农业转基因生物安全管理,保障人体健康和动植物、微生物安全,保护生态环境,促进农业转基因生物技术研究,特制定了《农业转基因生物安全管理条例》。该条例于 2001 年 5 月 23 日发布,为中华人民共和国国务院令第 304 号。该条例的主要内容包括研究与试验管理、生产加工与经营管理、进出口管理、监督与惩罚[19]。

4.2.6 《放射性同位素与射线装置安全和防护条例》

为加强对放射性同位素、射线装置安全和防护的监督管理,促进放射性同位素、射线装置的安全应用,保障人体健康,保护环境,制定《放射性同位素与射线装置安全和防护条例》。本条例适用于在中华人民共和国境内从事生产、销售、使用放射性同位素与射线装置,以及转让、进出口放射性同位素的单位和个人。国务院卫生、环境保护和公安部门按照职责分工和本条例的规定,对放射性同位素与射线装置生产、销售、使用中的放射防护实施监督管理。该条例的主要内容包括许可登记、放射防护管理、放射事故管理、放射防护监督、处罚等[20]。

4.2.7 《突发公共卫生事件应急条例》

为有效预防、及时控制和消除突发公共卫生事件的危害,保障公众身体健康与生命安全,维护正常的社会秩序,制定《突发公共卫生事件应急条例》。该条例的主要内容包括预防与应急准备、报告与信息发布、应急处理、法律责任[21]。

4.3 实验室生物安全相关的管理办法

依据实验室生物安全法律、法规,国家制定了一系列的实验室生物安全管理办法(包括相关目录、名录),以约束和规范实验室安全行为。从属于法律的规范性文件具有法律效应,不遵守实验室生物安全管理办法,就要承担一定的法律后果。

实验室生物安全管理办法针对复杂的实验室研究、检测工作,制定具体的运行、操作规范,为实验室生物安全管理工作中出现的问题提供一种规范的操作流程和具体的解决方案,向我们展示了一个完整的法规管理系统,一般包括适用范围、原则、目标、标准、措施、责任人、考核及奖惩等。这些就是生物安全实验室建设必须遵循的底线和准绳。

总体来说,我国的实验室生物安全管理办法具有严格的管理规定和操作规程,旨在确保实验室工作的安全可靠,防止生物危害的发生和扩散。同时,这些管理办法也有助于提高实验室工作的科学性和规范性,促进科研工作的健康发展。

为适应我国经济、科技和国家安全高速发展的需要,国家各部委针对实验室生物安全的管理制定了一系列办法,涉及生物安全实验室的管理办法主要有以下几种。

4.3.1 《高等级病原微生物实验室建设审查办法》

为规范三级、四级病原微生物实验室(高等级病原微生物实验室)的建设审查,根据《病原微生物实验室生物安全管理条例》（国务院第 424 号令）的有关规定，制定《高等级病原微生物实验室建设审查办法》。新建、改建、扩建高等级病原微生物实验室或者生产、进口移动式高等级病原微生物实验室应当报科学技术部审查同意。《高等级病原微生物实验室建设审查办法》于 2011 年 4 月 27 日经科学技术部第 14 次部务会议审议通过，自 2011 年 8 月 1 日起施行。该办法的主要内容包括高等级病原微生物实验室建设申请要求和审查流程等[22]。

该办法具有规范性、专业性、安全性、科学性、技术性、与国际接轨、持续改进和动态监管等方面的特点，有助于提高高等级病原微生物实验室建设和管理的水平，确保实验室工作的安全可靠，推动科研工作的健康发展。

4.3.2 《病原微生物实验室生物安全环境管理办法》

《病原微生物实验室生物安全环境管理办法》是为规范病原微生物实验室生物安全环境管理工作，根据《病原微生物实验室生物安全管理条例》和有关环境保护法律和行政法规制定的。该办法经国家环境保护总局 2006 年第二次局务会议通过，自 2006 年 5 月 1 日起施行，为国家环境保护总局令第 32 号。该办法的主要内容包括实验室资质准入、组织职责、制度保障、环境保护、设备设施管理与法律责任等[23]。

该办法以《病原微生物实验室生物安全管理条例》和有关环境保护法律和行政法规为依据，覆盖了实验室生物安全环境管理的各个方面，明确了病原微生物是能够使人或者动物致病的微生物，规定实验室从事的实验活动包括与病原微生物菌（毒）种、样品有关的研究、教学、检测、诊断等活动，将实验室分为一级、二级、三级和四级，明确各级实验室不得从事高致病性病原微生物实验活动，并要求相关单位设立病原微生物实验室生物安全环境管理专家委员会，为实验室生物安全环境管理提供专业指导和建议。

4.3.3 《人间传染的病原微生物目录》

《人间传染的病原微生物目录》是我国针对病原微生物的一项重要管理规定。该目录旨在规范和指导病原微生物的研究、教学、检测、诊断等相关实验室生物安全管理。

我国于 2006 年公布《人间传染的病原微生物名录》,该名录对病原微生物研究、教学、检测、诊断等相关实验室生物安全管理起到了规范、指导作用。但是,随着新的病原微生物的不断出现、对现有病原微生物认识的不断更新及实验室生物安全研究的不断深入,该名录已无法满足当前实验室生物安全管理的需要。为更好落实《生物安全法》和《病原微生物实验室生物安全管理条例》的有关规定,国家卫健委组织对《人间传染的病原微生物名录》进行修订,并按照《生物安全法》的规定进行更名,形成《人间传染的病原微生物目录》。《人间传染的病原微生物目录》的制定坚持以人为本、风险预防、分类管理的原则,以《人间传染的病原微生物名录》为基础,参考借鉴国际国内相关规定和研究成果,科学评判病原微生物的传染性、感染后对个体或者群体的危害程度,以及我国在传染病预防、治疗方面的能力及发展,并充分考虑病原微生物研究、教学、检测、诊断等工作实际需求[24]。

《人间传染的病原微生物目录》的整体架构与《人间传染的病原微生物名录》保持不变,仍由病毒、细菌、真菌三部分组成,主要内容仍为病原微生物名称、分类学地位、危害程度分类、不同实验活动所需实验室等级、运输包装分类及备注等。《人间传染的病原微生物目录》与《人间传染的病原微生物名录》相比,主要有如下变化。

(1)病毒分类目录部分:《人间传染的病原微生物名录》中病毒为 160 种、附录 6 种;《人间传染的病原微生物目录》中病毒为 160 种、附录 7 种,其中危害程度分类为第一类的 29 种,第二类的 51 种,第三类的 82 种,第四类的 5 种。

(2)细菌、放线菌、衣原体、支原体、立克次氏体、螺旋体(以下简称细菌类)分类目录部分:《人间传染的病原微生物名录》中细菌类病原微生物为 155 种;《人间传染的病原微生物目录》改为 190 种,其中危害程度分类为第二类的 19 种,第三类的 171 种。

(3)真菌分类目录部分:《人间传染的病原微生物名录》中真菌类病原微生物为 59 种;《人间传染的病原微生物目录》改为 151 种,其中危害程度分类为第二类的 7 种,第三类的 144 种。

4.3.4 《人间传染的高致病性病原微生物实验室和实验活动生物安全审批管理办法》

为加强实验室生物安全管理,规范高致病性病原微生物实验活动,依据《病原微生物实验室生物安全管理条例》,制定《人间传染的高致病性病原微生物实验室和实验活动生物安全审批管理办法》。该办法适用于三级、四级生物安全实验室从事与人体健康有关的高致病性病原微生物实验活动资格的审批,及从事高致病性病原微生物或者疑似高致病性病原微生物实验活动的审批。该办法于 2006 年 7 月 10 日经卫生部部务会议讨论通过,自发布之日起施行,为卫生部令第 50 号。该办法的主要内容包括高致病性病原微生物实验室资格的审批、高致病性病原微生物实验活动的审批以及监督管理等[25]。

4.3.5　《人间传染的病原微生物菌(毒)种保藏机构管理办法》

为加强人间传染的病原微生物菌(毒)种[以下称菌(毒)种]保藏机构的管理,保护和合理利用我国菌(毒)种或样本资源,防止菌(毒)种或样本在保藏和使用过程中发生实验室感染或者引起传染病传播,依据《传染病防治法》《病原微生物实验室生物安全管理条例》的规定制定《人间传染的病原微生物菌(毒)种保藏机构管理办法》。该办法于 2009 年 5 月 26 日经卫生部部务会议讨论通过,自 2009 年 10 月 1 日起施行,为卫生部令第 68 号。该办法的主要内容包括保藏机构的职责、保藏机构的指定、保藏活动内容、监督管理与处罚[26]。

4.3.6　《高致病性动物病原微生物实验室生物安全管理审批办法》

为了规范高致病性动物病原微生物实验室生物安全管理的审批工作,根据《病原微生物实验室生物安全管理条例》,《高致病性动物病原微生物实验室生物安全管理审批办法》于 2005 年 5 月 13 日经农业部第 10 次常务会议审议通过,自公布之日起施行,为农业部令第 52 号。该办法的主要内容包括实验室资格审批、实验活动审批与运输审批等[27]。

4.3.7　《动物防疫条件审核管理办法》

为规范动物防疫条件审查,有效预防控制动物疫病,维护公共卫生安全,根据《动物防疫法》,制定《动物防疫条件审核管理办法》。该办法于 2010 年 1 月 4 日经农业部第 1 次常务会议审议通过,自 2010 年 5 月 1 日起施行,为农业部令第 7 号。该办法的主要内容包括饲养场、养殖小区动物防疫条件、屠宰加工场所动物防疫条件、隔离场所动物防疫条件、无害化处理场所动物防疫条件、集贸市场动物防疫条件、审查发证、监督管理与罚则等[28]。

4.3.8 《动物病原微生物分类名录》

根据《病原微生物实验室生物安全管理条例》第七条、第八条的规定,我国将动物病原微生物分为四类,其中一类动物病原微生物 10 种,二类动物病原微生物 8 种,三类动物病原微生物 105 种,而四类动物病原微生物是指危险性小、致病力低、实验室感染机会少的兽用生物制品、疫苗生产用的各种弱毒病原微生物以及不属于第一类、第二类、第三类的各种低毒力的病原微生物。该名录经 2005 年 5 月 13 日农业部第 10 次常务会议审议通过,自公布之日起施行,为农业部令第 53 号[29]。

4.3.9 《动物病原微生物菌(毒)种保藏管理办法》

为加强动物病原微生物菌(毒)种和样本保藏管理,依据《动物防疫法》《病原微生物实验室生物安全管理条例》和《兽药管理条例》等法律、法规,制定《动物病原微生物菌(毒)种保藏管理办法》。该办法经 2008 年 11 月 4 日农业部第 8 次常务会议审议通过,自 2009 年 1 月 1 日起施行,为农业部令第 16 号。该办法的主要内容包括保藏机构,菌(毒)种和样本的收集,菌(毒)种和样本的保藏、供应、销毁,对外交流等[30]。

4.3.10 《消毒管理办法》

为加强消毒管理,预防和控制感染性疾病的传播,保障人体健康,根据《传染病防治法》及其实施办法的有关规定,制定《消毒管理办法》。该办法经 2001 年 12 月 29 日部务会通过修订,自 2002 年 7 月 1 日起施行。1992 年 8 月 31 日发布的《消毒管理办法》同时废止,为卫生部令第 27 号。该办法的主要内容包括消毒的卫生要求、消毒产品的生产经营、消毒服务机构、监督与罚则等[31]。

4.3.11　《进出口环保用微生物菌剂环境安全管理办法》

为加强进出口环保用微生物菌剂环境安全管理,维护环境安全,根据《国境卫生检疫法》及其实施细则、《环境保护法》等有关规定,制定《进出口环保用微生物菌剂环境安全管理办法》。该办法于 2010 年 4 月 2 日经环境保护部公布,自 2010 年 5 月 1 日起施行,为环保部、质检总局令第 10 号。该办法的主要内容包括样品入境、样品环境安全评价、样品环境安全证明、出入境卫生检疫审批与报检查验、后续监管等[32]。

4.3.12　《医疗卫生机构医疗废物管理办法》

为规范医疗卫生机构对医疗废物的管理,有效预防和控制医疗废物对人体健康和环境产生危害,根据《医疗废物管理条例》,制定《医疗卫生机构医疗废物管理办法》。该办法于 2003 年 8 月 14 日经卫生部部务会议讨论通过,自发布之日起施行,为卫生部令第 36 号。该办法的主要内容包括医疗卫生机构对医疗废物的管理职责、分类收集、运送与暂时贮存、人员培训和职业安全防护、监督管理等[33]。

4.3.13　《医疗废物分类目录》

为进一步规范医疗废物管理,促进医疗废物科学分类、科学处置,国家卫健委和生态环境部组织修订了 2003 年《医疗废物分类目录》,形成了《医疗废物分类目录(2021 年版)》,其为国卫医函〔2021〕238 号。该目录将医疗废物分为感染性废物、损伤性废物、药物性废物、病理性废物、化学性废物[34]。

4.3.14　《农业转基因生物安全评价管理办法》

为加强农业转基因生物安全评价管理,保障人类健康和动植物、微生物安全,保护生态环境,根据《农业转基因生物安全管理条例》,制定《农业转基因生物安全评价管理办法》。该办法自 2002 年 3 月 20 日起施行,为农业部 8 号令,取代了 1996 年发布的《农业生物基因工程安全管理实施办法》。该办法的主要内容包括安全等级和安全性评价、申报和审批、安全控制措施、法律责任等[35]。

4.4 实验室生物安全相关的标准

实验室生物安全管理相关标准能够更好地引导实验活动责任主体落实安全管理责任,做好安全管理工作。实验室生物安全管理标准化是对相关法律、法规内容的具体化和系统化,并通过运行,使之成为实验室活动的规范,从而更好地促进实验室生物安全管理法律、法规的贯彻落实。

推进实验室生物安全管理标准化,是通过建立实验室生物安全管理责任制,制订实验室生物安全管理制度和操作规程,排查实验室生物安全隐患和危险源,建立预防机制,规范实验室活动,使各实验环节符合有关实验室生物安全管理法律、法规、标准、规范的要求,不断加强实验室生物安全规范化建设。

生物安全实验室管理方面通用的国家标准、行业标准主要有以下几种。

4.4.1 《实验室 生物安全通用要求》

《实验室 生物安全通用要求》(GB 19489—2008)的编制主要参考了《医学实验室——安全要求》(ISO 15190:2020)和WHO《实验室生物安全手册》(第2版)。本标准不仅适用于医学实验室,而且适用于进行生物因子操作的各类实验室;此外,增加了对实验室生物安全的要求。本标准吸纳了WHO《实验室生物安全手册》(第2版)中进行高危害生物因子操作实验室的有关内容,但考虑到我国实验室安全管理的整体状况,增强了对该类实验室设施的要求,以确保安全。该标准的主要内容包括风险评估与风险控制、实验室安全防护水平分级、实验室设计原则与基本要求、实验室设施与设备要求、实验室管理要求[36]。

4.4.2 《实验动物 环境及设施》

《实验动物 环境及设施》(GB 14925—2023)中的4.2.4、4.4.1、4.4.5、4.4.6、5.2.1、5.2.2、5.2.3、6.1.2.4、6.2.3、7.2、7.3、7.4、8.2.2、8.3.2、9.1.7、9.2.3为强制性条款,其余为推荐性条款。本标准代替《实验动物 环境及设施》(GB 14925—2010)。本标准与《实验动物 环境及设施》(GB 14925—2010)相比,主要有以下变

化:①对标准的范围、引用标准、定义进行了规范;②对设施、环境、工艺布局的规定更具可操作性;③对污水、废弃物及动物尸体处理、笼具、垫料、饮水、动物运输的规定更为具体[37]。

4.4.3 《实验室设备生物安全性能评价技术规范》

《实验室设备生物安全性能评价技术规范》(RB/T 199—2015)是 2016 年 7 月 1 日实施的一项行业标准,适用于生物安全实验室所涉及的设备生物安全性能评价。当医院、制药厂等场所使用该标准所涉及的设备时,其生物安全性能评价也可参考该标准。该标准的主要内容包括设备评价要求,如 BSC 评价、动物隔离设备评价、独立通风笼具评价、高压蒸汽灭菌器评价、气(汽)体消毒设备评价、气密门评价、排风高效过滤装置评价、正压服评价、生命支持系统评价、化学淋浴消毒装置评价、污水消毒设备评价、动物残体处理系统评价等[38]。

4.4.4 《病原微生物实验室生物安全通用准则》

《病原微生物实验室生物安全通用准则》(WS 233—2017)代替了《微生物和生物医学实验室生物安全通用准则》(WS 233—2002)。《微生物和生物医学实验室生物安全通用准则》(WS 233—2002)提出了我国卫生行业病原微生物实验室生物安全的分级和一般生物安全实验室防护的基本要求,重点以 BSL-3 实验室为主,对于使用最广泛、工作频率最高的 BSL-2 实验室缺少细致的规范,不利于 BSL-2 实验室的规范管理和实验活动的开展。卫生行业内病原微生物实验室(尤其是 BSL-2 实验室)数量众多,是开展疾控、科研、检测、教学等任务的"主力军"。《病原微生物实验室生物安全通用准则》(WS 233—2017)重点规范了 BSL-2 实验室及其分类,将 BSL-2 实验室分为普通型和加强型 2 种类型,规定了加强型 BSL-2 实验室内的压力梯度、实验室布局、洁净度、新风量等技术指标;增加了无脊椎动物实验室生物安全基本要求;增加了消毒与灭菌;更加具体、细致地规定了实验室设施设备要求;对生物安全风险的重点环节提出了管理要求。该标准适用于开展病原微生物有关的研究、教学、检测、诊断等相关活动的实验室[39]。

4.4.5 《病原微生物实验室生物安全标识》

《病原微生物实验室生物安全标识》(WS 589—2018)结合我国卫生行业内病原微生物实验室生物安全工作的特点和实际需求、实验室生物安全标识的管理要求提出规定,其主要内容包括标识设置原则、制作、基本标识(禁止标识、警告标识、指令标识、提示标识)、特定标识(如生物安全实验室标识、仪器设备运行状态标识、文字辅助标识)等,旨在提示工作人员对可能存在风险的部位、操作等有明确的认识,提高工作人员的防范能力,减少或避免实验室生物安全事故的发生。本标准将进一步指导和规范我国卫生行业内病原微生物实验室生物安全标识的规范化,确保实验室生物安全,保障疾控、医疗、科研、教学工作的安全、有序进行。该标准适用于从事与病原微生物菌(毒)种、样本有关的研究、教学、检测、诊断、保藏及生物制品生产等相关活动的实验室[40]。

4.4.6 《兽医实验室生物安全要求通则》

《兽医实验室生物安全要求通则》(NY/T 1948—2010)规定了兽医实验室生物安全管理的术语和定义、生物安全管理体系建立和运行的基本要求、应急处置预案编制原则、安全保卫、生物安全报告、持续改进的基本要求。该标准适用于中华人民共和国境内的一切兽医实验室[41]。

4.4.7 《实验动物 微生物、寄生虫学等级及监测》

《实验动物 微生物、寄生虫学等级及监测》(GB 14922.2—2022)规定了实验动物微生物学、寄生虫学等级及监测,包括实验动物微生物学、寄生虫学的等级分类、监测指标和项目规则、结果判定和报告等要求,描述了监测方法、程序。该标准适用于小鼠、大鼠、豚鼠、地鼠、兔、犬和猴等实验动物的质量监测[42]。

4.4.8 《实验动物 猴马尔堡病毒检测方法》

《实验动物 猴马尔堡病毒检测方法》(GB/T 38740—2020)规定了猴马尔堡病毒

实时荧光 RT－PCR 检测的操作方法。该标准适用于猴马尔堡病毒的检测,其主要内容包括试剂或材料、仪器设备、样品采集、试验步骤等[43]。

4.4.9 《动物狂犬病病毒核酸检测方法》

《动物狂犬病病毒核酸检测方法》(GB/T 36789—2018)规定了检测动物狂犬病病毒核酸的套式 RT－PCR 和荧光定量 RT－PCR 方法,适用于临床疑似狂犬病病毒感染动物脑组织、脊髓、脑脊液、唾液腺、唾液以及狂犬病病毒细胞培养物中病毒核酸的检测[44]。

4.4.10 《猪瘟病毒 RT－nPCR 检测方法》

《猪瘟病毒 RT－nPCR 检测方法》(GB/T 36875—2018)规定了猪瘟病毒特异的反转录－套式聚合酶链反应(RT－nPCR)方法的技术要求,适用于可能感染猪瘟病毒的猪脏器、血液、粪便和细胞培养物中猪瘟病毒核酸的检测,可用于猪瘟的诊断和监测。该标准的猪瘟病毒 RT－nPCR 方法不能区分感染的猪瘟病毒野毒株和免疫的疫苗株[45]。

4.4.11 CNAS 对实验室生物安全提供的保障

CNAS 认可是对实验室的管理能力和技术能力按照约定的标准进行评价,并将评价结果向社会公告,以正式承认其能力的活动。通过 CNAS 认可的实验室表明其具有从事特定任务的能力,其出具的报告可以使用 CNAS 和国际实验室认可合作组织(ILAC)的标识,并获得签署互认协议方国家和地区认可机构的承认[46]。

在保障实验室生物安全方面,CNAS 扮演着重要角色。它通过对实验室的认可和监督,确保实验室在从事生物安全相关实验活动时具有足够的能力和权威性,从而保障实验活动的顺利进行和实验结果的可靠性[46]。

CNAS－RL01:2019《实验室认可规则》作为 CNAS 的基本规则,包含了进行实验室认可的基本要求、程序和管理规定。对于实验室生物安全,该规则要求实验室必须满足相关法律、法规和标准的要求,确保实验活动的合法性、合规性和安全性。

CNAS－R01:2023《认可标识使用和认可状态声明规则》规定了实验室在获得CNAS认可后,如何正确使用认可标识和声明认可状态。对于实验室生物安全,这意味着实验室需要明确标识出哪些实验活动是经过CNAS认可的,以确保实验活动的透明度和可信度。

CNAS－R02:2023《公正性和保密规则》要求实验室在从事实验活动时必须保持公正性,并对实验数据和结果进行保密。对于实验室生物安全,这意味着实验室需要确保实验活动的公正性,避免因利益冲突或其他因素导致的偏见,同时还需要对涉及生物安全的敏感信息进行严格保密。

CNAS－R03:2019《申诉、投诉和争议处理规则》规定了实验室在面临申诉、投诉和争议时应如何处理。对于实验室生物安全,这意味着如果实验室的生物安全实践受到质疑或挑战,实验室需要按照这一规则进行处理,以确保问题的公正、公平和及时解决。

上述规则的目的都是为了确保实验室的生物安全实践符合国际国内的标准和要求,保障实验活动的顺利进行和实验结果的可靠性。

4.5　实验室生物安全相关的规范

现有的实验室生物安全相关的规范大部分是由国家各级机关、团体、组织制定的具有约束力的非立法性文件,属于法律范畴之外的约束性文件,是对国家机关制定的立法性文件的进一步完善和补充。实验室活动是一项有技术含量的行为,要避免在实验操作中出现病原微生物感染等生物安全事件,就必须对实验室生物安全技术做出规范。实验室生物安全相关的规范就是针对生物安全实验室设计、建造、研究、检验等技术事项所做的一系列规定,其主要有以下几种。

4.5.1　《兽医实验室生物安全管理规范》

为加强兽医实验室生物安全工作,防止动物病原微生物扩散,确保动物疫病的控制和扑灭工作以及畜牧业生产安全,根据《动物防疫法》和《动物防疫条件审查办法》的有关规定,参照国际有关对实验室生物安全的要求,制定了《兽医实验室生物安全管理规范》,其为农业部公告第 302 号。该规范的主要内容包括实验室生物安全防护的基本原则、微生物危害分级、兽医实验室分类分级、实验室生物安全的物理防护分级与组合、动物实验室生物安全水平标准、生物危害标志及使用等[47]。

4.5.2 《医疗废物集中处置技术规范(试行)》

为贯彻执行《中华人民共和国固体废物污染环境防治法》(以下简称《固体废物污染环境防治法》)、《传染病防治法》和《医疗废物管理条例》,防治医疗废物在暂时贮存、运送和处置过程中的环境污染,防止疾病传播,保护人体健康,制定《医疗废物集中处置技术规范(试行)》,其为环发〔2003〕206 号。该规范的主要内容包括医疗废物的暂时贮存、医疗废物的交接、医疗废物的运送、医疗废物高温热处置、重大传染病疫情期间医疗废物处置特殊要求等[48]。

4.5.3 《可感染人类的高致病性病原微生物菌(毒)种或样本运输管理规定》

为加强可感染人类的高致病性病原微生物菌(毒)种或样本运输的管理,保障人体健康和公共卫生,依据《传染病防治法》《病原微生物实验室生物安全管理条例》等法律、法规的规定,制定《可感染人类的高致病性病原微生物菌(毒)种或样本运输管理规定》。该规定于 2005 年 11 月 24 日经卫生部部务会议讨论通过并发布,自 2006 年2 月 1 日起施行,为卫生部令第 45 号。该规定的主要内容包括可感染人类的高致病性病原微生物菌(毒)种或样本的运输资质准入、管理职责和要求[49]。

4.5.4 《医疗废物专用包装物、容器标准和警示标识规定》

为贯彻执行《固体废物污染环境防治法》《传染病防治法》《医疗废物管理条例》,防治医疗废物污染环境,保障人体健康,制定《医疗废物专用包装物、容器标准和警示标识规定》,其为国家环境保护总局环发〔2003〕188 号。该规定的主要内容包括包装袋标准、利器盒标准、周转箱(桶)标准、医疗废物专用警示标识[50]。

4.6　实验室生物安全相关的管理制度

实验室生物安全管理的内容包括在实验室工作中遇到的主要生物危害、突发事故及其规避与排除的方法,在有效过程管理中使得实验人员具备基本的安全知识和安全意识。实验室生物安全管理制度是为了实现实验室及其环境的安全运行,进而有效地开展各项安全管理活动而建立的。在公开、透明的管理制度下,实验室的每一项活动都可以做到程序化、标准化,实验人员能够迅速掌握相关的实验操作技能,最大程度地降低工作失误而导致的实验室生物安全隐患。实现实验室生物安全制度化管理就是要以"一切按照制度办事"为追求目标。实验人员将管理制度贯彻到自己的工作中,依据共同的管理制度来进行实验活动,处理各种事情,使实验行为更加理性,以规避生物安全风险的发生。我国制定了一系列法律条文,推进生物安全制度的改革,不断健全实验室生物安全管理制度,这些举措给我国生物研究的发展和实验室生物安全制度化管理的实现奠定了坚实的基础。

4.6.1　管理制度的内容

实验室生物安全管理制度的目的很明确,就是为了确保实验室全体员工熟悉生物安全法律、法规,建立严谨的生物安全意识,保证相关工作人员掌握开展实验工作必需的生物安全知识和技术,避免实验室感染,防止实验室事故发生,其根据是各项法律、法规、管理办法、规范、标准等。实验室生物安全相关管理制度包括以下内容。

(1)准入制度。

(2)设施设备检测维护制度。

(3)健康监护制度。

(4)生物安全自查制度。

(5)生物安全实验人员培训、考核制度。

(6)意外事件处理及报告制度。

(7)医疗废物管理和处理制度。

4.6.2　管理制度的实施

实验室的设立单位负责实验室的生物安全管理。作为责任主体,设立单位应构建实验室管理责任体系,可建立一级单位、二级单位和三级单位的三级管理模式;建立健全安全管理制度,保证制度的严格性、科学性,定期检查生物安全规定的落实情况;定期检查、维护和更新实验室设施、设备、材料等;承担控制实验室感染的职责,确保实验室各项研究活动符合相关规定。实验室的设立单位还应加强对实验室日常活动的管理。为了病原微生物实验室更好地履行生物安全管理职责,可从组织和管理方面对其提出如下要求。

4.6.2.1　实验室的法律地位和从事相关活动的资格

一个实验室要进行生物实验研究活动,首先需明确其法律地位和从事相关活动的资格。实验室应依法设立或注册,能够承担相应的法律责任,保证客观、公正和独立地从事检测或校准活动。在获得独立法人资格的基础上,实验室建设以及开展病原微生物研究、检测、教学或生产等活动需经相关部门审批,获得相应资质后才可以进一步设置组织架构,确定各部门和各岗位人员的职责、权限和相互关系,建立管理体系,以确保机构质量和能力。实验室设立单位的法人或其母体组织的法人应承担对实验室合法运行的责任,并保证有足够的资源维持实验室的稳定运行。

实验室可以从人员、设备、材料、规范、环境等 5 个方面进行自查。实验人员应有相关专业背景及工作经验,并获得相应的资格证书;实验设备应具备合格证,并有相应的维护及监控记录,操作及管理人员有特种设备操作证和管理证;培养基和试剂有验收记录、配制记录和相应的有效期标签;标准菌株有菌种领用、销毁记录和标准菌株传代及日常管理记录;有实验室标准受控文本,有受控的生物安全实验室管理规范和实验室生物安全手册;有实验室环境监测记录,如洁净度监控记录、温湿度监控记录、紫外灯辐照强度监测记录、生物废弃物灭菌处理记录等。

4.6.2.2　实验室所在的机构应设立生物安全委员会并使之履行相关职责

生物安全委员会负责咨询、指导、评估、监督实验室的生物安全相关事宜,全面负责实验室生物安全环境管理工作,确保实验室的各项活动符合国家法律、法规、管理办法、标准、规范的要求,保障实验室的正常运行和实验结果的有效性。生物安全委员会可下设生物安全管理办公室,同时建立生物安全责任体系,分层级落实生物安全管理责任。

生物安全委员会具体负责组织制订和实施实验室生物安全手册、生物安全规章制度、操作规范和标准操作程序;对实验室所操作生物因子的生物危险程度进行评估,审查和批准在实验室开展的实验项目;负责对本单位实验室生物安全防护、病原微生物菌(毒)种和生物样本保存和使用、实验室安全操作、实验室废物处置等规章制度的实施情况进行监督并定期评估实施效果;负责组织跟踪国际国内实验室生物安全管理的最新动态;审查突发事故应急预案,对实验事故进行评估,提出处理和改进意见;负责定期调查、了解实验人员的健康状况和健康监护情况;组织生物安全知识培训并评估培训效果;审核和批准实验人员上岗资格;负责制订新的安全规定及仲裁安全事件纠纷[51]。

在生物安全委员会领导下,设立实验动物与生物管理委员会,由其负责实验室生物安全的审查评估、技术指导等;设立实验动物福利伦理委员会,由其负责实验动物安全监管、动物福利维护、动物实验伦理审查等工作。

4.6.2.3　实验室管理层应负责安全管理体系的设计、实施、维护和改进

实验室管理层应负责安全管理体系的设计、实施、维护和改进,以确保实验室的安全管理符合相关法律、法规、管理办法、标准和规范的要求。具体来说,实验室管理层应该做到以下几点。

(1)制订实验室安全管理规定和目标,明确实验室安全管理的重点和方向。

(2)组织建立安全管理体系,制订安全管理制度和操作规程,确保实验室的各项活动符合安全要求。

(3)定期对实验室安全管理体系进行审查和评估,及时发现和纠正存在的问题,持续改进安全管理体系。

(4)加强实验人员的安全培训和教育,提高其安全意识和技能水平。

(5)与相关部门和机构保持密切合作,积极参与实验室安全管理相关的交流和合作活动。

实验室管理层应充分认识到安全管理的重要性,切实履行安全管理职责,确保实验室的安全运行和实验结果的有效性。同时,实验室管理层还应积极探索新的安全管理技术和方法,不断提高实验室安全管理水平。

4.6.2.4　实验室安全管理体系的实际运用

完善的安全管理体系需要健全的制度作为保障,制度建设贯穿于整个实验室安全管理体系的全过程。实验室各项制度的制订都需参考相应的法律、法规,全面细致地规范实验室生物安全管理工作,使各项工作有据可依,使各项流程更具操作性,为开展相关工作提供坚实的制度保障。实验室在梳理安全管理过程中存在问题的基础上,结合对其他实验室管理制度的充分调研,对实验室安全管理制度进行完善和补充,从而建立较为系统、全面的实验室安全管理制度体系。实验室生物安全管理需要加强顶层设计,成立安全工作领导小组,由其负责实验室生物安全工作的领导、组织和实施;引入责任明确、奖惩分明、措施有力的监管评价机制,加强对实验室安全管理的监督、检查,实行安全隐患通报制度和重大隐患约谈制度;进一步加强病原微生物菌(毒)种等的采购、储存、使用以及废物处置管理。

值得一提的是,质量体系在实验室安全管理中的应用具有显著的实际价值。其全面性确保了实验室工作的各个方面得到细致入微的关照,而标准化和系统化的特性为各项操作提供了明确的指导和框架。质量体系尤其强调预防为主的原则,通过采取预防措施,有效降低问题发生的概率,体现了其前瞻性和科学性。质量体系要注重持续改进,鼓励实验室不断进行自我评估和优化,旨在持续提升实验室的安全管理水平,增强实验结果的可信度和可靠性。这种管理模式的运用,不仅保障了实验人员的安全,也极大地提升了实验室的声誉和公信力,为科研工作的健康发展提供了坚实的支撑[52]。

实验室安全管理体系应与现有实验室的规模、实验室研究活动的复杂程度和风险相适应,与实验室匹配度高的安全管理体系能够使实验室管理工作顺利开展,保证实验室安全、高效、可持续地运行和发展。实验室安全管理体系的政策、过程、计划、程序和指导书等应文件化并传达至所有相关人员。实验室管理层应保证这些文件易于理解并可以实施,应通过定期培训指导所有工作人员理解和运用与其相关的安全管理体系文件及实施要求,并通过考核评估其理解和运用的能力。

成功的实验室生物安全管理应遵循科学、安全、预防、管控和实用等原则,源于数据的安全风险评估和持续的生物安全监测可以帮助管理人员掌握危险来源,有利于工作人员分析生物威胁与生物安全管理方法的联系。另外,实验室安全文化(包括培训、沟通)也是保证实验室生物安全管理制度得以实施的一个关键点,可以确保相关人员成为实验室生物安全管理事务中的天然主体,将实验室生物安全管理纳入工作职责,从而确保实验室的安全运行。

（艾德生　江　轶）

参考文献

[1] 人民论坛编辑部.十八大以来国家安全发展大事记及重要成就[J].人民论坛,2017,(29):26-27.

[2] 全国人民代表大会常务委员会.中华人民共和国国家安全法[EB/OL].(2015-07-01)[2023-12-30].https://www.gov.cn/xinwen/2015-07/01/content_2888316.htm.

[3] 全国人民代表大会常务委员会.中华人民共和国安全生产法[EB/OL].(2008-08-05)[2023-12-30].https://www.gov.cn/banshi/2005-08/05/content_20700.htm.

[4] 曹大海,刘阳中.试析《生物安全法》与海关执法[J].口岸卫生控制,2021,26(1):5-9+28.

[5] 全国人民代表大会常务委员会.中华人民共和国生物安全法[EB/OL].(2020-10-18)[2023-12-30].https://www.gov.cn/xinwen/2020-10/18/content_5552108.htm.

[6] 吴展.《生物安全法》正式施行:重要意义、主要内容与未来前瞻[J].口岸卫生控制,2021,26(1):10-14+38.

[7] 王连花.中国共产党防控疫情的百年历程和基本经验[J].中国浦东干部学院学报,2022,16(1):67-78+123.

[8] 全国人民代表大会常务委员会.中华人民共和国传染病防治法[EB/OL].(2018-06-15)[2023-12-30].http://www.npc.gov.cn/zgrdw/npc/zfjc/zfjcelys/2018-06/15/content_2056044.htm.

[9] 全国人民代表大会常务委员会.中华人民共和国环境保护法[EB/OL].(2023-02-28)[2023-12-30].https://cjjg.mee.gov.cn/xxgk/zcfg/202302/t20230208_1015860.html.

[10] 杨伯泉.学习《中华人民共和国动物防疫法》的体会[J].中国牧业通讯,2008,

(2):35 - 36.

[11] 刘振伟.构建科学合理健全的动物防疫法律制度——关于动物防疫法第二次修订[J].中国人大,2021,(7):32 - 34.

[12] 全国人民代表大会常务委员会.中华人民共和国动物防疫法[EB/OL].(2005 - 09 - 12)[2023 - 12 - 30].https://www.gov.cn/ziliao/flfg/2005 - 09/12/content_31030.htm.

[13] 国务院.中华人民共和国国境卫生检疫法实施细则[EB/OL].(2019 - 03 - 02)[2023 - 12 - 30].https://www.gov.cn/gongbao/content/2019/content_5468836.htm.

[14] 全国人民代表大会常务委员会.中华人民共和国进出境动植物检疫法[EB/OL].(2005 - 07 - 13)[2023 - 12 - 30].https://www.gov.cn/banshi/2005 - 07/13/content_14434.htm.

[15] 国务院.病原微生物实验室生物安全管理条例[EB/OL].(2002 - 05 - 24)[2023 - 12 - 30].https://www.mee.gov.cn/ywgz/fgbz/xzfg/202303/t20230316_1019776.shtml.

[16] 国家科学技术委员会.中国微生物菌种保藏管理条例[EB/OL].(2015 - 08 - 06)[2023 - 12 - 30].https://mccc.org.cn/News/Details/d1beeb2f - de50 - 470a - b7ae - b775c83d0363.

[17] 国务院.医疗废物管理条例[EB/OL].(2005 - 08 - 02)[2023 - 12 - 30].https://www.gov.cn/banshi/2005 - 08/02/content_19238.htm.

[18] 国务院.进出境动植物检疫法实施条例[J].中华人民共和国国务院公报,1996(36):1446 - 1458.

[19] 国务院.农业转基因生物安全管理条例[EB/OL].(2001 - 05 - 23)[2023 - 12 - 30].http://www.moa.gov.cn/gk/zcfg/xzfg/200601/t20060123_540653.htm.

[20] 国务院.放射性同位素与射线装置安全和防护条例[EB/OL].(2019 - 03 - 18)[2023 - 12 - 30].https://www.mee.gov.cn/ywgz/fgbz/xzfg/201909/t20190918_734315.shtml?eqid = c2f18be30000a8de000000026473f577.

[21] 国务院.突发公共卫生事件应急条例[EB/OL].(2008 - 03 - 28)[2023 - 12 - 30].https://www.gov.cn/zhengce/content/2008 - 03/28/content_6399.htm.

[22] 科学技术部.高等级病原微生物实验室建设审查办法[EB/OL].(2018 – 07 – 16)[2023 – 12 – 30].https://www.most.gov.cn/xxgk/xinxifenlei/zc/gz/202112/t20211210_178499.html.

[23] 国家环境保护总局.病原微生物实验室生物安全环境管理办法[EB/OL].(2006 – 03 – 08)[2023 – 12 – 30].https://www.gov.cn/gongbao/content/2007/content_588180.htm.

[24] 国家卫生健康委员会.人间传染的病原微生物目录[EB/OL].(2006 – 01 – 27)[2023 – 12 – 30].http://www.nhc.gov.cn/wjw/gfxwj/201304/64601962954745c1929e814462d0746c.shtml.

[25] 国家卫生和计划生育委员会.人间传染的高致病性病原微生物实验室和实验活动生物安全审批管理办法[EB/OL].(2006 – 08 – 15)[2023 – 12 – 30].https://www.gov.cn/zhengce/2006 – 08/15/content_5713777.htm.

[26] 卫生部.人间传染的病原微生物菌(毒)种保藏机构管理办法[EB/OL].(2009 – 07 – 31)[2023 – 12 – 30].https://www.gov.cn/zhengce/2009 – 07/31/content_2603234.htm.

[27] 农业部.高致病性动物病原微生物实验室生物安全管理审批办法[EB/OL].(2005 – 05 – 20)[2023 – 12 – 30].http://www.fgs.moa.gov.cn/flfg/201006/t20100606_6315637.htm.

[28] 农业部.动物防疫条件审核管理办法[EB/OL].(2002 – 05 – 24)[2023 – 12 – 30].http://www.moa.gov.cn/govpublic/CYZCFGS/201006/t20100606_1532688.htm.

[29] 农业部.动物病原微生物分类名录[EB/OL].(2002 – 05 – 24)[2023 – 12 – 30].http://www.fgs.moa.gov.cn/flfg/201006/t20100606_6315638.htm.

[30] 农业部.动物病原微生物菌(毒)种保藏管理办法[EB/OL].(2022 – 01 – 07)[2023 – 12 – 30].http://www.fgs.moa.gov.cn/flfg/202201/t20220127_6387836.htm.

[31] 卫生部.消毒管理办法[EB/OL].(2002 – 03 – 28)[2023 – 12 – 30].https://www.gov.cn/gongbao/content/2003/content_62577.htm.

[32] 环境保护部,国家质量监督检验检疫总局.进出口环保用微生物菌剂环境安全管理办法[EB/OL].(2010 – 04 – 02)[2023 – 12 – 30].https://www.gov.cn/gong-

bao/content/2010/content_1713716. htm.

［33］卫生部.医疗卫生机构医疗废物管理办法［EB/OL］.（2003－10－15）［2023－
12－30］.https://www. gov. cn/gongbao/content/2004/content_62768. htm.

［34］生态环境部,国家卫生健康委员会.关于印发医疗废物分类目录（2021 年版）的
通知［EB/OL］.（2021－11－25）［2023－12－30］.https://www. gov. cn/zhengce/
zhengceku/2021－12/02/content_5655394. htm.

［35］农业部.农业转基因生物安全评价管理办法［EB/OL］.（2002－01－05）［2023－
12－30］. http://www. moa. gov. cn/govpublic/CYZCFGS/201006/t20100606_
1532682. htm.

［36］中国实验室国家认可委员会.实验室　生物安全通用要求:GB 19489—2008
［S］.北京:中国标准出版社,2009.

［37］全国实验动物标准化技术委员会.实验动物　环境及设施:GB 14925—2023
［EB/OL］.（2023－11－27）［2023－12－30］. https://std. samr. gov. cn/gb/
search/gbDetailed? id＝0B330DE79FE6CE9DE06397BE0A0AEFB0.

［38］中国合格评定国家认可中心,军事医学科学院,天津国家生物防护装备工程技术
研究中心,等.实验室设备生物安全性能评价技术规范:RB/T 199—2015［EB/
OL］.（2015－12－02）［2023－12－30］. https://std. samr. gov. cn/hb/search/
stdHBDetailed? id＝8B1827F2308BBB19E05397BE0A0AB44A.

［39］国家卫生和计划生育委员会.病原微生物实验室生物安全通用准则:WS 233—
2017［S］.北京:中国标准出版社,2017.

［40］国家卫生和计划生育委员会.病原微生物实验室生物安全标识:WS 589—2018
［EB/OL］.（2018－03－06）［2023－12－30］. http://www. nhc. gov. cn/ewebedi-
tor/uploadfile/2018/03/20180330092941971. pdf.

［41］农业部.兽医实验室生物安全要求通则:NY/T 1948—2010［EB/OL］.（2010－
09－21）［2023－12－30］. https://www. chinacdc. cn/lac/gzzd/gwfgbz/202003/
t20200327_215578. htm.

［42］中国医学科学院医学实验动物研究所,中国食品药品检定研究院,广东省实验动
物监测所,等.实验动物　微生物、寄生虫学等级及监测:GB 14922—2022［EB/
OL］.（2022－12－29）［2023－12－30］. https://std. samr. gov. cn/gb/search/gb-

Detailed? id = F113142E3FE34B65E05397BE0A0A5AB9.

[43] 海南出入境检验检疫局检验检疫技术中心,中华人民共和国福州海关,中华人民共和国成都海关,等.实验动物 猴马尔堡病毒检测方法:GB/T 38740—2020 [EB/OL].(2020 – 04 – 28)[2023 – 12 – 30].https://std. samr. gov. cn/gb/search/gbDetailed? id = A47A713B764B14ABE05397BE0A0ABB25.

[44] 军事医学科学院军事兽医研究所.动物狂犬病病毒核酸检测方法:GB/T 36789—2018[EB/OL].(2018 – 09 – 17)[2023 – 12 – 30].https://std. samr. gov. cn/gb/search/gbDetailed? id = 7643B2F2503A267CE05397BE0A0AAF6A.

[45] 军事医学科学院军事兽医研究所,中国兽医药品监察所.猪瘟病毒RT – nPCR检测方法:GB/T 36875—2018[EB/OL].(2018 – 09 – 17)[2023 – 12 – 30].https://std. samr. gov. cn/gb/search/gbDetailed? id = 7643B2F25040267 CE05397BE0A0AAF6A.

[46] 中国合格评定国家认可委员会.CNAS 介绍[EB/OL].(2023 – 05 – 22)[2023 – 12 – 30].https://www. cnas. org. cn/jgjs/697986. shtml.

[47] 农业部.兽医实验室生物安全管理规范[EB/OL].(2003 – 10 – 15)[2023 – 12 – 30]. http://www. moa. gov. cn/gk/tzgg_1/gg/200312/t20031203_142827. htm.

[48] 生态环境部.医疗废物集中处置技术规范(试行)[EB/OL].(2003 – 12 – 26) [2023 – 12 – 30]. https://www. mee. gov. cn/ywgz/fgbz/bz/bzwb/gthw/gtfw-wrkzbz/200312/t20031226_63450. shtml.

[49] 卫生部.可感染人类的高致病性病原微生物菌(毒)种或样本运输管理规定[EB/OL].(2005 – 12 – 28)[2023 – 12 – 30]. https://www. gov. cn/gongbao/content/2006/content_453197. htm.

[50] 国家环保总局.关于发布《医疗废物专用包装物、容器标准和警示标识规定》的通知[EB/OL].(2003 – 11 – 20)[2023 – 12 – 30]. https://www. mee. gov. cn/gkml/zj/wj/200910/t20091022_172239. htm.

[51] 刘婷,孔子月.国家生物安全实验室的法律规制——基于生物安全的双重含义 [J].实验室环境与安全,2021,40(18):297 – 303.

[52] 常纪文.加快构建国家生物安全法律法规体系[J].人民周刊,2020,(5):74 – 75.

第5章
生物安全实验室的人员管理

实验室生物安全关系着实验室人员健康安全、环境安全以及社会安全,确保实验室的生物安全既是每位实验室人员的责任和义务,也是生物安全实验室正常运行的基本要求。人员是整个生物安全实验室管理体系的主体,是实验室各项工作的承担者,是整个安全管理体系的建设者、维护者和完善者,是决定实验室生物安全的最关键因素[1]。本章将从生物安全实验室人员配置要求、人员准入管理、人员培训管理、人员健康管理和外来人员管理等几个方面进行介绍。

5.1 人员配置要求

生物安全实验室需配备足够的人力资源承担实验室所提供服务范围内的工作及安全管理体系涉及的工作,明确相关部门和人员的职责。

5.1.1 基本要求

生物安全实验室的管理人员和其他工作人员需满足以下基本条件:①具有良好的职业道德;②具有相关专业教育背景;③熟悉国家相关法律、法规、管理办法、标准、规范;④熟悉所负责的工作,有相关的工作经验或专业培训;⑤熟悉实验室安全管理工作;⑥定期参加相关的培训或继续教育;⑦实验室管理人员还应具有评价、纠正和处置违反安全规定行为的能力。

5.1.2　人员组成及岗位职责

对与实验室生物安全管理有关的关键职位均应指定职务代理人。实验室生物安全管理的常见人员及岗位职责如下。

5.1.2.1　生物安全委员会委员

实验室所在机构应设立负责咨询、指导、评估、监督实验室的生物安全相关事宜的生物安全委员会,该委员会由一定数量的委员构成。

5.1.2.2　实验室负责人

相关部门应指定一名有职权的人员作为实验室负责人。实验室负责人为实验室生物安全第一责任人,全面负责实验室生物安全工作;负责实验项目计划、方案和操作规程的审查;决定并授权人员进入实验室;负责实验室活动的管理;纠正违规行为并有权做出停止实验的决定。

5.1.2.3　安全负责人

实验室应指定一名主要负责制订、维持、监督实验室安全计划,阻止不安全行为或活动,并直接向管理层报告的安全负责人。

5.1.2.4　技术管理人员

实验室应指定负责技术运作的技术管理人员。技术管理人员主要负责提供确保满足实验室规定的安全要求和技术要求的资源。

5.1.2.5　项目负责人

实验室应指定每项活动的项目负责人。项目负责人主要负责制订并向实验室管理层提交所负责项目的活动计划,风险评估报告,安全及应急措施,项目组人员培训、监督、考核计划,安全保障及资源要求。

5.1.2.6　质量负责人

实验室应指定一名质量负责人。其职责包括:协助最高管理者建立健全管理体系,负责管理体系文件的编写、修订和审核,保证体系持续有效运行;负责制定内部审核与管理评审计划,组织策划内部审核,协助最高管理者完成管理评审;负责处理实验室质量事故、客户投诉等。

5.1.2.7　授权签字人

《检验检测机构管理和技术能力评价　授权签字人要求》(RB/T 046—2020)[2]中对授权签字人的概念、应满足的条件、职责及责任等均有明确规定。授权签字人是由检验检测机构提名,在其授权的能力范围内经检验检测机构授权签发检验检测报告或证书的人员。授权签字人应满足的条件为:①具备中级以上(含中级)职称或准则规定的同等能力;②具备相应的工作经历;③熟悉或掌握有关仪器设备的检定/校准状态;④熟悉或掌握所承担签字领域的相应技术标准方法;⑤熟悉或掌握检验检测机构管理和检验检测报告或证书审核签发程序;⑥具备对检验检测结果做出相应评价的能力。

5.1.2.8　质量监督员

实验室应根据所开展实验项目的情况指定一定数量的质量监督员。质量监督员主要对实验室所开展活动的关键环节进行监督。质量监督员应熟悉所开展实验项目的程序、方法、结果评价及解释;对实验人员在实验过程中使用的标准、方法、规范、仪器设备的使用、结果的解释及判读等全过程进行监督;当在监督过程中发现不符合规定的情况时,必须及时记录并向上级领导报告,并负责督促相关实验人员纠正,采取有效的纠正措施,必要时建议停止相关实验活动。

5.1.2.9　内审员

实验室应任命一定数量的内审员。内审员主要协助质量负责人定期开展实验室内部质量审核活动。内审员应通过培训,并取得内审员资质;熟悉相关法律、法规及实验室安全管理体系。内审员的主要职责:通过参加实验室内部审核活动,检查各项质量管理措施的落实情况,向质量负责人提出安全管理体系运行过程中存在的问题及对不符合规定的情况的意见和建议;协助质量负责人对纠正措施进行审核和跟踪验证。

5.1.2.10　设备管理员

实验室应指定设备管理员,为实验室仪器设备的正常使用、实验工作的顺利开展提供基础保障。设备管理员的主要职责:建立实验室仪器设备台账;申报仪器设备购买计划;参与新购买仪器设备的验收、编号及标识,办理进库、登记、入档;做好仪器设备的检定/校准、核查和保管工作;督促、指导实验人员严格按照设备操作规程操作、使用和日常维护保养,并检查执行情况,及时制止不恰当的使用行为。

5.1.2.11 档案管理员

实验室应指定档案管理员,由其负责建立健全实验人员以及各类技术档案管理台账。档案管理员应掌握档案保护技术。其职责主要是维护档案的完整和安全,定期检查档案室的水电和设备安全,认真做好防潮、防湿、防火、防盗、防蛀、保密工作。

5.1.3 其他特殊要求

所在实验室的特殊要求应该被满足,如《生物安全领域反恐怖防范要求 第1部分:高等级病原微生物实验室》(GA 1802.1—2022)[3]中规定::"实验室需配备专职保卫管理人员;专职保卫执勤人员实行24 h值班制,每班人数不少于2人;安防监控中心值班人员应24 h值守,每班不少于2人;在实验室开展工作时,应由2名或2名以上工作人员共同进行;实验室中控室应安排能熟练操作安全防范相关设备和软件的工作人员。"

5.1.4 人员档案

实验室或其所在机构应保存好每位工作人员的档案资料,可靠保存并保护隐私权。人员档案应至少包括以下内容:①员工的岗位职责说明;②岗位风险说明及员工的知情同意证明;③教育背景和专业资格证明;④培训记录,应有工作人员与培训者的签字及日期;⑤工作人员的免疫、健康检查、职业禁忌证等资料;⑥内部与外部的继续教育记录及成绩;⑦与工作相关的意外事件、事故报告;⑧有关确认工作人员能力的证据,应有能力评价的日期和承认该工作人员能力的日期或期限;⑨工作人员表现评价。

5.2 人员准入管理

严密的防护措施可以克服人为错误和技术水平不足所带来的危险,从而有效保护工作人员的身体健康和公共安全,使工作人员意识到实验危害及其控制方法是预防实验室感染和事故发生的关键。对工作人员应实行准入制度。准入是指进入实验室的所有人员必须经过相关生物安全知识、法律、法规、制度等培训,考试合格并获得准入资格。有条件的实验室应进行门禁系统管理,明确进入实验室的人员的资格要求,避免不符合要求的人员进出实验室或承担不必要的工作,从而避免造成与生物安全相关的责任事故。

5.2.1 准入规范

实验室准入要求的适用范围包括所有进出生物实验室的工作人员,由实验室负责人或指定专人负责实验室工作人员的准入监督和实施。准入制度必须落实到人,单位生物安全管理部门有权要求所有实验室工作人员必须接受相关生物安全知识、法律、规范的培训及考核;有权要求所有实验室工作人员必须进行上岗前体检,以确保其健康状况与工作岗位相适应。

(1)生物安全实验室技术人员准入要求:实验室技术人员必须具备相关专业教育经历、相应的专业技术知识及工作经验,熟练掌握自己工作范围的技术标准、方法及设备技术性能,能独立进行检验结果处理,分析和解决工作中的一般技术问题,有效保证所承担环节的工作质量;应熟练掌握常规消毒原则和技术,掌握意外事件和生物安全事故的应急处置原则和上报程序。

(2)生物安全实验室实验活动辅助人员准入要求:实验活动辅助人员(如废弃物管理人员、保洁人员等)应掌握责任区内生物安全的基本情况,了解所从事工作的生物安全风险,接受与所承担职责相关的生物安全知识和技术、个体防护方法等基本内容的培训,熟悉岗位所需的消毒知识和技术,了解意外事件和生物安全事故的应急处置原则。

(3)特殊情况下的准入要求:当实验室人员出现一些特殊情况,如身体出现开放性损伤、发热性疾病、呼吸道感染,或出现其他导致抵抗力下降的情况,如正在使用免疫抑制剂,正处于免疫耐受阶段或妊娠期等,需要进入实验室特殊工作区域时,应获得实验室负责人同意。

5.2.2 国内外实验室生物安全人员准入规范的现状

对在我国从事实验室生物安全相应的管理及技术等相关工作,相关标准有明确要求,如《实验室 生物安全通用要求》(GB19489—2008)[4]中明确要求:实验室生物安全管理应对所有岗位提供职责说明,包括人员的责任和任务,教育、培训和专业资格要求,应提供给相应岗位的每位员工;应有足够的人力资源承担实验室所提供服务范围内的工作以及承担安全管理体系涉及的工作;如果实验室聘用临时工作人员,则应确保其有能力胜任所承担的工作,了解并遵守实验室安全管理体系要求;在有规定的领域,实验人员在从事相关实验活动时,应有相应的资质。《病原微生物实验室生物安全通用准则》(WS 233—2017)[5]第7.2.3条对于从事病原微生物相关工作的人员有相应的要求:"实验室应建立工作人员准入及上岗考核制度,所有与实验活动相关的人员均应经过培训,经考核合格后取得相应的上岗资质;动物实验人员应持有有效的实验动物上岗证及所从事动物实验操作专业的培训证明。"

在澳大利亚西悉尼大学,进入实验室的实验人员需接受实验室的入门培训[6],入门培训包括实验室安全培训资料自主学习和实验室管理人员现场培训两部分。实验室管理人员带领拟进入实验室的人员参观实验室,同时讲解实验室安全相关知识,如实验室的基本规章制度、应急设施存放位置和使用方法、实验安全防护设施的位置和使用方法等。实验人员在完成培训,经学校实验室管理员审查合格后,才获准进入实验室开展相关研究。如需操作复杂的大型设备,实验人员需经过专门的实验技术人员的教育培训,通过培训后才可以使用这些设备。

在美国,实验人员要进入BSL-4实验室从事高致病性病原微生物研究工作,需具备动物处理、样本采集、供试样品与疫苗剂量管理、健康状况观察、麻醉与安乐死试剂管理、尸检等基本实验技能[7];掌握细胞培养用试剂的筛选、菌斑分析、病毒繁殖等基础微生物与病毒学技术,以及超高速离心机与血液分析仪器等特殊设备使用技能;必须具备处理烈性传染性病原微生物的能力,熟练掌握特殊生物制剂的标准操作规程。生物安全委员会与各个BSL-4实验室主管对申请者的实验室工作经历和经验进行审核,当确定其在积累了成熟的实验技能、已初步具备独立完成BSL-4实验室所规定的操作任务时,可安排1名BSL-4实验室导师对其进行一对一的指导与培训。在进入BSL-4实验室前,申请者必须接受标准、规范的BSL-4实验室安全操作培训。

5.3　人员培训管理

全面和完善的生物安全培训体系是有效防止实验室生物安全事故发生并确保实验室安全、稳定、高效运行的必要条件和重要保障[8]。《实验室　生物安全通用要求》（GB 19489—2008）中明确指出，实验室应安排有能力的人员，依据工作人员的经验和职责对其进行必要的培训和监督；应为工作人员提供持续培训及继续教育的机会，保证工作人员可以胜任所分配的工作。实验室或者实验室的设立单位应当每年定期对工作人员进行培训（包括岗前培训和在岗培训），如为从事高致病性病原微生物相关实验活动的实验室，则应当每半年对员工进行 1 次培训、考核，保证其掌握实验室技术规范、操作规程、生物安全防护知识及实际操作技能，并对培训效果进行评估。

5.3.1　培训计划及效果评价

5.3.1.1　培训计划

实验室不仅要对新员工进行培训和指导，而且要对老员工进行周期性的培训工作。培训计划中的培训对象应包括实验室所有相关人员，如管理人员、实验人员、运输工、清洁工、修理工、临时工、进修实习人员、外来人员等，这些人员均应接受生物安全方面的严格培训。

部门负责人应基于本部门工作人员的能力、资质、经验和监督结果等情况，制订个性化的培训计划、培训内容，满足员工的培训需求。

培训计划应至少包括以下内容：①上岗培训，包括对较长期离岗、换岗或下岗人员的再上岗培训；②相关法律、法规、实验室安全管理体系培训；③安全知识及技能培训；④实验室设施设备（包括个体防护装备）的安全使用培训；⑤应急措施与现场救治培训；⑥定期培训与继续教育。

不同培训对象的需求不同，应结合培训对象的岗位特点选择相应的培训内容、培训方式等进行实验室生物安全教育。常见的培训内容及培训方式详见本书第六章。

5.3.1.2　培训效果评价

培训效果评价的方式一般分为理论知识考核和操作技能考核 2 种方式。培训效果评价的形式主要有获取证书、书面考试、观察操作、带教评价、书面小结等。对培训最完整的评估应包括：检查培训对象对所进行培训的反映；考核培训对象对所培训内容的熟悉程度和操作执行情况；评估培训对象在工作中的行为变化；按培训机构的目标来考查是否已有明显的效果。培训所造成的知识或能力上的差异，可能提示需要更长的培训时间或采用其他的培训方法。内部培训效果评价由实验室根据实验室情况自行规定，外部培训效果评价以取得培训合格证明或资格证书为依据。若为学术交流、学术会议性质的学习且无培训证明，则可由参加人员写出培训小结，由专业技术负责人做出评价。

实验室应建立人员培训档案，记录被培训者的培训经历。其内容包括培训对象、培训时间、培训教师、考核或评估结果等。

5.3.2　监督与改进

5.3.2.1　监督

《病原微生物实验室生物安全管理条例》中明确规定，县级以上地方人民政府卫生主管部门、兽医主管部门，应当主要通过检查反映实验室执行国家有关法律、法规、标准及要求的记录、档案、报告，切实履行监督管理职责，监督管理过程包括：①对病原微生物菌（毒）种、样本的采集、运输、储存进行监督检查；②对从事高致病性病原微生物相关实验活动的实验室是否符合该条例规定的条件进行监督检查；③对实验室或者实验室的设立单位培训、考核其工作人员以及上岗人员的情况进行监督检查；④对实验室是否按照有关国家标准、技术规范和操作规程从事病原微生物相关实验活动进行监督检查。

为确保实验室工作的顺利开展，生物安全实验室工作人员在从业期间，需受到资深实验人员或监督员的监督，监督员根据实验方法和要求、工作类型和工作量的不同，编制年度监督计划，其内容包括被监督人、监督项目、监督方式、完成情况等。监督方式应与所从事工作的性质相适应，可采取现场见证、结果审核、询问等方式进行。监督的频率、程度和范围应与工作人员的资格、经验、培训、能力表现和承担实验室工作的内容相适应。结合工作岗位，监督结束后，监督员应填写并保存相应的监督、评价记录，其监督结果将作为评价培训需求的依据。

5.3.2.2　改进

在监督过程中,当发现有任何不符合实验室所制定的安全管理体系(如标准、技术规范和操作规程)的要求时,监督员应及时向实验室负责人汇报,实验室管理层应按需要采取以下措施:①将解决问题的责任落实到个人;②明确规定应采取的措施;③只要发现很有可能造成感染事件或其他损害,就应立即终止实验活动并报告;④立即评估危害并采取应急措施;⑤分析产生不符合项的原因和影响范围,只要适用,就应及时采取补救措施;⑥进行新的风险评估;⑦采取纠正措施并验证有效;⑧明确规定恢复工作的授权人及责任;⑨记录每一不符合项及其处理的过程并形成文件。

5.3.3　考核及技术能力评价

《实验室　生物安全通用要求》(GB 19489—2008)中明确要求实验室应定期评价工作人员可以胜任其工作任务的能力;应按工作的复杂程度定期评价所有工作人员的表现,应至少每12个月评价1次。评价可通过考核的方式进行,考核是对培训结果、实验人员素质及工作态度、工作成果的检查,实验室应由专人负责考核工作,对其是否能从事某项工作任务进行能力评价并决定是否授权。

5.3.3.1　考核

1.考核内容

考核内容:思想政治表现,即工作人员应遵守的共同规范;根据岗位责任制和具体承担的任务进行考核,如所负责的仪器设备的维护、修理、利用率和完好率等情况;规定的学习计划完成情况等。

2.考核方式

实验室工作人员经过培训并通过相应考核后,才能进入实验室开展工作。考核方式可以多样化,如口试、笔试或操作技能考核等。操作技能考核可采用能力验证、内部质量控制、内外部审核以及人员监督等方式进行。考核内容主要有书面知识理解、现场操作、专业判断综合分析、言语表达和文字组织、实操技能与设备操作等。

(1)口试:以相互交流和询问的形式对接受培训的工作人员进行有关其职责范围内和质量体系相关知识的考核。

(2)笔试:以试卷的形式,对与实验室工作有关的法律和法规知识、仪器设备的维护及使用注意事项、法定计量单位等必须掌握的知识进行考核。

（3）操作技能考核：适用于上岗考核（如大型精密仪器设备使用者的上岗考核）、新开展工作项目评审考核。考核时，既可事先通知被考核人员，进行现场考核，也可通过内部校核的方法，在被考核人员不知情的情况下进行考核。

5.3.3.2 技术能力评价

根据所从事实验项目的要求，每半年或1年进行1次考核及技术能力评价，评价工作人员可以胜任其工作任务的能力，并将个人考核及技术能力评价的记录存入人员档案。

人员考核完成后，对考核合格者，确认其技术能力满足要求，能胜任其工作任务，颁发相应的合格证明，实验室负责人授权其从事相应实验活动的资格，准予上岗；对考核不合格者，限期重新培训，直至考核合格，在此期间不得参加相应范围内的工作；拒绝考核者，不得上岗。

5.4 人员健康管理

《病原微生物实验室生物安全管理条例》第三十五条[9]规定："从事高致病性病原微生物相关实验活动的实验室，还应当对实验室工作人员进行健康监测，每年组织对其进行体检，并建立健康档案；必要时，应当对实验室工作人员进行预防接种。"

实验室设立单位应当指定专门人员负责实验室感染预防控制工作。负责人应当具有与该实验室中的病原微生物有关的传染病防治知识，定期检查实验室的生物安全防护、实验室工作人员的健康管理、病原微生物菌（毒）种和样本保存与使用、安全操作、实验室废弃物处置等管理制度的实施情况；同时，应根据不同风险等级严格执行生物安全实验室工作人员健康监测和报告制度。

5.4.1 实验室人员体检制度

实验室设立单位的人事部门应制订实验室工作人员年度体检计划，并按时实施，及时将体检结果记入人员健康档案，根据需要也可进行临时性体检。实验室负责人应根据体检结果调整人员岗位，发现问题后，应及时采取有效的预防措施和治理措施。

调离岗位的工作人员在重新上岗前,必须进行体检;新从事病原微生物实验室技术的工作人员必须进行上岗前体检。体检指标除常规项目外,还应包括与准备从事工作有关的特异性抗原、抗体检测,体检合格后,建立健康档案并持证上岗,不符合岗位健康人员要求的工作人员不得从事相关工作。

实验室工作人员要在身体情况良好的情况下从事相关工作,发生发热、呼吸道感染、开放性损伤、怀孕等或因工作造成疲劳状态、免疫耐受及使用免疫抑制剂等情况时,需由实验室负责人同意后方可从事相关工作,但不宜从事与高致病性病原微生物相关的工作。

5.4.2　实验室人员免疫预防制度

实验室工作人员应根据岗位需要定时进行免疫接种和预防性服药,应接受适当的和实验室中处理或将要处理的与病原微生物有关的免疫接种或测试,如乙肝疫苗免疫接种等。根据所处理的病原,收集和储存适合于实验室工作人员和有关风险人员使用的血清样品。根据所处理病原微生物或设施的功能,应定期收集其他血清样品。当实验室发生意外事件或一般生物安全事故后,应尽可能采取有效的主动免疫和被动免疫措施,并将个人的适应证、禁忌证、过敏反应等情况记录在个人健康监护档案中。

对体检结果异常的人员,应随时进行必要的免疫接种或采取其他预防手段,并记录在个人健康监护档案中。

5.4.3　发生事故后的人员管理

(1)从事高致病性病原微生物相关实验活动的实验室必须制订实验室感染应急处置预案,并向卫生主管部门备案。

(2)实验室设立单位应当为接触可能造成重大公共卫生危害的病毒或细菌等病原微生物的实验室工作人员确定一家传染病专科医院或具有传染病预检分诊和消毒、隔离、防护等诊疗条件的综合医院,作为定点收治医院,并与收治医院签订救治协议。

(3)发生实验室意外事件或一般生物安全事故后,实验室工作人员应配合医务人员的医学观察、免疫接种或救治工作,若发现异常,则应临时调离岗位。临时调离岗位的人员在重新上岗前必须进行体检,体检达到相应的岗位健康要求后方可上岗。

（4）发生重大生物安全事故后，实验室工作人员除了配合医务人员的医学观察、免疫接种或救治工作外，同时还需要采取有效措施尽量控制人员感染范围。若发现异常，则应将相应的实验室工作人员临时调离岗位，在其重新上岗前必须进行体检，体检结果达到岗位健康要求后方可上岗。在此期间，实验室除了对相关人员做到相应的医疗救治外，还应注意当事人的心理健康问题，及时进行心理疏导。

5.5　外来人员管理

短期或临时进入实验室工作的外来人员（如实习生、进修生、科研合作单位人员等）普遍存在对新的实验室环境不熟悉、实验操作技能不熟练、生物安全自我防护意识薄弱等问题，这些问题可增加病原微生物的散播风险，导致实验室生物安全管理难度大[10]，因此，应将外来人员作为生物安全实验室重点人群进行管理[11]。

5.5.1　岗前培训

当外来人员进入实验室时，实验室负责人可根据工作需要对其进行实验室环境、生物安全管理体系、仪器设备使用、相关生物安全操作技术等方面的培训、考核。考核不合格者，不得进入实验室开展实验活动；对考核合格者，应指定专人带教或进行监督，确保他们规范开展各项工作。

5.5.2　健康管理

在外来工作人员进入实验室前，应了解其健康状况，必要时，应安排其进行临时性体检。

5.5.3　过程管理

外来人员只能在允许的实验功能区域开展实验活动，并自觉做好个体防护，同时应严格遵守实验室管理制度、仪器设备操作规程，避免生物安全事故的发生。过程管理主要体现在以下几个方面。

5.5.2.1 遵守规章制度

不得在实验区域内从事与实验无关的活动,如办公、吸烟、进食等;未经带教老师或实验室负责人允许,原则上不得单独开展实验操作,包括独自开展涉及有毒有害、易燃易爆、放射性物质及特种设备的实验操作。

5.5.2.2 遵守操作规程

外来人员不得在实验室以外区域穿着白大褂、戴着手套活动,不得用戴手套的手触摸电梯按钮、走廊护栏等公共区域的物品表面;上、下楼层运送实验样本或试剂时,应通过货物电梯运送,将容器盖子盖紧并放入专用转运箱内,注意防止溢洒;应从污物通道(污物电梯)运输实验废弃物、污物,不得擅自排放、丢弃未经处理的有毒有害的实验废弃物。

(黄 江 王启燕 叶 懿)

参考文献

[1] 叶冬青.实验室生物安全[M].3 版北京:人民卫生出版社,2020.

[2] 国家认证认可监督管理委员会.《检验检测机构管理和技术能力评价 授权签字人要求》:RB/T 046—2020)[S].北京:中国标准出版社,2020.

[3] 公安部.生物安全领域反恐怖防范要求 第1部分:高等级病原微生物实验室:GA 1802.1—2022[S].北京:中国标准出版社,2022.

[4] 国家质量监督检验检疫总局,中国国家标准化管理委员会.实验室 生物安全通用要求:GB 19489—2008[S].北京:中国标准出版社,2008.

[5] 国家卫生和计划生育委员会.病原微生物实验室生物安全通用准则:WS 233—2017[S].北京:中国标准出版社,2017.

[6] 汪芳,叶恭银.西悉尼大学生化类实验室安全管理调研与思考[J].实验室研究与探索,2020,10(39):149-151.

[7] 章欣,李长彬,刁天喜.美国高等级生物安全实验室的人员管理[J].人民军医,2016,7(59):676-678.

[8] 夏菡,黄弋,马海霞,等.美国高等级生物安全实验室人员培训体系及其启示[J].实验室研究与探索,2019,12(38):252-255.

［9］国务院.病原微生物实验室生物安全管理条例［EB/OL］.(2018 – 03 – 19)［2023 –
12 – 30］.https://www.mee.gov.cn/ywgz/fgbz/xzfg/202303/t20230316_1019776.
shtml.

［10］张倩,常凯,陈颖,等.我国生物安全实验室管理体系发展历程及思考［J］.中国
动物检疫,2023,(11):30 – 34.

［11］顾华,翁景清.实验室生物安全管理实践［M］.北京:人民卫生出版社,2020.

第 6 章
实验室生物安全教育及文化建设

实验室生物安全教育(laboratory biosafety education)及实验室生物安全文化建设(laboratory culture development)在现代生物科学研究中具有至关重要的地位。它不仅属于法律、法规的范畴,更是一种责任和义务[1],旨在确保我们的科学研究在安全和伦理的框架内进行,以保护研究人员、环境及样本。本书第 5 章详细介绍了实验室内人员培训的重要性和实施方法,着重于提升实验室工作人员的生物安全知识和操作技能水平。实验室生物安全的维护和提升不应局限于实验室内部人员的培训,而需要通过更广泛的全面教育活动来扩展到实验室外的相关人员,从而产生更为广泛和深远的影响。

实验室生物安全教育为实验室工作人员的安全和各类操作规范提供保障,同时还关乎外部人员的监管和社会责任,确保实验室的可持续性;而实验室生物安全文化建设对于实验室环境和氛围的塑造至关重要,它能鼓舞每位实验室工作人员积极参与并致力于生物安全的维护,不仅能提高实验室的整体效率,还能为巩固生物安全打下坚实基础。安全高效的教育管理体系及优质的安全文化能有效规避人为因素所致的安全隐患及事故[2],进一步提升我国生物安全实验室的管理水平,促进实验室的可持续发展。

本章将展开描述如何通过教育活动,向实验室工作人员、访客、学生以及与实验室合作的外部机构和个人传授生物安全知识;将探讨如何通过教育活动培育和强化实验室相关人员对生物安全的责任感,以及如何通过正面的激励机制和文化建设活动促进生物安全实践的积极发展和持续改进;将着重讨论如何建立共享的安全价值观、促进开放和透明的沟通渠道,进而建立一个不仅重视生物安全技能和知识,而且重视安全态度和行为的实验室环境,为实现高效、创新且安全的科研活动奠定坚实基础。

6.1 实验室生物安全教育的形式与措施

生物安全教育既是保障实验室生物安全的一个核心要素,也是生物安全计划[3]的关键组成部分,更是培养生物安全意识和行为的根本举措。采用适当的教育形式与措施可以有效传授生物安全知识,培养生物安全意识,保护教育对象,减少潜在风险,降低安全事故发生率。

6.1.1 形式

生物安全教育形式包括理论形式和实操形式 2 个方面:理论形式提供了必要的背景知识,使学员能够更全面地理解生物安全的重要性和实践方法;实操形式强调实际技能的培训,可帮助学员在实验操作中保持高度警觉和遵循规则[4]。这两者相辅相成,共同构建了强大的生物安全教育体系。

6.1.1.1 理论形式

理论形式的生物安全教育注重知识的传授和理解,强调生物安全的相关理论和原则。这种形式包括课堂教育、在线培训、研讨会和阅读资料等,旨在传达生物安全的基本概念、法规要求、风险评估和应急计划等方面的知识。理论教育有助于学员理解生物安全的原理,认识潜在风险,进而采取适当措施来预防和应对生物风险。

6.1.1.2 实操形式

实操形式的生物安全教育侧重于实际操作和技能培训。这种形式包括样本的处理、实验室设备的正确使用、应急措施等实际操作方面的训练。实操课程通常包括模拟实验、演练和练习等,可确保学员能够在实验室环境中正确、安全地执行任务。这种形式有助于帮助学员掌握操作技能,提高生物安全实践水平。

6.1.2 措施

生物安全实验室可根据需要,选择多种教育措施,对生物安全知识进行全面输出。实验室生物安全教育的措施如表6.1所示。

表 6.1 实验室生物安全教育的措施

措施	简介
专题讲座	通常由实验室具体领域的有资深经验的工作人员作为主讲人,就某一专题进行授课,适用于传授基础知识或基本理论,是一种快速且高效的教育手段
研讨会	将实验室部分目标人群聚集在一起,进行经常性的会议,要求在场的每个人都参与研讨。每次会议集中在某个特定的主题上。通常针对实验室生物安全具体主题提出问题,并通过研讨得到论证
实操演示/演练	通过动手实践加强学员的知识和技能水平,包含从进入实验室、开展实验工作、处理废弃物到离开实验室等各个流程的实操演示。一般由有资质的培训人员主导进行演示,随后学员进行实践练习
专项考试	通过书面测试、实践评估等手段,检测培训对象对具体知识或技能的掌握程度
模拟学习	利用实验室环境或科学技术,创造高度仿真的教学环境。实现方式有虚拟仿真(VR)模拟实验室、模拟实验室、角色扮演等。模拟学习适用于对实验室新员工、实验室新入室人员或新实验操作方法等的培训
纸质学习	通过纸质媒介,如相关书籍、各类手册、各类体系文件、程序文件、病原体安全数据表(PSDS)、宣传海报等,传授生物安全知识
新媒体学习	将实验室生物安全知识转化为多媒体呈现方式,借助新媒体渠道分发,如用短视频、纪录片、博客、网络文章等形式,在新媒体平台(如微信公众号、微博、OA系统等)上发布,是更具传播力的教育方式,适用于科普性、通识性生物安全教育
悬窗展板	通过悬窗、展板、LED显示屏、易拉宝等方式在实验室实体空间内传授生物安全相关知识,通常针对实验室各类访客,用于进行法律、法规、标准、制度等的教育
趣味学习	通过在实验室举行知识竞赛、有奖征集、团建游戏等方式,将生物安全知识通过有趣且高效的方式进行传播,有利于提高学员的学习积极性

6.2 实验室生物安全教育模块

实验室生物安全教育的内容设置分为两大模块：基于信息的知识模块（knowledge modules）和基于行为的技能模块（skills modules）[5]。

6.2.1 知识模块

6.2.1.1 生物安全法律、法规知识

遵守生物安全相关法律、法规是所有实验室工作、支撑、管理或监督人员的共同责任。实验室工作人员应遵守国家生物安全相关法律、法规及依据法律、法规制定的政策和程序等。

6.2.1.2 实验室生物安全的基础知识

实验室工作人员应掌握生物安全实验室的通识性知识，如生物安全要求、生物安全实验室分级、不同级别生物安全实验室的设计原则与规范、生物安全关键防护设备的基础知识等。

6.2.1.3 设备运维的基础知识

实验室工作人员应掌握实验室支撑设备及生物安全关键防护设备的原理、操作与维护方法、注意事项、风险点、可能出现的故障及应急处置预案等基础知识。

6.2.1.4 实验操作的基础知识

实验室工作人员应掌握与病原微生物实验的相关基础知识。这些基础知识主要包括：病原微生物菌（毒）种的分类、致病性、传播方式和预防措施等，感染性物质的消毒、灭菌及废弃物的处理、运输等；感染实验动物模型构建、攻毒方式、检测方式，动物隔离笼操作，动物逃逸应对措施，动物废物净化和处理，动物尸体处理和动物福利等。

6.2.1.5 实验室危险化学品知识

实验室工作人员应掌握实验室中使用的各种危险化学品制剂或毒素相关的危害、风险暴露时应遵循的报告程序，了解处理制剂或毒素的风险、可能导致的疾病的迹象和症状、危险化学品接触途径等。

6.2.1.6 实验室管理体系知识

实验室工作人员应熟悉实验室管理体系文件和手册，如各类程序文件、过程文件、

风险评估文件等,熟悉实验室的组织架构、管理与职能框架等。

6.2.2　技能模块

6.2.2.1　实验技能

实验室工作人员应按照实验 SOP 熟练掌握相关实验技能,如具体的科研仪器的使用、锐器的使用和处置、细胞实验基本操作技能、动物实验基本操作技能等。

6.2.2.2　实验室设施设备的安全使用

实验室工作人员应掌握设备的正确使用和维护、认证和密封验证、设备故障或失灵时应遵循的程序。首先,应熟悉个体防护装备的安全使用,如所提供的保护级别、个体防护装备完整性的检查,正确穿戴实验室防护服、手套以及面部、眼部和呼吸道个体防护装备等;其次,应熟悉各类生物安全关键防护设备的安全使用,如生物安全柜、正压服、生命支持系统、化学淋浴、高效空气过滤器单元、气密门、污水处理等设备的原理以及正确使用和维护的方法[6]。

6.2.2.3　实验室感染控制

实验室工作人员应掌握实验室消毒、灭菌以及废弃物处理的基本操作方法,接受与职位和职责有关的医疗监测要求的信息和培训,包括入职要求、定期健康评估、疫苗接种要求、呼吸器适应性测试以及血清监测等。

6.2.2.4　实验室生物安保

实验室工作人员应掌握生物安保的防护、应对和管理措施,以及防止生物安全实验室内部有价值的生物材料被盗、丢失或滥用的方法;掌握物理安全要素(如安全摄像机、密码锁、感应读卡器等)、保密的信息技术(如储存器、库存数据和实验室笔记本等)以及识别未知或可疑人员等。

6.2.2.5　实验室应急与救治措施

实验室工作人员应掌握各类应急事件响应程序,如泄漏响应、紧急疏散、极端天气、停电、气流中断、通信系统故障、医疗紧急情况、暴露响应、防护设备失效等应急事件的应对和救治程序。

6.2.3　人员教育模块分类对照

高效的生物安全教育需要考虑目标受众的特点,进而开展有针对性的教育培训。

因此,不同类别的培训对象需要参加不同的教育模块。根据教育对象分类,可对其教育模块进行相应的分类设定(表6.2)[7]。

表6.2 不同对象的教育模块分类

教育模块		实验室内部人员			实验室外部人员		
		管理人员	实验人员	支撑人员	研究学习人员	设立机构相关管理人员	公众
知识模块	生物安全法律、法规	●	●	●	●	●	○
	实验室生物安全基础知识	●	●	●	●	●	●
	实验基础知识	●	●	○	●	○	○
	实验室危化品知识	●	●	●	●	○	○
	实验室安全管理体系知识	●	●	●	○	●	○
技能模块	实验技能培训	○	●	○	●	○	○
	实验室设施设备的安全使用	●	○	●	○	○	○
	实验室感染控制	●	●	●	●	●	○
	实验室生物安保	●	●	●	●	●	○
	实验室应急与救治措施	●	●	●	●	●	●

注:●为必须完成的模块;○为推荐完成的模块。

6.3 实验室生物安全教育方案

根据不同的实验室生物安全教育模块,需要有针对性地制订不同的教育方案。制订一个符合同时满足实验室和培训对象需求的教育方案一共需要以下七步。

6.3.1 第一步:教育需求分析

6.3.1.1 确定教育对象

第一,明确定义教育对象的群体分类,如实验人员、学生、研究人员、外来人员等;第二,收集有关教育对象的基本背景信息,如教育程度、工作经验、实验室职责和特殊要求等。这些信息有助于了解教育对象的先前知识和技能水平。

6.3.1.2　进行需求调查并确认教育模块

通过问卷调查、面谈、焦点小组讨论或在线调查等方法分析教育对象缺少或需要的教育模块,收集教育对象的意见和反馈,并对其进行分析,根据教育对象的主要需求,确定对应的教育模块。

6.3.1.3　制订教育目标

基于需求分析的结果,制订具体的、可衡量的教育目标。教育目标包括但不限于知识的提升、技能的培养和安全实践的改善等。

6.3.2　第二步:制订教育计划

生物安全阶段性教育[8]包括初步沟通交流、生物安全通识教育、实验室相关教育、职位相关教育4个阶段(图6.1)。教育计划需根据这4个阶段层层递进,并从时间和知识广度上进行制订:从时间上确定教育的日期和频率;从知识广度上确定每次教育的阶段层级。

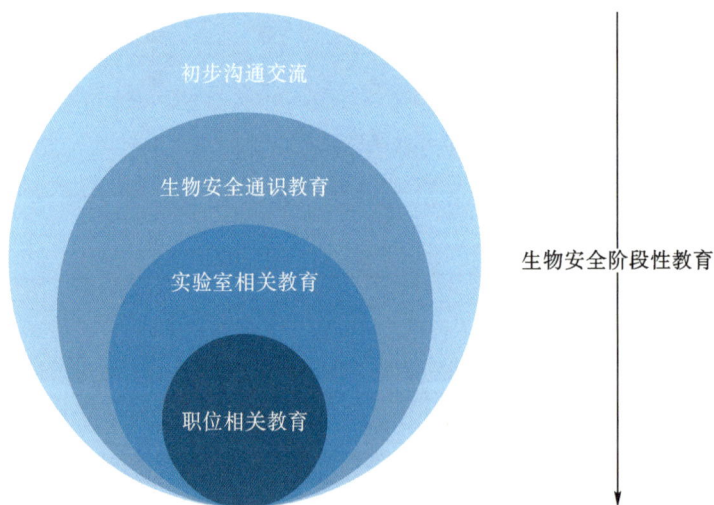

图6.1　实验室生物安全阶段性教育

6.3.3　第三步:课程选择或课程设计

指定教育内容,即确定每次教育的主题,并选择恰当的教育形式和教育措施(表6.1),保证教育内容必须是全面的,能够有效地传递预期的知识和技能。

6.3.4　第四步:课程实施

准备教材、手册、课程笔记和其他教育资源,以支持教育对象的学习过程。应确保材料清晰、易于理解,并与课程内容一致。邀请具有丰富知识储备和实践经验的生物安全从业人员担任课程主讲人或者课程顾问,确保课程的安全性、准确性,并提供学习支持和咨询服务,以帮助教育对象解决学习中的问题和困难。

6.3.5　第五步:教育记录

教育记录指的是在每次课程或培训结束时,通过多种方式,如录音、录屏、会议纪要、签到表等手段,将教育过程和对象的相关信息详细记录下来,并将这些记录存档,以便日后查阅和核对。这些记录对于监督和评估教育活动的质量以及跟踪学员的学习进展来说至关重要。

6.3.6　第六步:教育效果评估

通过结构化问卷、书面测试、口头测试等方式对教育内容和课程材料等的质量、教育方法的适宜性等方面进行评估,借此评估培训的效果和效率,进而确定总体教育目标是否实现,并衡量实现的程度。

6.3.7　第七步:教育计划与方案修订

针对上一步的评估结果持续制订教育模块和实施改进措施,并对教育计划进行周期性评估,以提高教育计划的效果,此外,随着生物安全技术的发展,法律、法规的更新等,需要不断修订教育方案。

6.4　实验室生物安全文化体系

生物安全文化是一个多维度的概念,是实验室管理的重要组成部分,受到其成员的共同态度、信念和实践的影响,本节将从学术角度和实践经验角度介绍实验室生物安全文化的基本概念、实验室生物安全文化体系的组成要素和内容。

6.4.1　生物安全文化的基本概念

安全文化作为一个学术概念,起源于对组织行为和风险管理的研究,尤其是在核电、航空和化学制造等高风险行业。1986 年,切尔诺贝利核灾难发生后,"安全文化"一词被广泛使用,凸显了组织行为和态度在预防事故和确保安全方面的关键作用。国际原子能机构(IAEA)在定义和推广安全文化概念方面发挥了重要作用。1991 年,国际原子能机构的国际核安全咨询组(INSAG)发表了一份名为《安全文化》的报告,首次规范了"安全文化"的概念,将"安全文化"描述为组织和个人的特征和态度的集合体[9]。尽管这一定义最初是在核安全的背景下提出的,但安全文化的核心原则后来已被应用于各个领域。其基本思想是,安全不仅是个人行为或技术保障措施的产物,更是组织内价值观、信念、行为和规范的体现。

实验室生物安全文化(biosafety culture)作为安全文化的一个分支,在 WHO《实验室生物安全手册》(第 4 版)第 7 节《生物安全计划管理》中被定义为"一个机构中的所有个体在开放和信任的环境中灌输和促进形成的一套价值观、信念和行为模式,旨在共同支持或加强实验室生物安全的最佳实践[10]"。生物安全文化的建设旨在让从事生物技术研发和活动的人员认同实验室生物安全工作的重要性,并积极参与实验室的生物安全工作,以降低实验室的安全风险,减少生物安全事件的发生。

6.4.2　实验室生物安全文化体系的组成要素和内容

6.4.2.1　实验室生物安全文化体系的组成要素

实验室生物安全文化体系是一套旨在确保生物安全和生物安保的实践体系,这一体系强调机构和个人在生物安全方面的责任感和承诺,以及在日常操作中实施安全措施的重要性。借助 IAEA 开发的安全文化的综合模型,可以建立生物安全文化体系。该模型强调安全的系统性及其对组织和个人行为的约束性。该模型的原则广泛适用于包括生物安全在内的各种高风险领域。以下是根据 IAEA 模型的文化要素总结的实验室生物安全文化体系的组成要素[11]。

1. 决策和行为的原则

决策和行为的原则是指强调与生物风险管理有关的指导决策和行为的原则。其组成要素包括但不限于:①生物风险管理教育和培训;②社会责任、研究伦理和对应的教育和培训;③行为守则。

2. 管理系统

生命科学领域的生物安全、生物安保和责任行为的组织文化包括组织内的政策、流程、程序和计划,将对生物风险管理职能产生重要影响。其组成要素包括但不限于:①政策、项目、结构和自我管理;②安全文化管理;③基于能力的培训体系。

3. 信念和态度

实验室应定期评估对生物安全和生物安保的信念和态度,并通过培训和教育予以加强。其组成要素包括但不限于:①提高对与生物安全实验室工作有关风险的认知能力(如意外暴露、感染或释放;盗窃与滥用;其他,如网络安全、辐射/化学/物理安全和安保);②进一步了解与生命科学研究、开发和相关技术有关的伦理、法律、社会问题及后果;③强调实验室质量管理;④确保遵守法规、政策、指南和程序。

4. 组织与个人行为

组织与个人行为,即旨在促进更有效生物风险管理的具体行为和行动模式。其中组织行为的组成要素包括但不限于:①目标;②决策;③监督;④有效沟通;⑤激励。个人行为(管理系统运作的预期结果)的组成要素包括但不限于:①职业操守;②遵守经批准/核准的程序准则和研究方案;③团队精神与合作;④警惕性。

根据IAEA开发的模型改编的实验室生物安全文化的组成要素见图6.2。

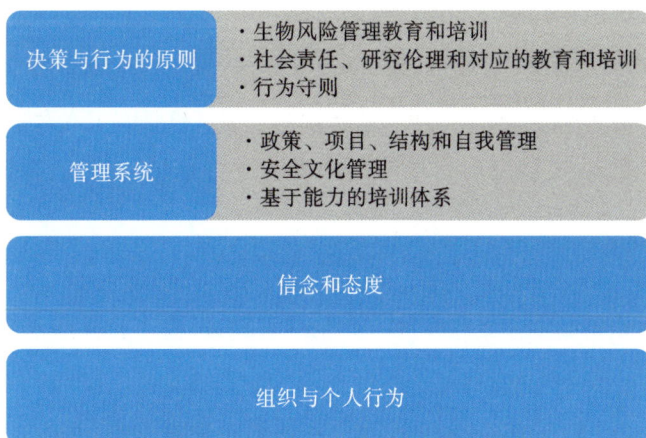

决策与行为的原则	·生物风险管理教育和培训 ·社会责任、研究伦理和对应的教育和培训 ·行为守则
管理系统	·政策、项目、结构和自我管理 ·安全文化管理 ·基于能力的培训体系
信念和态度	
组织与个人行为	

图6.2 根据IAEA开发的模型改编的实验室生物安全文化的组成要素

6.4.2.2 实验室生物安全文化体系的内容

实验室生物安全文化体系的建设是一个全面的过程,根据上述的实验室生物安全文化体系的组成要素,可将实验室生物安全文化体系分为物质文化、制度文化和行为文化3个关键层面[12]。这些关键层面共同构成了一个强大的生物安全文化框架(图6.3)。

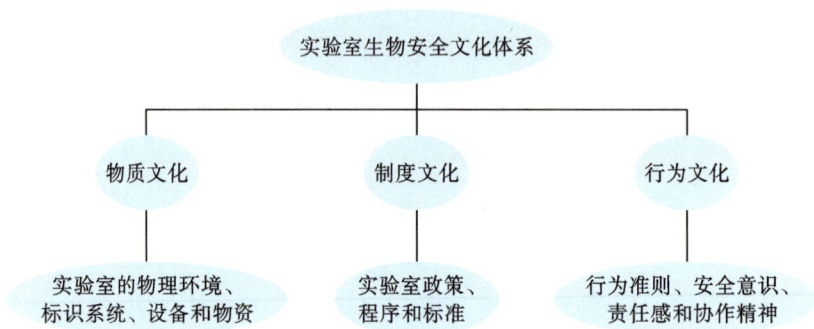

图 6.3　实验室生物安全文化体系的内容

1. 物质文化

物质文化为实验室的物理环境、标识系统、设备和物资等,这些是实施生物安全措施的基础。

(1)实验室的设计与设施:实验室应按照生物安全要求设计,包括醒目的标识系统、适用的生物安全柜、隔离区和污染控制设施。

(2)安全设备与个体防护装备:实验室应提供必要的安全设备和个体防护装备,如手套、护目镜、防护服,以确保工作人员在处理生物材料时的个人安全。

(3)维护与清洁:实验室应定期对设施设备进行维护和清洁,预防污染和交叉污染。

2. 制度文化

制度文化强调实验室建立和维护一套完整的政策、程序和标准,以指导实验室的生物安全实践。

(1)生物安全政策与程序:制订明确的生物安全管理手册、安全手册和操作程序等体系文件,涵盖从风险评估到废弃物处理所有实验室活动。

(2)培训与教育:实施定期的生物安全培训和教育计划,确保实验室所有人员理解并遵守生物安全标准和最佳实践。

（3）监督与评估：建立监督与评估机制，定期检查生物安全措施的执行情况，识别和解决问题。

3. 行为文化

行为文化关注个人和团队的行为准则，强调安全意识、责任感和协作精神，重视持续改进相关问题。

（1）安全意识与责任感：培养强烈的安全意识和个人责任感，鼓励工作人员积极参与生物安全实践，主动报告安全隐患。

（2）沟通与协作：促进开放和有效的沟通，建立团队之间的良好协作关系，共同解决生物安全挑战。

（3）持续改进：鼓励创新和持续改进的态度，不断寻求提高生物安全水平的方法。

通过在这 3 个关键层面上采取综合措施，实验室可以构建和维护一个强大的生物安全文化体系，不仅可提升生物安全实践的效率和有效性，还可形成一个支持性的工作环境，使每位工作人员都能致力于实现实验室最高的生物安全标准。这样的体系有助于预防生物危害事件的发生，保护样本、工作人员和公众的健康及安全。

6.5　实验室生物安全文化建设

在当今日益增长的生物技术进步和广泛应用的背景下，实验室生物安全文化的建设显得尤为重要。它不仅关系到实验室个体的健康安全，而且关系到公共卫生与环境保护的大局。生物安全文化是一种深植于实验室每个成员心中的价值观，它超越了简单遵守规章制度的层面，体现为一种主动识别、评估并控制生物风险的行为习惯和工作态度。这种文化的核心在于培养每位工作人员的责任感，使其在日常工作中时刻警觉，主动采取措施预防可能的生物安全事故[13]。

实验室生物安全文化建设是实现实验室生物安全管理的基石，它要求从管理层到其他人员都要深刻理解生物安全的重要性，将其融入日常工作的每个细节中，强调通过教育、培训、日常管理和激励机制等多种手段，形成一种全员参与、自我强化的良好生物安全氛围。在这样的文化引导下，实验室内部能够建立起一套高效的生物安全管理体系，从而有效地预防和控制生物风险，保护样本、人员、环境的健康与安全。因此，加强实验室生物安全文化建设,不仅是提升实验室工作效率和科研成果的必要条件,而且是维护社会公共卫生安全的重要举措[14]。

实验室生物安全文化建设不是一蹴而就的,它需要长期、系统地进行。通过意识、制度、计划、目标及奖惩制度5个核心要素的综合应用,可以为实验室生物安全文化建设提供有效的方法和策略。

6.5.1　培养实验室生物安全意识

实验室要从精神层面上树立生物安全信念,培养生物安全意识,通过持续的教育和培训,提高实验室工作人员的生物安全意识和技能,确保每位工作人员都能够理解和掌握最新的生物安全知识和技术,通过在线上线下各个渠道举办生物安全文化活动等方式,在实验室运行的各个方面实现生物安全文化,营造安全文化氛围等。侧重宣扬社会责任、研究伦理,树立对生物安全的信念和态度,形成一种独特的实验室文化元素。

6.5.2　完善实验室生物安全管理制度

实验室管理层必须充分认识到实验室生物安全文化建设的重要性,从顶层设计入手[15],制订全面的生物安全管理制度,明确安全目标,并将其融入实验室的每个层面,从制度上进行生物安全管理,通过法律、体制和机制的结合引领生物安全文化。第一,实验室应时刻遵守国家的生物安全法律、法规、标准、规范等;第二,实验室应建立生物安全管理制度和标准化操作规程,做到有法可依、有章可循、规范操作,让工作人员在制度的约束中自觉形成生物安全意识。

6.5.3　实施实验室生物安全行动计划

缜密的生物安全计划可以确保实验室生物安全工作有条不紊,从而更容易实现良好的实验室生物安全文化建设和持续发展。实验室安全行动计划需要每位工作人员的参与,由实验室负责人主导,各个岗位的工作人员一起进行调研和总结,开发、改进行动计划方案,保障实验室将行动计划落到实处。实验室可从"人、机、料、法、环"这5

个关键要素出发,制订具有本质化、匹配和可控性特征的生物安全文化建设的长期和短期规划。这样的规划应结合实验室的实际情况,旨在避免仅仅为了形式而进行的短期措施,确保实验室生物安全文化建设既科学,又实用。通过将长期目标与阶段性目标相结合,实验室可以开发出一套科学的生物安全思维和行为模式,同时可采用 PDCA 理论(图 6.4)建立一套有效的监督和评估机制,对工作人员的安全行为进行定期评估,在实践中不断进行优化和完善,可持续提升生物安全文化的有效性。

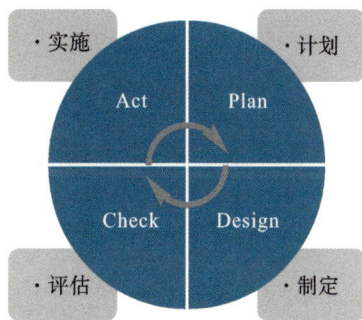

图 6.4　PDCA 理论

6.5.4　设立实验室生物安全运行目标

设立实验室生物安全运行目标是推进实验室生物安全文化建设的重要一环。这些目标不仅为实验室提供了明确的安全方向和标准,而且有助于增强实验室工作人员的安全意识,促进生物安全实践的持续改进和优化。实验室生物安全运行目标应具有全面性,全面覆盖生物安全的各个方面,同时确保目标既明确、具体,又具有可度量性,以便于监控进展和评估成效。这些目标需要设置在可达成的前提下,以确保它们既富有挑战性,又实际可行,避免使工作人员感到挫败。重要的是,实验室生物安全运行目标应着重于对提高实验室生物安全水平至关重要的方面,并考虑其可持续性,确保通过教育与培训、沟通与交流、监督与评估,以及定期的反馈与改进机制,长期维持和提升生物安全标准。这样不仅可提升工作人员的安全意识和实践能力,还可促进形成一个开放、互助和持续改进的安全文化氛围,为实现高效且安全的实验室环境奠定坚实基础。

6.5.5　制订实验室生物安全奖惩制度

加强生物安全文化的建设需要营造一个开放、互助的工作氛围。鼓励工作人员之间进行沟通和交流,共享生物安全经验和最佳实践,不仅有助于提升个体的安全技能,而且有助于增强团队的凝聚力和整体的安全表现。通过实行奖励制度来表彰那些在生物安全管理中表现出色的个人或团队,也是强化生物安全文化的一个有效手段——对生物安全先进事迹、先进人物进行弘扬与奖励,鼓励工作人员在其实验室的生物安全工作中发挥积极作用,同时对生物安全隐患及事故的当事人和责任人进行通报和惩罚,杜绝同类事件的再次发生。实验室通过奖惩制度将约束作用、引导作用、激励作用有机结合起来,有助于形成相辅相成的运作机制。

(廖林川　林静雯　赵娅君)

参考文献

[1] 全国人民代表大会常务委员会.中华人民共和国生物安全法[EB/OL].(2020 – 10 – 18)[2023 – 12 – 30].https://www. gov. cn/xinwen/2020 – 10/18/content _ 5552108. htm.

[2] WHO. Biorisk management:Laboratory biosecurity guidance[R/OL] Geneva:World Health Oganization,2006. www. who. int/entity/esr/resources/publications/biosafety/ WHO_CDS_EPR_2006_6. pdf.

[3] 黄吉城,师永霞,夏菡.高等级病原微生物实验室人员培训参考用书[M].广州:华南理工大学出版社,2020.

[4] HOMER L C,ALDERMAN T S,BLAIR H A,et al. Guidelines for Biosafety Training Programs for Workers Assigned to BSL – 3 Research Laboratories[J]. Biosecurity and bioterrorism,2013,11(1),1 – 19.

[5] BETTY MURIITHI,MARTIN BUNDI,AMINA GALATA,et al. Biosafety and biosecurity capacity building:Insights from implementation of the NUITM – KEMRI biosafety training model[J]. Tropical medicine and health ,2018,46(1),30 – 30.

[6] HAN XIA,YI HUANG,HAIXIA MA,et al. Biosafety level 4 laboratory user training

program,China[J]. Emerging infectious diseases,2019,25(5),e1 – e4.

[7] YI HUANG,JICHENG HUANG,HAN XIA,et al. Networking for training Level 3/4 biosafety laboratory staff[J]. Journal of Biosafety and Biosecurity,2019,1(1),46 – 49.

[8] LE DUC J W,KEVIN ANDERSON,MARSHALL E BLOOM,et al. Framework for leadership and training of biosafety level 4 laboratory workers[J]. Emerging infectious diseases. 14 (11), 1685 – 1688.

[9] INSAG. Safety culture:a report by the International Nuclear Safety Advisory Group [M]. Vienna:International Atomic Energy Agency,1991.

[10] 世界卫生组织. 实验室生物安全手册[EB/OL]. 4 版. (2020 – 03 – 27)[2023 – 12 – 30]. https://www. chinacdc. cn/lac/gzzd/gwfgbz/202003/t20200327_215579. htm.

[11] DANA PERKINS,KATHLEEN DANSKIN,A ELISE ROWE,et al. The culture of Biosafety, biosecurity, and responsible conduct in the Life Sciences:A Comprehensive Literature Review[J]. Applied Biosafety,2018,24(1):34 – 45.

[12] 武桂珍. 实验室生物安全能力建设[M]. 北京:清华大学出版社,2023.

[13] 赵赤鸿,刘艳,李晶. 走进生物安全[M]. 北京:科学出版社,2021.

[14] 侯德俊,张社荣,张磊,等. 依托实验室安全文化建设提升实验室安全工作水平 [J]. 实验技术与管理,2014,31(6):9 – 11,26.

[15] 贾晓娟,刘文军. 我国生物安全文化建设的对策研究[J]. 中国科学院院刊,2016, 31(4):445 – 451.

第 7 章
生物安全实验室的设施设备及环境管理

实验室的生物安全防护是指为了避免实验室中有害的或潜在有害的生物因子对人、环境和社会造成危害和潜在危害而采取的防护措施和管理措施。生物安全因子防护措施分为四级,一级防护水平最低,四级防护水平最高;应依据不同的防护级别配备相应的生物安全防护设施设备等[1]。生物安全防护设施设备是实验室生物安全防护中的物理防护方式,包括由生物安全柜和个体防护装备等构成的一级防护屏障及由实验室设施结构和通风系统等构成的二级防护屏障[2]。通过正确选择和规范使用生物安全柜、灭菌器等安全设备,结合个体防护装备的使用,旨在保护实验室工作人员免于暴露在实验室感染性物质中,避免实验室感染,实现实验室生物安全管理。本章将重点介绍实验室生物安全防护涉及的风险评估、基本要求、设施设备管理及环境管理。

7.1 实验室生物安全风险评估

当实验活动涉及致病性生物因子时,实验室须进行风险评估。风险评估既包括病原微生物危险度评估,也包括实验室本身或相关实验室已发生事故的分析、设施和设备等相关风险的分析[3]。在对某一个实验或特定的操作进行危险度评估时,最重要的是专业判断。危险度评估应由对所涉及的微生物特性、设备和规程、动物模型及防护设备和设施最为熟悉的人员来进行。实验室或项目负责人应确保进行充分和及时的危险度评估,同时也有责任与所在机构的安全委员会和生物安全工作人员密切合作,以确保有适当的设施设备来进行相关研究工作。

在通过危险度评估工作来确立适当的生物安全防护水平时,要考虑危险度等级以及一些其他因素。例如,对归入危险度2级的微生物因子进行安全工作时,通常需要选择具备二级生物安全防护水平的设施、仪器、操作和规程。但是,当特定实验需要产生高浓度的气溶胶时,因为三级生物安全防护水平对实验工作场所内气溶胶实施更高级别的防护,所以更适于提供必需的生物安全防护。因此,在确定所从事特定工作的生物安全防护水平时,应根据危险度评估结果来进行专业判断,不应单纯根据病原微生物所属的某一危险度等级来机械地确定所需的实验室生物安全防护水平。风险评估的目的在于认识风险来源与风险特征,帮助操作者正确选择合适的生物安全防护水平,制订相应的操作程序,采取相应的安全防护措施,减少或避免实验室风险的发生,防止实验室相关感染及其严重后果的发生[4]。

7.2 实验室生物安全防护的基本要求

生物安全实验室建设的基本思路是防止病原微生物污染。在保护外环境方面,较高级别的生物安全实验室设计采用"盒中盒"结构,最里面的房间为核心工作间。对实验室排出的空气采用高效空气过滤器过滤,对实验室废弃物移出前进行消毒、灭菌处理。在实验人员保护方面,采用生物安全柜及其他个体防护装备(如口罩、帽子、护目镜、手套、防护服等)进行防护。在保护被检样品方面,主要通过装备兼具洁净功能的生物安全柜和实验人员的无菌操作技能来实现。

根据实验活动的差异、采用的个体防护装备和基础隔离设施的不同,可将实验室分为以下几种类型:①操作通常认为非经空气传播致病性生物因子的实验室;②可有效利用安全隔离装置(如生物安全柜)操作常规量经空气传播致病性生物因子的实验室;③不能有效利用安全隔离装置操作常规量经空气传播致病性生物因子的实验室;④利用具有生命支持系统的正压服操作常规量经空气传播致病性生物因子的实验室。在实际工作中,应依据国家相关主管部门发布的《人间传染的病原微生物目录》,在风险评估的基础上确定实验室的生物安全防护水平。

实验室的选址、设计和建造应按照国家和地方环境保护和建设主管部门等的规定和要求进行。BSL-1实验室与BSL-2实验室可共用建筑物;BSL-3实验室与其他实验室可共用建筑物,但必须自成一区;BSL-4实验室必须远离市区。实验室的防火和安全通道设置应符合国家消防相关规定,同时考虑生物安全的特殊要求;实验室的安全保卫应符合国家相关部门对该类设施的安全管理要求;实验室的建筑材料和设备等应满足国家相关部门对该类产品生产、销售和使用的规定。实验室的设计应保证将生物、化学、辐射和物理等危险源的防护水平控制在经过评估的可接受程度,为关联的办公区和邻近的公共空间提供安全的工作环境及防止危害的环境。

动物实验室的生物安全防护设施还应考虑对动物的呼吸、排泄、毛发、抓咬、挣扎、逃逸,以及动物实验(如染毒、医学检查、取样、解剖、检验等)、动物饲养、动物尸体及排泄物的处置等过程产生的潜在生物危险的防护。实验室应根据动物的种类、身体大小、生活习性、实验目的等选择具有适当防护水平的和适用于动物的饲养设施、实验设施、消毒灭菌设施和清洗设施等,并确保不会循环使用动物实验室排出的空气。动物实验室的设计(如空间、进出通道、解剖室、笼具等)均应考虑到动物实验及动物福利的要求。此外,动物实验室还应符合国家有关实验动物饲养设施标准的要求。

7.3　实验室生物安全防护的设施设备管理

7.3.1　常见的设施设备

7.3.1.1　生物安全柜

生物安全柜是实验室主要的物理隔离设备,是在操作原代培养物、细菌、病毒以及诊断性标本等具有感染性的实验材料时,用来保护实验人员、环境和实验材料,避免或减少对操作过程中可能产生的感染性气溶胶和溅出物引起实验人员感染而设计的负压过滤装置[5]。生物安全柜是实验室生物安全一级防护屏障中最基本的安全防护设备,其主要工作原理包括:将柜内空气向外抽吸,使柜内保持负压状态,防止污染气溶胶外溢;利用过滤膜将外界空气过滤后流入生物安全柜,以此向实验操作提供洁净气流,为实验人员、实验样品和环境提供保护[6]。生物安全柜广泛应用于疾病预防与控制、食品卫生、生物制药等领域。根据生物安全柜正面气流的速度、送风和排风的方式、防护对象和防护水平的不同,可将其分为Ⅰ、Ⅱ、Ⅲ级三大类。不同类型的生物安全柜适用于不同生物安全防护等级媒质的操作,其具体区别如下。

Ⅰ级生物安全柜:结构设计相对简单,主要由带有方向性气流的开放前板的负压通风柜组成。一般Ⅰ级生物安全柜无风机,主要依靠外接通风管中的风机带动气流流动,排气口有高效空气过滤器。在气体流动过程中,可将工作台面产生的气溶胶迅速带离操作者,并为实验人员带来保护作用。但因为未灭菌的房间空气可通过生物安全柜正面的开口直接吹到工作台面,Ⅰ级生物安全柜无法对实验样品提供有效保护,所以目前应用相对较少。

Ⅱ级生物安全柜:同样是通过负压气流流入方式来防止在进行微生物操作时产生的气溶胶溢出,其特点在于气流经过高效空气过滤器过滤后垂直从生物安全柜顶部吹下,下降的气流不断吹过操作区域,以此保护试验样品和操作者。根据循环空气、是否排风和工作窗平均风速的不同,可将Ⅱ级生物安全柜分为A1、A2、B1、B2这4种类型(表7.1)。A型生物安全柜中都有70%气体通过高效空气过滤器循环回到工作区,不同的是A1型生物安全柜的排风通道通常是正压,相对于负压的A2型生物安全柜而言,A1型生物安全柜的气流更容易发生泄露,导致气溶胶污染,因此,目前A2型生物安全柜的应用更为广泛。B1型生物安全柜有30%气体通过高效空气过滤器循环回到工作区,即原有的循环气体大部分通过排气口过滤、排风到室外;而B2型生物安全柜经过高效空气过滤器处理后的气流全部是经过过滤的气体,原有的循环气体已全部排放到室外,能够较好地避免生物实验中已污染的气体进入实验区域。Ⅱ级生物安全柜是目前实验室中最常见的生物安全柜类型(图7.1),能较好地保护使用者、实验样品和环境。

表7.1 Ⅱ级生物安全柜分类

类型	是否排风	循环空气比例	柜内气流	进风平均风速
A1	是	70%	单向流	≥0.4 m/s
A2	是	70%	单向流	≥0.5 m/s
B1	否	30%	单向流	≥0.5 m/s
B2	否	0%	单向流	≥0.5 m/s

Ⅲ级生物安全柜:结构完全密闭,柜内气体均不参与循环,入风和出风气流完全经过高效空气过滤器过滤,内部始终处于负压状态(图7.2)。相对于Ⅱ级生物安全柜,

Ⅲ级生物安全柜可为使用者和环境提供最大的保护。Ⅲ级生物安全柜通过手套与柜体相连,只有通过连接在生物安全柜上结实的橡胶手套,手才能伸到工作台台面上。

图 7.1　Ⅱ级生物安全柜　　　图 7.2　Ⅲ级生物安全柜

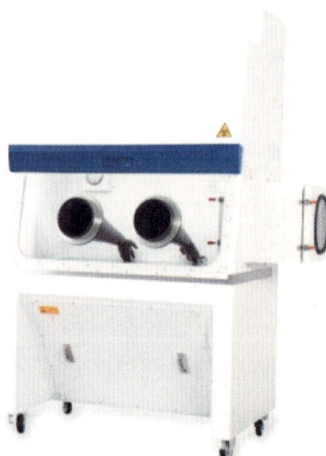

　　选择生物安全柜时,要综合考虑实验室级别、实验操作的病原微生物危险水平等因素。Ⅱ级生物安全柜能基本满足临床实验室的工作需求,因此也是目前应用最多的生物安全柜类型。对应本书第 3 章介绍的生物安全防护水平级别,BSL－1 实验室的操作对象主要是常见的病原微生物,且病原微生物对人员和环境潜在风险小,一般按照标准的分级进行生物操作,不要求使用生物安全柜;BSL－2 实验室一般适用于对人员和环境有中度潜在风险的病原微生物,可选用Ⅰ、Ⅱ级生物安全柜;BSL－3 实验室的操作对象为内源性和外源性病原微生物,一般要求选用Ⅱ级生物安全柜或Ⅲ级生物安全柜,以防吸入病原微生物;BSL－4 实验室用于可通过气溶胶而导致实验室感染或引起人员致命的有关病原微生物,如 SARS－CoV－2、埃博拉病毒等,应选用Ⅲ级生物安全柜及正压服,以对人员和环境提供及时有效的安全保护。具体生物安全柜的选择如表 7.2 所示。此外,只有获得国家市场监督管理总局颁发的三类 YL 器械注册证的产品才能真正保护人员和环境。合理选择并规范使用生物安全柜是确保使用者安全、病原微生物实验室安全的关键[7－8]。

表7.2　不同实验类型及生物安全柜的选择

实验类型	生物安全柜的选择
危险度为Ⅰ～Ⅲ级的病原微生物	Ⅰ、Ⅱ、Ⅲ级生物安全柜
危险度为Ⅳ级的病原微生物(手套箱型实验室)	Ⅲ级生物安全柜
危险度为Ⅳ级的病原微生物(正压服型实验室)	Ⅰ、Ⅱ级生物安全柜
操作少量挥发性放射性核素／化学品	Ⅱ级A2型生物安全柜
挥发性放射性核素／化学品的防护	Ⅰ级、Ⅱ级B2型、Ⅲ级生物安全柜

7.3.1.2　高压蒸汽灭菌器

生物安全实验室一般配备有高压蒸汽灭菌器。高压蒸汽灭菌器是实验室最常用的灭菌设备,也是实验室生物安全需要关注的重要环节,其主要用于对生物实验操作所需相关物品进行处理,具有灭菌效果可靠、灭菌时间短、对实验材料损坏轻等特点,是灭菌最有效和最可靠的方法,也承担着生物安全一级防护屏障的职责。高压蒸汽灭菌器可分为立式高压蒸汽灭菌器、手提式高压蒸汽灭菌器、卧式高压蒸汽灭菌器等,它们都是利用高温饱和蒸汽使微生物蛋白质变性,从而达到对实验材料进行灭菌的目的。对于 BSL－1 实验室,高压蒸汽灭菌器的使用并无特定要求;BSL－3 及 BSL－3 以上实验室一般采用双扉穿墙式高压蒸汽灭菌器,且高压蒸汽灭菌器应靠近实验室,以达到更好的灭菌效果。

7.3.1.3　匀浆器、搅拌器、摇床和超声处理器

在生物安全实验室中,常需要使组织、细胞破裂并分散成小颗粒,成为比较均匀的悬浮液,为了减少气溶胶的形成和减小气溶胶的扩散范围,生物安全实验室一般配备有专用的匀浆器和搅拌器。根据待分散组织的大小,实验室可以选择合适的匀浆器或搅拌器。实验室摇床广泛用于对振荡频率或温度有较高要求的细菌培养、发酵,菌种以及酶、细胞、组织的研究,是不同生物安全等级实验室必不可少的设备。此外,生物安全实验室还涉及各种细胞、细菌、病毒组织的破碎或物质颗粒的分散、匀质化以及产品的乳化等。超声处理器是利用超声波对液体、固体穿透力强的性质来加速组织溶解和分散的设备。

7.3.1.4　微型加热器及一次性接种环

为了减少接种环灭菌时感染性物质的飞溅和散布,生物安全实验室中一般使用配有硼硅酸玻璃或陶瓷保护罩的微型加热器。细菌培养一般使用一次性接种环,无须灭

菌即可使用。

7.3.1.5 废弃物收集容器

生物安全实验室废弃物最终的处理方式与其污染被清除的情况是紧密相关的,因此,对废弃物收集容器有着特殊要求[9]。大多数的玻璃器皿、仪器以及实验服都可以重复使用,而废弃物处理的首要原则是所有感染性材料必须在实验室内清除污染、高压灭菌或焚烧,感染性、病理性或损伤性的废弃物放入收集容器后不得取出。对于带针头的注射器、碎玻璃、刀片等锐利性废弃物,一般应使用专用的耐扎容器收集,容器盒整体由硬质材料制成并密封。对实验室内和实验台上收集废弃物的容器,一般使用塑料容器,并无特别规定使用某一种容器。收集容器一般会用到周转箱,其整体为硬质材料,能被快速消毒或清洗,可一次性或多次重复使用。周转箱整体为黄色,并印有医疗废物警示标识和文字说明。

7.3.1.6 运输容器

生物安全实验室运送物品的容器可有效避免病原微生物泄露。运输容器具有坚固、能盛放溢出物的防水性一级和二级容器以及用于吸收溢出物的材料。比如,使用专用的耐扎容器收集带针头的注射器、碎玻璃、刀片等锐利性废弃物,尽可能限制锐利器具的使用,且对盛放锐器的一次性容器绝对不能丢弃于垃圾场;盛放废弃物的容器、盘子或广口瓶,最好是不易破碎的容器,如塑料制品;对盛放废弃物的容器,在重新使用前,应进行高压灭菌并清洗。根据运输感染性物质种类的不同,对包装容器的要求也有所不同。所有感染性物质在运输过程中均要求采用 3 层包装,即主容器、辅助容器和外包装。A 类感染性物质要求主容器单包装最大运输量为 50 mL(液体)或 50 g(固体);而 B 类感染性物质要求主容器单包装最大运输量为 1 L(液体)或 4 kg(固体);辅助容器都要求防水、防泄漏,不同的是,A 类感染性物质要求防穿刺,而 B 类感染性物质要求防破损即可;在 A 类感染性物质的外包装上应贴高致病性病原微生物危险标签。

7.3.1.7 个体防护装备

个体防护装备是减少操作人员暴露于气溶胶、喷溅物中及发生意外接种等危险的一个屏障。可根据所进行工作的性质来选择着装和装备。在生物安全实验室中工作时,BSL-1 实验室(也是所有级别实验室)实验人员必须穿工作服,使用乳胶或橡胶手套;当进行可能发生化学和生物污染物质溅出的实验时,实验人员应佩戴护目镜[10]。值得注意的是,当实验室操作不能安全有效地将气溶胶限定在一定范围内时,实验人员应使用防毒面具,以保护自身免受微生物气溶胶的损害。BSL-2实验室实验人员需在BSL-1实验室防护的基础上戴工作帽,穿隔离裤或连体工作服、工作鞋等。BSL-3实验室实验人员需在BSL-2实验室防护的基础上戴N95拱形防护口罩、一次性防护帽、两层乳胶手套,穿两层防护服、外层一次性防水隔离衣、长筒袜和防护鞋加鞋套等。BSL-4实验室实验人员需在BSL-3实验室防护要求的基础上加戴防护面罩或正压头盔,穿正压服等。表7.3汇总了在生物安全实验室中使用的个体防护装备及其所能提供的保护。

表7.3 生物安全实验室的个体防护装备及其所能提供的保护

防护装备	避免的危害	安全特征
实验服、隔离衣、连体衣	污染衣服	罩在日常服装外,背面开口
鞋袜	碰撞和喷溅	不漏脚趾
护目镜	碰撞和喷溅	防碰撞镜片,侧面有护罩
面罩	碰撞和喷溅	罩住整个面部,发生意外时易于取下
防毒面具	吸入气溶胶	在设计上包括一次性使用的、整个面部或一半面部空气净化的
手套	直接接触病原微生物,划破手指	得到微生物学认可的一次性乳胶、乙烯树脂或聚腈类材料,可保护手部

7.3.2 设施设备管理

7.3.2.1 生物安全柜的管理

对生物安全柜的管理,最重要的是提高使用者和管理者对病原微生物等实验对象危害的认识,认清和预见实验对象潜在的生物危险性,选择合适等级的生物安全柜进行实验。要想安全、有效地使用生物安全柜,就应建立安全的使用、管理制度,并严格执行。以下将从摆放、使用和维护这3个方面阐述生物安全柜的管理。

生物安全柜的摆放直接决定着使用者和环境的安全,因此,其摆放的合理性非常关键。为了保证其有效运行,生物安全柜应远离人员通道及干扰气流的位置,在柜子后面及左、右两侧各留出 30 cm 间隙,以利于高效空气过滤器气流的正常运行和定期清洁;生物安全柜顶端排气口和天花板之间应保持一定的间距,以便满足排气量的要求,避免气体再次进入实验室;应避免将生物安全柜置于门窗、通风区等送风口,避免生物安全柜流入气流对使用者和实验样品的干扰。

对不同类型的生物安全柜,应配备对应的安全管理的政策和程序,包括完好性监控指标、巡检计划、使用前核查、安全操作、使用限制、授权操作、消毒、灭菌、禁止事项、定期校准或检定、定期维护、安全处置、运输、存放等。严格执行只有经过培训和指导后才能操作相应生物安全柜的规定,使用时,应注意消毒,合理摆放柜内的实验样品,实验中不能随意打开前窗,以免干扰气流。因为许多污染事件都是由于使用者的不规范操作造成的,所以必须严格执行生物安全柜的使用规范。

维护生物安全柜是保障其安全使用必不可少的步骤之一,结合生物安全柜的性质,可将生物安全柜的维护分为以下几个部分。第一,使用者在每次实验完成后及时对生物安全柜工作区域表面进行消毒,一般选用紫外灯照射消毒技术,并注意观察工作区表面是否有试剂残留,若有残留,则应及时擦拭干净。第二,注意对生物安全柜负压区的清洁。负压区的洁净状况会影响送风高效空气过滤器上游气体洁净与否,并且污染物含量高的气流也会对生物安全柜内部的风机性能造成不利影响。第三,每年更换 1 次高效空气过滤器,确保生物安全柜的有效性,并定期对生物安全柜进行检定,检定内容包括正面进气的气流速度,柜内顶部向下气流的速度,高效空气过滤器的完整性,人员、产品和交叉污染保护测试,柜体泄露测试等。第四,每年应按照国家标准对包括生物安全柜的流入、下降气流流速,以及负压、警报等的有效性、安全性进行检测。例如,高效空气过滤器检漏检测过程扫描过滤器,采样头距被测过滤器的表面 2 ~ 3 cm,扫描速度不超过 5 cm/s。在安装生物安全柜时及运行后,每隔一定的时间周期,应由有资质的专业人员按照生产商的说明,对每一台生物安全柜的运行性能以及完整性进行认证,以检查其是否符合国家及国际的性能标准。

7.3.2.2 高压蒸汽灭菌器管理

高压蒸汽灭菌器是生物实验室常用的有效消毒、灭菌设备,因其具有高温、高压等危险性质,在实际操作中容易因不规范操作而引起伤亡事故,故应注意合理装放灭菌材料、排尽空气、开盖等一系列操作。此外,病原微生物实验室实验项目较多,涉及病原微生物的复苏、培养、保种,无菌操作,致病菌攻毒保护实验,感染性废弃物及试验动物尸体无害化处理等方面,危险度高,因此,需更进一步加强对高压蒸汽灭菌器的管理。

实验室生物安全防护分级不一,相应的高压蒸汽灭菌器安置也会不同。通常情况下,BSL－1/BSL－2实验室配备的高压蒸汽灭菌器可以在实验室外,也可以在实验室内。对于防护等级较高的BSL－3实验室,高压蒸汽灭菌器应配备在实验室内。在确定高压蒸汽灭菌器的摆放位置后,实验室管理层需制订相应规章和操作规程,并将之贴于墙上,然后对工作人员进行培训并加强对突发事故的应急演练,确保严格执行章程并完整记录使用情况,防止容器爆炸事故的发生。实验室安全负责人应定期检验和维护高压蒸汽灭菌器,并定期监测其灭菌效果。总之,提升管理者和使用者的安全意识,正确合理地使用高压蒸汽灭菌器,防止安全事故发生以及病菌的污染和扩散,是高压蒸汽灭菌器管理的关键。应至少每半年检测1次高压蒸汽灭菌器的压力表,应至少每年检测1次安全阀,并每月进行泄漏试验;对灭菌器,应每年向特种设备监管部门申请1次定期检查,每3年进行1次全面检查。

7.3.2.3 匀浆器、搅拌器、摇床和超声处理器管理

在使用匀浆器、搅拌器、摇床和超声处理器时,总体原则是要避免感染性物质的气溶胶从盖子和容器间隙逸出。例如,因为超声处理器可能释放气溶胶,所以应该在生物安全柜中进行操作,或者在使用期间用护罩盖住,在使用后,应该清除护罩和超声处理器的外部污染;在使用搅拌器期间,一般使用塑料容器,尤其是聚四氟乙烯材质,以免在搅拌混匀过程中出现因容器爆裂引起的逸出。与高压蒸汽灭菌器相比,匀浆器、搅拌器、摇床和超声处理器等器材的使用较为简单,但也需在操作前阅读使用手册。

7.3.2.4 微型加热器及一次性接种环管理

微型加热器会扰乱气流,因此,应将之置于生物安全柜中靠近工作表面后缘的地方。使用后,应将一次性接种环置于消毒剂中,并按污染性废弃物处理。

7.3.2.5 废弃物收集容器管理

生物安全实验室废弃物的处理应遵循《医疗废物专用包装物、容器标准和警示标识规定》等相关要求,按照"无害化、减量化、资源化"原则进行妥善处理。实验室管理层应根据生物安全实验室等级制订废弃物对应容器的转运要求及规定,并严格执行。生物安全实验室中一般需要配置用于污染性废弃物消毒的高压蒸汽灭菌器。若需要

将污染性废弃物运出实验室处理,则必须根据国家或国际的相应规定,密封于不易破裂的、防渗漏的容器中。

7.3.2.6　运输容器管理

感染性及潜在感染性物质的运输应严格遵守《可感染人类的高致病性病原微生物菌(毒)种或样本运输管理规定》,工作人员必须按照可适用的运输规定来运送感染性物质,以减少包装受损和泄漏的可能性,减少可能造成传染的暴露和提高运输效率。实验室管理层应根据实验室生物安全等级制订运输危险材料的规范和程序,并严格执行。如建立危险材料运输容器管理库,明确待运输材料的危险级别、材料性质、所用容器、运输数量、运输始发地,明确运输容器的使用情况;对危险样本,应置于被批准的本质安全的防漏容器中运输,按国家或国际现行的规定和标准包装、标示所运输的物品,并提供文件资料。感染性物质的运输涉及人员和容器的转运,具有更多的不确定性,因此,严格按照运输规定并落实容器使用的合理性十分重要。

7.3.2.7　个体防护装备管理

个体防护装备的正确使用是关乎使用者与实验室环境安全的重要因素,因此,所有个体防护装备都应符合国家规定的标准。实验室管理层对个体防护装备的选择、使用、维护应有明确的书面规定和使用指导,应做好工作前培训、个体适配性测试和检查;使用者使用前,应仔细检查防护用品,不使用标志不清、破损或泄露的防护用品,不穿个人衣物和佩戴饰物进入生物安全实验室防护区,对用过的实验防护服应按污染物处理,先消毒、灭菌,再洗涤;若在实验过程中发现手套和正压服的手套有破损的风险,则为了防止意外感染事件发生,需要另戴手套。

7.4　实验室生物安全环境管理

实验室是一个复杂的场所,实验过程中经常用到各种化学药品和仪器设备,以及水、电、燃气,还会遇到高温、高压、低温、真空、高电压、高频、辐射和生物有害因子(如细菌、病毒、核毒素)等,因此,加强实验室环境管理对于提高工作效率、保护工作人员的身体健康是非常必要的。

7.4.1　常规生物实验室的建设要求

7.4.1.1　实验室设计要求

对常规生物安全实验室,应按照 BSL－2 实验室的要求进行设计建造。在设计时,应充分考虑影响实验室使用效率和安全生产的因素,如空间、工作台、储藏柜、通风设施、照明、承重以及污水排放等;应根据实验功能模块及设备放置的需要,考虑空间的合理化分配;应从发展的眼光来确定实验室空间的大小。实验室总建筑面积建议按照人均 15～20 m² 设计,包括实验室区、办公区、生活区等所有区域。实验室的走廊和通道不能妨碍人员和物品通过,并设计有紧急撤离路线,紧急出口处应有明显标识;对房间的门可根据需要安装门锁,门锁应便于从内部快速打开;有需要时(如正当操作危险材料时),在房间的入口处还应安装有警示和进入限制标识;实验室内的温度、湿度、光照、噪声和洁净度等室内环境参数应符合工作和卫生等相关要求。此外,实验室的设计还应考虑节能、环保及舒适性等要求,应符合职业卫生和人机工效学要求,应有防止节肢动物和啮齿动物进入的措施。生物安全实验室门上应标有国际通用的生物危害警告标识。

7.4.1.2　实验室主体结构要求

根据使用功能要求,实验室应达到相应的建设标准,如墙壁表面光洁、易于清洁、光滑、平整、无死角、易于消毒、密封性较好等,墙体材料可采用彩钢板、铝合金型材等。地面建议采用聚氯乙烯(PVC)卷材或自流坪地面等便于清扫、耐腐蚀、防静电的材料。一般实验室可以不选择吊顶,特别是使用有可燃气体的实验室,不建议设吊顶;如果有需要,则可采用石膏板、铝扣板或彩钢板进行吊顶。实验室操作区层高应不低于 2.5 m。实验室噪声一般要求低于 55 dB(机械设备可低于 70 dB)。实验室的照度标准值一般为 300 lx,照明功率密度值(LPD 值)应不大于 11 W/m²。

7.4.1.3　通用建设场地规划要求

(1)生活区与实验区应严格区分,生活区应配置储物柜、直饮水、微波炉、冰箱、感应开关及洗手池等设施,并配备生活垃圾桶。共享办公区的座位数与实验室流动人员数量的比例应至少为 1:2。

(2)洗消室:面积不小于 10 m²,应配备专用洗涤水槽(含自来水龙头、纯水龙头,水槽深450 mm)、落水架、烘箱、超声波清洗仪,可选配自动洗瓶机、浸泡缸等设备。

(3)高压灭菌室:面积为10~20 m²,可单独设置或者与洗消室合并设置。配备高压灭菌锅,可根据需求配置大型落地式或脉动真空高压灭菌锅,并需由持科研实验室规范化管理培训证书的人员操作。高压灭菌室内应配置烘箱、储物柜。待消毒物品和已消毒物品应分开放置。

(4)纯水室:面积不小于5 m²(或在公共实验室设置专用区域),放置纯水仪,以达到中央供纯水至实验室各区域的目的。地面应设计有排水系统,以防因漏水而引起实验室水浸。

(5)各实验室在入口处应悬挂标识牌,张贴该实验室名称及负责人的姓名、照片及联系方式,应有明确的实验室生物安全等级标志,同时应悬挂安全信息牌,安全信息牌上包括安全风险点的警示标识、涉及危险类别、防护措施和有效的应急联系电话等信息。

(6)应根据实验流程设计实验室功能模块,具体设置见下述各条目。功能模块设置应以方便使用为依据,非功能所需功能模块应尽量不分隔实验区域。

7.4.1.4　实验室通风系统要求

实验室应配置带通风管的试剂柜,在其内存放易挥发危险化学品、有毒有害致畸试剂,并由专人负责登记管理。实验室应配置排风系统,将实验中产生的有害气体过滤处理后排放到室外,保证室内空气安全;涉及操作病原微生物的可根据风险评估结果考虑设置定向气流,最好安装新风系统,对排风口的过滤装置(如活性炭等)应定期更换,以备环保部门检查。《实验室　生物安全通用要求》(GB 19489—2008)规定,非经空气传播致病性生物因子实验室核心工作间的气压与室外大气压的压差应不小于30 Pa,与相邻区域的压差应不小于10 Pa;实验室防护区各房间的最小换气次数应不小于每小时12次等。此外,涉及可燃气体的实验室应采用防爆风机、防爆空调、防爆灯管等,对管道风机等需进行防腐处理;对实验室通风系统应定期进行维护、检修;屋顶风机应无松动、无异常噪声。有条件的实验室可安装中央空气处理系统,普通实验区域的换气次数应为每小时3~6次;在使用蒸汽和危险化学品的区域,应增加空气交换次数。建议将实验室设置在楼栋的顶层,以便于排风。在密闭空间内应安装气体浓度监控装置。操作易挥发危险化学品、任何可能产生高浓度有害气体而导致个人暴露,或产生可燃、可爆炸气体/蒸汽或粉末而导致积聚的实验时,应在通风橱/罩内进行。根据需要可在通风橱/罩管路上安装有毒有害气体的吸附或处理装置。

7.4.1.5 实验台设计要求

实验台根据不同的特征可分为岛式实验台（实验台四边可用）和半岛式实验台（实验台三边可用）、靠墙实验台和靠窗实验台（边台）、坐式实验台和站式实验台等。根据人体工程学原理,坐式实验台的高度应为 750~850 mm,站式试验台的高度应为850~950 mm,试剂架的高度应为1200~1650 mm。实验室台柜和座椅等应稳固,边角应圆滑。实验台台面材料应具有良好的耐酸碱、耐撞击、耐高温性能。

7.4.1.6 安全通道要求

面积大于200 m² 的实验室的主走廊应保证留有大于2 m 净宽的消防通道。常用实验室门的宽度一般为900~1500 mm,为方便搬动设备,可设较宽的子母门（大约1350 mm）。面积在75 m² 以上的实验室应设两扇门以上,两个门之间（门边到门边的最短距离）应相隔5 m。实验室门上应有观察窗,外开门不应阻挡逃生路径。实验室的设计常用岛型、半岛型、"L"字型、"U"字型等布局方案。实验室内部操作流程要求顺畅,以防止发生危急情况时出现通道堵塞等现象。

7.4.1.7 冲淋设备要求

距危险化学试剂30 m 内,应配置紧急洗眼与喷淋装置。紧急洗眼与喷淋装置的安装地点与工作区域之间应保持畅通,距离不得超过30 m;水管总阀应处于常开状态,喷淋头下方应无障碍物;喷淋装置的水流速度为80~180 L/min,洗眼器可调节水流速度为9~16 L/min;应每月启动一次紧急洗眼与喷淋装置阀门,以保证管内水流畅通。

7.4.2 分子生物学实验室的环境管理

分子生物学实验室的建设规范要求总面积不小于150 m²,实验室场地建议设置如下。

7.4.2.1 公共操作间

公共操作间面积应不小于50 m²,设置生物安全柜、实验台和水槽,水槽内应设置纯水管道龙头,以便于实验操作时使用纯水。实验室内应配置常用的小型设备,包括但不限于冰箱、离心机、制冰机、摇床、振荡培养箱、天平等。

7.4.2.2　分析仪器室

分析仪器室面积应不小于 30 m²,主要用于放置分析仪器,要求环境整洁,实验台结实、平稳、防振。安装大型仪器设备时,建议留出仪器维修空间。

7.4.2.3　荧光定量 PCR 室

荧光定量 PCR 室面积应不小于 10 m²,主要用于放置生物安全柜及荧光定量 PCR 仪,进行荧光定量 PCR 分析。

7.4.2.4　落地式超高速离心机室

落地式超高速离心机室面积应不小于 20 m²,主要用于放置高速或超速离心机。

7.4.2.5　暗室

暗室面积应不小于 10 m²,建议安装可拆卸旋转门或安装两道门,以保证操作时的黑暗环境;应配备遮光窗帘,如有窗户,则应封闭不开启;应配备红光台灯,用于显影、定影等实验操作。

7.4.2.6　冷室

冷室面积应不小于 10 m²,室内温度应控制在 4 ℃;应安装视频监控、温度报警装置以及人员被困报警求助装置等;采用保温门,墙面隔热,安装防爆灯管,设置边台和水槽,上方可安装试剂架;冷室内不得存放液氮和干冰;室外应安装两套制冷压缩机,轮换工作,或者当一套发生故障时,另一套可自动启用;在冷室内可进行需要在 4 ℃环境实施的实验操作,也可冷藏保存物品。

7.4.2.7　电泳及凝胶成像室

电泳及凝胶成像室面积应不小于 10 m²,用于放置凝胶成像仪,进行核酸电泳及成像等相关实验操作;应单独设置区域,严防交叉污染。

7.4.3　细胞生物学实验室的环境管理

细胞生物学实验室设计的基本原则是人流、物流、气流要畅通;应设置缓冲区、洁净区;应充分考虑实验室未来发展空间拓展的需要,预留部分场地。科研用细胞培养室的洁净度应在 10 万 ~ 30 万级别。

在细胞生物学实验室内不能设有地漏,为了防尘,不应开设外窗。实验台面的材料应具有耐磨、耐腐蚀、耐火、防水、绝缘等性能。

7.4.3.1 空调通风系统

为保证细胞培养室的洁净度要求,应设置独立空调,避免混用,采用净化空调机组,经过初效、中效、高效空气过滤器三级过滤后将空气送入室内。

(1)初效和中效空气过滤器:设置在空调机组内,每个月应对初效过滤网进行维护、清洗或更换;中效过滤网应每3个月更换1次。

(2)高效空气过滤器:设置在系统末端的高效送风口内,应按实际使用情况对高效过滤网进行更换。

将室外新风与室内回风混合,经空调机的初效过滤、冷却降温(加热升温),再经中效过滤和房间内的高效过滤风口送入净化房间。应采用顶送风、侧下回风的方式送风,送风量应大于回风量,以保持室内正压。

7.4.3.2 管道系统

(1)气体管道:细胞培养箱需要不间断地供应 CO_2 气体,以达到合适的培养条件。实验室供气系统采用集中供气。实验室设置独立的气瓶间,进行集中管理,将气体从气瓶间以管道形式输送入培养箱,在使用过程中可根据实验条件对整体或局部气体压力、流量进行调节。整个管道系统应具有良好的气密性、耐用性和安全可靠性。气瓶供气可相互切换,以保证不间断供气。气瓶柜所在的房间应安装氧气浓度探测装置,超过设定值后,可启动报警系统,以保证安全。集中供气可实现气源集中管理,远离实验室,保障实验人员的安全,方便更换气瓶,减少污染。

(2)负压抽吸管道:设置独立的负压抽吸管道,与生物安全柜负压阀连通,提高细胞换液效率。负压抽吸管道可将更换的培养液统一抽吸到废液收集桶内,统一进行消毒处理后再倾倒,以免污染环境。

7.4.4 生物安全实验室的废气排放管理

生物安全实验室的废气主要以动物实验室的氨气排放为主,由动物粪、尿排泄物经细菌分解产生。动物实验室空气的排放必须严格要求,应高度重视生物安全动物实验室的废气处理,保护室内外环境;如果处理不当,则会造成严重后果[11]。

（1）动物饲养间需安装独立空调或高效过滤设备,利用压差控制废气排放。每个房间及每个过滤器、压力调节阀、温湿度调节阀的位置均需清楚标识,风机、通风管道、净化、恒温、恒湿等设备需立体排列,以便于定期检漏和维修。

（2）对啮齿类动物,应尽量降低饲料密度,增加换气次数,使用具有辅助换气功能的隔离饲料盒,如独立通风笼盒（individually ventilated cage,IVC）。IVC系统的特点是每个笼盒均具有独立的送风和排风功能,因笼盒相对独立、便于安置,故能提高实验动物质量和人身健康保障,防止人与动物、动物与动物间的交叉感染,进而保护环境。

7.4.5　生物安全实验室的污水排放管理

实验动物室清洗笼具、器械及地板时,会产生大量的废水,若管理不科学,则将直接导致室内外的环境污染。符合排放标准的动物排泄物可以直接排入一般废水处理系统,而含有致病微生物,威胁人体健康及环境卫生的废水,则必须经化学处理消毒（如次氯酸钠）或高温灭菌处理后才能排放。使用清洁剂、消毒剂时,要按产品使用说明及贮藏时间要求执行,以免因过量使用而造成污染增加。洗涤池排水管与主干道之间应直接连接,不宜有太多弯曲。应定期检查排水口是否因腐蚀破损而产生渗漏,使污水溢出。应注意废水中动物毛发、垫料、大量粪便等堵塞管道,禁止直接将其排入废水处理系统。

7.4.6　生物安全实验室的动物粪便、尿液管理

对实验动物粪便、尿液的有效管理是防止疫情滋生和传播、维护实验人员健康和安全的重要保障。

对实验动物的粪便、尿液多采用垫料来吸收。需严格按照评估标准来选择合适的垫料。进行垫料的清理、收集时,应在设有负压的装置中进行,以免在整理过程中产生气溶胶,随空气飘散,影响环境。对废弃垫料,应包装、密封于塑胶袋中,避免臭气外泄,防止苍蝇、蟑螂、啮齿类动物等的侵入,贮存时间不得超过1 d。对被感染性物质污染的垫料,必须经灭菌后再以焚烧或掩埋的方式处理。事先需用印有"生物危害标志"的塑料袋密封,贮存于特定场所,于当日进行高压灭菌后送出。

（许　欣　林　瑶）

参考文献

[1] 中国实验室国家认可委员会.实验室 生物安全通用要求:GB 19489—2008[S]. 北京:中国标准出版社,2009.

[2] 周波,潘学昌,凌宗帅,等.病原微生物实验室的生物安全和管理[J].中国国境卫生检疫杂志,2005,(1):57-61.

[3] 孙丽翠,姜永莉,甄理,等.实验室生物危害分析及生物安全管理[J].质量安全与检验检测,2023,33(5):46.

[4] 吕时铭.临床诊断实验室的安全管理[C]//中华医院管理学会临床检验管理专业委员会.第三届全国临床检验实验室管理学术会议论文汇编.浙江大学医学院附属妇产科医院,2005:3.

[5] 金丽琼,杨静.食品微生物二级生物安全实验室建设研究[J].安徽农业科学,2017,45(4):80-82.

[6] 戴宝峰.Ⅱ级生物安全柜现场校准方法研究[J].中国标准化,2021,(11):223-228.

[7] 李韬,吕品一,李林璘.实验室生物安全柜的选择及操作注意事项[J].化学计量与分析技术,2016,4,81-83.

[8] 秦锋,黄强,袁久洪.浅析高校实验室生物安全事件的原因与管理对策[J].实验室研究与探索,2017,36(8):303.

[9] 吴丹,江轶,艾德生,等.高校生物废弃物处理平台建设与管理探究[J].实验技术与管理,2020,37(10):233-236,240.

[10] 胡云建.检验医务工作者的个人防护[J].新疆医学,2011,41(6):137-140.

[11] 樊佳,王茂林,林宏辉.绿色生物实验室建设的探索与实践[J].实验科学与技术,2016,14(6):19.

第 8 章
生物安全实验室的材料管理

现代生物学实验不可避免地要使用一些材料,其中包括细菌、真菌、病毒等病原微生物,含有病原微生物及其衍生物的材料,以及携带病原微生物的实验动物。对实验室生物材料的不合理管理可能导致病原微生物的传播,污染室内外环境,给工作人员和周围环境带来严重的安全隐患,因此,应不断加强病原微生物菌(毒)种或者样本的收集、保存、研发与利用的管理,使其安全、有效地得到利用。增强安全意识,消除隐患,加强生物安全实验室的实验材料管理规定,制订详细的管理措施,对预防和控制实验室生物安全危害十分必要。目前,我国已经构建了生物实验材料的管理法规、技术标准和工作机制,生物实验材料管理工作正在逐步走向法治化、规范化和标准化。

8.1 病原微生物管理

8.1.1 病原微生物的实验活动管理

按照《实验室生物安全手册》(第 4 版)、《病原微生物实验室生物安全管理条例》等的要求,实验室应对高致病性病原微生物菌(毒)种和样本设专库或者专柜单独储存[1-2]。实验室应指定专人负责高致病性病原微生物菌(毒)种保藏,双人双锁,并建立所保藏的高致病性病原微生物菌(毒)种名录清单,确保高致病性病原微生物菌(毒)种安全[3]。当保管人员出现变动时,必须严格履行交接手续。实验室对高致病性病原微生物菌(毒)种应有严格的登记,登记内容包括购进日期,使用、销毁情况,销毁人、方法、数量等。当需要将高致病性病原微生物菌(毒)种向外单位转移时,应按国家卫健委的相关规定执行。高致病性病原微生物的实验活动必须在防护级别较高的BSL-3 实验室和 BSL-4 实验室内进行(表 8.1)。

表 8.1　与病原微生物危险度等级相对应的生物安全防护水平、操作和安全设施

危险度等级	生物安全水平	实验室类型	实验室操作	安全设施
Ⅰ 级	基础实验室——BSL-1	基础的教学、研究	GMT	不需要;开放实验台
Ⅱ 级	基础实验室——BSL-2	初级卫生服务;诊断、研究	GMT 加防护服、生物危害标志	开放实验台,需用生物安全柜防护可能生成的气溶胶
Ⅲ 级	防护实验室——BSL-3	特殊的诊断、研究	在 BSL-2 实验室基础上增加特殊防护服、进入制度、定向气流	生物安全柜和(或)其他所有实验室工作所需要的基本设备
Ⅳ 级	最高防护实验室——BSL-4	危险病原体研究	在 BSL-3 实验室基础上增加气锁入口、出口淋浴、污染物品的特殊处理	Ⅲ级生物安全柜或Ⅱ级生物安全柜、正压服、双扉穿墙式高压蒸汽灭菌器、经过滤的空气

注:GMT 指微生物学操作技术规范。

8.1.2　病原微生物的采集、包装、运输、存储管理及意外处理

8.1.2.1　病原微生物样本的采集

生物安全实验室常用的样本包括各种体液、分泌物和排泄物等,这些样本中可能存在具有感染性的病原微生物,部分涉及的病原微生物及其传播途径可能是未知的。因此,对于病原微生物样本的采集,必须按照实验室生物安全操作的规则进行。样本采集的原则:尽早、快速采集距离病变部位较近的样本;采样过程中既要避免发生交叉

污染,也要注意样本的保存和包装问题;如果实验中涉及烈性传染病病原微生物样本,则应秉持尽快采集、就地检测的原则,必要时,应将其送到其他合适的实验室进行检测。表 8.2 给出了我国对于病原微生物样本采集的基本要求。

表 8.2　我国对病原微生物采集的基本要求

类型	要求
实验硬件	实验室应具备与所采集病原微生物相适应的生物安全防护设备,如个体防护装备、防护材料等[4]
实验人员	实验室的样本采集人员需经过专门培训,掌握相关的实验技能,具备应对紧急事件的能力
实验防护措施	应严格按照相关的生物安全防护措施防止病原微生物的泄露和感染
实验技术要求	在采集病原微生物标本的过程中,应做好详细的实验记录,记录内容包括样本来源、采集方法等

8.1.2.2　病原微生物样本的包装

为了避免病原微生物泄露或通过实验室内的感染人员传播至一般人群,在运输病原微生物标本的过程中,应严格遵守国家制定的感染性及存在潜在感染性物质运输的相关规定,确保病原微生物菌(毒)种或生物样本运输和储存的安全。

1. 高致病性病原微生物样本的包装

运输高致病性病原微生物样本时,其包装应符合以下条件[5]。

(1)内包装:主容器应密封、防水、防泄漏;在主容器和辅助包装之间需填充吸附材料,其可以吸收所有内容物;如果多个主容器被放置于一个辅助包装中,则应对它们进行分别包装;在主容器的表面,应张贴标签,在标签上标明菌(毒)种或样本的基本信息等内容;应将菌(毒)种或样本数量表格、危险性声明、发送者和接受者信息等相关文件放入防水的袋子中,并放置在辅助包装的外面。

(2)外包装:应根据外包装的容器、重量和预期使用方式等进行外包装,在其表面应张贴"高致病性动物病原微生物,非专业人员严禁拆开"的警示语。

对于冻干型样本,主容器必须是火焰封口的玻璃安瓿或者是金属封口的橡胶塞玻璃瓶。

2. 其他类型样本(液体或固体)的包装

其他类型样本(液体或固体)的包装包括以下 2 种情况。

（1）环境温度或较高温度下运输的样本：只能用玻璃、金属或者塑料容器作为主容器；容器中必须留有足够的剩余空间，同时应对其进行可靠的防漏处理，如热封、使用带缘的塞子或者金属卷边封口。

（2）低温条件下运输的样本：对冰、干冰或者其他冷冻剂，必须放在辅助包装周围，或者按照规定放在合成包装件中，其内部需添加内置物，用于将辅助包装固定在原位置上。如果使用冰袋进行运输，则其外包装必须具有防水的特性；如果使用干冰，则其外包装必须能排出 CO_2；如果使用冷冻剂，则必须使主容器和辅助包装保持良好的性能，以确保在冷冻剂消耗完后仍能承受运输中的温度和压力。

8.1.2.3　病原微生物样本的运输

根据《病原微生物实验室生物安全管理条例》的规定，运输高致病性病原微生物菌（毒）种或者样本时，应当通过陆运的方式；如果没有陆路通道，则可采用水运的方式；紧急情况下，需要采用航空运输的，可通过民用航空运输。需要注意的是，运输高致病性病原微生物菌（毒）种或样本的容器或包装材料应当达到《中国民用航空危险品运输管理规定》（CCAR - 276 - R1）和国际民航组织《危险物品航空安全运输技术细则》（Doc9284 包装说明 PI602）规定的 A 类包装标准，符合防水、防破损、防外泄、耐高温、耐高压的要求，并应当印有国家卫健委规定的生物危险标志、运输登记表、警告用语和提示用语[6]，交由民用航空主管部门批准的航空承运人和机场实施运输。运输过程中，应当由专人护送，护送人员不得少于 2 人；护送人员需具有相关的生物安全知识，确保在护送过程中可以对突发情况采用相应的防护措施。从事疾病预防控制、医疗、教学、科研、菌（毒）种保藏以及生物制品生产的单位，因工作需要运输高致病性病原微生物菌（毒）种或样本的，运输前须申请审批，待获得可感染人类的高致病性病原微生物菌（毒）种或样本准运证书后方可运输。

8.1.2.4　病原微生物样本的存储管理

当病原微生物及可能含有病原微生物的材料被运送至实验室后，其来源信息必须清晰、可追溯，具有相关历史资料，包括菌（毒）种或样本原始来源、菌（毒）种或样本特征鉴定、传代谱系、生产和培育特征、最适保存条件等。

对于高等级生物安全实验室来说，实验室负责人应任命专门的管理员对菌（毒）种或样本实施双人双锁管理。在引进、制备、使用和销毁菌（毒）种或样本前，必须进行审批,需有详细记录。任何涉及菌(毒)种或样本的操作,必须有2名人员同时在场,严格执行相关操作规程,防止菌(毒)种或样本的泄漏、丢失、被盗、被抢或被恶意使用。如菌(毒)种或样本在保管、使用、转移和运输过程中发生被盗、被抢、丢失、泄漏等情况,则应按照实验室事故报告控制程序的要求报告,并按照相关应急预案采取控制措施。实验室安全负责人应对菌(毒)种和样本的使用、保管情况进行监督检查,并建立预警机制,为各种病原微生物菌(毒)种和样本建立档案和使用纪录,每次使用后,及时登记,若发现遗失或被盗,则应立即报告,同时进行预警分级。根据所操作的病原微生物的致病性及其对周围人群和环境造成危害的严重程度,可将生物安全事故划分为不同的安全等级,分为一般安全事故、严重安全事故和重大安全事故。

8.1.2.5　意外处理

高致病性病原微生物菌(毒)种或样本在运输、存储中被盗、被抢、丢失、泄露的,承运单位、护送人、保藏机构应当采取必要的控制措施,并在2 h内分别向主管部门报告,同时向所在地的县级人民政府卫生主管部门或兽医主管部门报告,发生被盗、被抢、丢失的,还应向公安机关报告;接到报告的卫生主管部门或兽医主管部门应当在2 h内向本级人民政府报告,并同时向上级人民政府卫生主管部门或兽医主管部门和国务院卫生主管部门或兽医主管部门报告。

任何单位和个人发现高致病性病原微生物菌(毒)种或样本的容器或包装材料时,应及时向附近的卫生主管部门或兽医主管部门报告;接到报告的卫生主管部门或兽医主管部门应当及时组织调查核实,并依法采取必要的控制措施。

8.2　感染性材料管理

感染性材料是指那些已知或有理由认为含有病原体的材料,包括病原微生物及其衍生物(核酸、蛋白质、毒素)、血清、细胞株等。

国际航空运输协会在其颁布的《危险物品规则》中,将航空运输的危险品划分为九大类(其中第6.2类即为感染性物质),并根据传染性和危险等级将感染性物质分为A、B两类[7]。

(1)A类感染性物质:指以某种形式运输,当与之发生接触时,能够导致健康人或动物发生永久性残疾、受到生命威胁或者患致死性疾病的感染性物质。A类感染性物质中可使人染病或使人和动物都染病者,联合国编号为 UN2814,运输专用名称为"感染性物质,可感染人"(infectious substances, affecting humans);仅使动物染病者,联合国编号为 UN2900,运输专用名称为"感染性物质,只感染动物"(infectious substances,affecting animals)。

(2)B 类感染性物质:指不符合 A 类标准的感染性物质,联合国编号为 UN3373,运输专用名称为"生物物质,B 类"(biological substance, category B)。

实验室生物安全的重点任务之一就是对实验室感染性实验材料的管理。实验室应按《实验室生物安全手册》(第 4 版)、《病原微生物实验室生物安全管理条例》等文件的要求,不断完善实验室感染性材料的管理,维护正常的工作秩序,防止意外事故的发生,避免实验室内感染或潜在感染性生物因子对工作人员、环境和公众造成危害。

8.2.1　感染性材料的采集管理

感染性材料的采集对临床诊疗能力的提高和医学研究的推进具有重要意义。但需要注意的是,感染性疾病的生物样本具有一定的传染性。实验室样本的采集不当,会带来相关人员感染的危险。因此,进行样本采集时,应遵循相应的标准操作规程。工作人员在所有操作中均要戴手套。感染性材料的采集必须选用专门的采集容器(如真空采血管、咽拭子保存管等),不得使用不规范的容器。在每份感染性材料包装上必须标注采集时间、类型、ID 号等信息。采集感染性材料必须在专门的地点进行,必须由专人负责。

8.2.2　感染性材料的运输管理

感染性材料的运输应符合生物安全要求,应获得相应部门的批准,并由有资质的人员专程护送。运送感染性材料必须有记录。特殊情况下,经有关部门批准后,可以用特快专递邮寄样品,但必须按三层包装将样品管包扎好,严禁使用玻璃容器。容器或者包装材料上应当印有生物危险标志。

采用三层包装系统(图 8.1)对样本进行包装,随样本应附有与样本唯一性编码相对应的送检单。在送检单上应标明受检者姓名、样本种类等信息,并应将之放置在第二层和外层包装之间[8]。

（1）内层包装：直接装样本，应防渗漏，注意规范样本信息标识。应将样本置于带盖的试管内，试管上应有明显的标记，标明样本的唯一性编码或受检者姓名、种类和采集时间。在试管的周围应垫有缓冲吸水材料，以免碰碎。

（2）第二层包装：容纳并保护内层包装，可以装若干个内层包装。第二层容器应不易破碎、带盖、防渗漏、易于消毒。

（3）外层包装：指容纳并保护第二层容器的运输用外层包装箱。在其外面要贴上醒目的标签，标签上应注明数量、收样和发件人及联系方式，同时应注明"小心轻放、防止日晒、小心水浸、防止重压"等字样。外层包装应易于消毒。

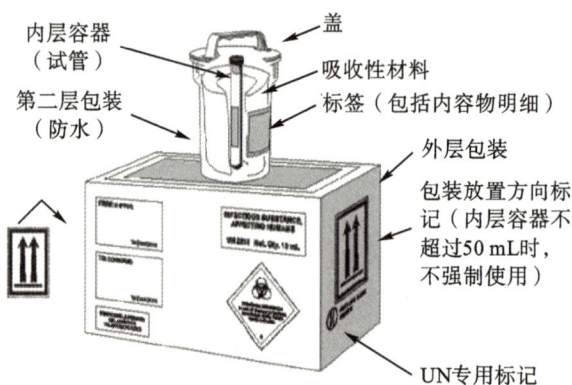

（a）

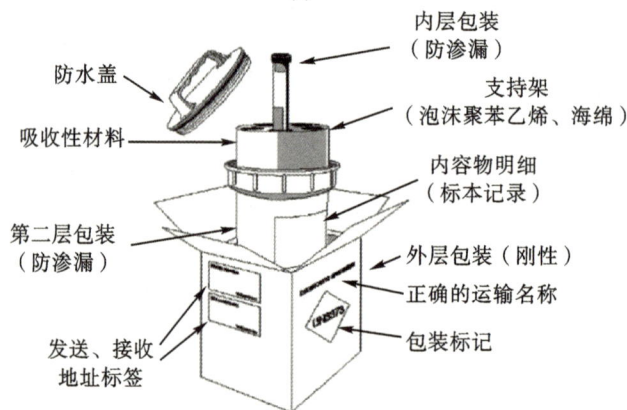

（b）

图 8.1　三层包装系统示意图

8.2.3 感染性材料的接收管理

（1）在生物安全防护水平相应的设备和条件下的实验室内，应由经过培训的工作人员进行感染性材料的接收工作。在接收高致病性或可疑高致病性病原微生物时，工作人员应穿戴生物防护服，并在生物安全柜内进行操作。

（2）核对样本与送检单，检查样本管有无破损和溢漏。如发现溢漏，则应立即将尚存留的样本移出，对样本管和盛器进行消毒，同时报告实验室负责人和上一级实验室技术人员。对包装完好的感染性材料应核实数量、编号，对相关信息进行登记，并进行必要的标识，由送检和接收双方人员签字确认。

（3）对包装破损和泄漏的感染性材料，应视为感染性废弃物，应按实验废弃物管理规定和处置要求进行处置，同时应对污染的环境进行必要的消毒处理。建议使用次氯酸盐和高级别的消毒剂来清除污染。一般情况下，可使用新鲜配制的含有效氯 1 g/L 的次氯酸盐溶液进行消毒。处理溢出的血液时，有效氯的浓度应达到 5 g/L。清除表面污染时，可使用戊二醛溶液。

8.2.4 感染性材料的使用管理

（1）使用感染性材料时，应在相应生物安全级别的实验室中进行。

（2）在使用感染性材料时，应按上岗证的项目范围进行实验活动；使用高致病性可疑感染性材料时，应按其特殊规定在病原微生物实验室中进行。例如，进行血清的分离时，应当小心吸取，不能倾倒，以避免或尽量减少喷溅和气溶胶的产生。

（3）使用感染性材料时，如发生意外事件或生物安全事故，则应按实验室感染应急预案的相关规定进行处理。

（4）使用感染性材料后，对需要归还的剩余的感染性材料，应按要求归还，并由使用者和保藏者双方签名；对不需要归还的剩余的感染性材料，应视为感染性废弃物，并按实验废弃物管理规定和处置要求进行处置。

8.2.5 感染性材料的保存管理

实验室应指定专人负责感染性材料的保藏，双人双锁，并建立所保藏的感染性材料名录清单,确保感染性材料安全。当保管人员发生变动时,必须严格履行交接手续。

对感染性材料应有严格的登记,登记内容包括购进日期,使用、销毁情况,销毁人、方法、数量等。当将感染性材料向外单位转移时,应按国家的相关规定执行。

8.3　实验动物管理

在动物实验中,实验动物的自身活动就能产生潜在的危害,如动物抓伤和(或)咬伤工作人员、工作人员不知不觉地吸入动物散发的气溶胶等。动物性气溶胶、人畜共患病病原微生物和实验室获得性疾病病原微生物感染是形成动物实验生物危害的三大重要因素。为避免实验动物对工作人员及环境的危害和实验动物本身的安全隐患,需要强调以下几点。

8.3.1　实验动物准入管理制度

实验动物身上携带的病原体,会对实验室环境造成污染,因此,外源性实验动物进入实验室时,必须采取严格的准入管理制度,尽可能避免传染源进入实验室。

(1)实验室应委派专职人员分管外购实验动物的验收、检疫环节,并负责整个实验过程的实验动物质量控制。

(2)建立实验动物验收隔离制度:坚绝不从疫区采购实验动物,要求供应商提供实验动物遗传背景与疫苗注射记录,针对不同实验动物建立不同的检验标准,并根据免疫记录,使用相同的疫苗继续完成实验动物的免疫接种。隔离期满的实验动物方可经缓冲间(淋浴、消毒处理)后进入饲养间与实验室。在整个实验期间,要求工作人员共同监管实验动物状况,建立实验动物健康状况日常登记表,若发现异常,则应及时报告并启动应急预案。

8.3.2　实验动物的组织管理机构

科技部2006年发布的《关于善待实验动物的指导性意见》规定,生物安全动物实验室应设立实验动物管理委员会和实验动物伦理委员会。

实验动物管理委员会负责对实验动物的使用规范化进行管理、监督与指导;拟定动物实验室准入制度,污染物的管理及处理计划,废弃物收集、贮存及标示办法。实验动物管理委员会对有关人员进行监督、培训和考核:要求全部实验室工作人员(包括清洁人员、动物饲养人员、实验人员等)接受足够的操作训练和演练,应熟练掌握相关的实验动物和病原微生物操作规程和操作技术;动物饲养人员和实验人员要有实验动物饲养或操作上岗合格证书。

实验动物伦理委员会具体负责本单位有关实验动物的福利伦理审查和监督管理工作。对拟开展的大实验项目实施审批制度,主要审批内容包括:该项目是否经实验动物伦理委员会批准;具体实验人员是否具有相关资质,是否有过敏体质或传染病病史,是否熟练掌握动物实验操作规范和生物安全防护知识;进行生物危害评估,审批是否涉及病原微生物感染、化学染毒、放(辐)射等需要在特殊实验条件下方可实施的项目等。

(艾德生　叶　懿)

参考文献

[1] 世界卫生组织.实验室生物安全手册[EB/OL].4版(2020 - 03 - 27)[2023 - 12 - 30].
https://www.chinacdc.cn/lac/gzzd/gwfgbz/202003/t20200327_215579.htm.

[2] 敖天其,廖林川.实验室安全与环境保护[M].成都:四川大学出版社,2015.

[3] 卫生部.医疗机构临床实验室管理办法[J].司法业务文选,2006,(21):42 - 48.

[4] 医疗机构临床实验室管理办法[C]//贵州省医学会检验分会.贵州省全省检验人员检验医学知识更新培训班资料汇编.[出版者不详],2006:6.

[5] 农业部.高致病性动物病原微生物菌(毒)种或者样本运输包装规范[J].中国动物检疫,2005,(7):5.

[6] 国务院.病原微生物实验室生物安全管理条例[EB/OL].(2018 - 03 - 19)[2023 - 12 - 30].https://www.mee.gov.cn/ywgz/fgbz/xzfg/202303/t20230316_1019776.shtml.

[7] 武桂珍.实验室生物安全能力建设[M].北京:清华大学出版社,2023.

[8] 全国艾滋病检测技术规范(2015年修订版)[J].中国病毒病杂志,2016,6(6):401 - 427.

第 9 章
生物安全实验室的操作管理

生物安全实验室的操作管理是避免实验室感染和环境污染的必要措施。在生物安全实验室中,进行实验活动也不可避免地要接触、使用、保存和处理含有病原微生物的感染性物质,这些感染性物质是造成人员伤害和环境污染的更加危险的潜在因素。感染性物质至少包括病原微生物菌(毒)种或样本、实验过程中操作的一切含病原微生物的实验材料和实验废弃物等。因此,加强对病原微生物菌(毒)种或样本的采集、运输和保存管理,实验过程中严格遵守操作技术规程,实验完成后对实验材料进行合适的处理,对实验废弃物以合适的物理或化学消毒、灭菌方法进行处理和丢弃,是防止实验室感染和环境污染发生的必要措施。同时,为确保实验室生物安全,还应有意外事故的应对方案和应急程序[1-2]。

9.1 生物安全实验室的操作原则

生物实验室从事高致病性病原微生物的研究,需要在高等级生物安全实验室进行。实验前,需要研究人员掌握实验室生物安全操作手册中的要点,对相关操作进行训练,避免生物安全事故的发生。本节将对在高等级生物安全实验室进行高致病性病原微生物相关的科研实验所必须掌握的实验室生物安全操作方面的内容进行介绍。

9.1.1 生物安全实验室的操作要求

实验人员应该根据所操作的病原微生物的分级,选择不同生物安全防护水平的实验室(BSL-1、BSL-2、BSL-3、BSL-4),并依据各级生物安全实验室的操作要求开展研究。不同生物安全防护水平实验室的操作要求具体如下。

9.1.1.1 BSL-1 实验室的操作要求

BSL-1 实验室微生物操作规程中的安全操作要点包括以下几点[3]。

(1)禁止非实验人员进入实验室。若为参观实验室等特殊情况,则须经实验室负责人批准后方可进入。

(2)应在入室处张贴生物危害标志,标明所使用的病原微生物、实验室负责人的联系方式以及进入要求。

(3)接触病原微生物或含有病原微生物的物品后、脱掉手套后和离开实验室前要洗手。禁止在工作区进食、吸烟、处理隐形眼镜、化妆及储存食物等。

(4)制订尖锐器具的安全操作规程,并按照实验室安全操作规程操作,以避免活性物质的溅出、减少气溶胶的产生。

(5)每天至少消毒 1 次工作台面,活性物质溅出后,应随时消毒。

(6)在将所有培养物、废弃物运出实验室前,必须进行灭活(如高压蒸汽灭活)。必须将需运出实验室灭活的物品放在专用密闭容器内。

(7)制订有效的防鼠、防虫措施[2,4-5]。

9.1.1.2 BSL-2 实验室的操作要求

BSL-2 实验室的操作除需满足 BSL-1 实验室的所有要求外,还需满足以下要求。

(1)应在入室处张贴生物危害标志,标明所使用的病原微生物、实验室负责人的联系方式以及进入要求。

(2)实验室应使用安全门限制人员的进入;应有火灾报警器及消防设备。

(3)只有所需的器材才能置于实验室内。

(4)所有设备及物品需移出实验室时,必须经过适当的消毒[2,4-5]。

9.1.1.3 BSL-3 实验室的操作要求

BSL-3 实验室的操作除需满足 BSL-2 实验室的所有要求外,还需满足以下要求。

1. 实验室安全计划的内容

实验室安全计划应包括教育、定位、培训、审核及评估等促进实验室安全行为的程序。其内容包括但不限于下列要素。

(1)实验室安全和健康规定。

(2)实验室书面的工作程序,包括安全工作行为等。

(3)教育、培训及对实验人员的监督。

(4)实验室常规检查。

(5)实验室危险材料和物质的管理措施。

(6)健康监护、急救服务及设备。

(7)事故及病情调查记录。

(8)生物安全管理领导小组评审。

(9)实验室记录及统计。

(10)确保落实审核中提出的需要采取的全部措施。

(11)每年应由受过适当培训的人员对安全计划至少审核和检查 1 次,并为每个领域特制检查表,以便有效地协助审核工作[2,4-5]。

2. 实验室记录的内容

实验室记录内容包括以下几点。

(1)实验室应建立并保持实验记录,以提供安全管理体系安全运行的证据。记录应清晰、易于识别和检索。

(2)应编制形成文件的程序,以规定实验室记录的标识、贮存、保护、检索、保存期限和处置所需的控制。

(3)实验室记录可以用任何媒体的形式,而不仅限于纸张。

(4)在《实验室生物安全认可准则》(CNAS - CL05:2009)中,必须有以下几种记录:①疾病,伤害和不利事件记录;②危害评估记录;③危险废物记录;④职业性事件、伤害、事故和职业性疾病的报告。

(5)所有事故(包括伤害事故)报告应形成文件,其中应包括事故的详细描述、原因评估、预防类似事故发生的建议以及为实施建议所采取的措施[2,4-5]。

3. 实验室的良好内务行为

实验室的良好内务行为包括以下几点。

（1）工作人员应按要求做好内务管理，时刻使实验室处于清洁、整齐、安全的良好工作状态。

（2）不得在实验室内进行与科研无关的活动。

（3）禁止存放可能导致行走阻碍的大量材料以及与工作无关的其他物品。

（4）对所有用于处理污染性材料的设备和工作台面，应在每次工作结束后予以及时地消毒和清洁，以使设备和台面处于正常工作状态。

（5）实验室应制订防范生物样本、化学品等危险物泄漏的保证措施及针对泄漏的危害评估程序、清洁和消毒程序等。

（6）实验室应有警示标志并严格限制与科研无关人员的进出[2,4-5]。

4. 实验室安全工作行为

（1）常规的实验室安全工作行为包括：①进入实验室的实验人员或者其他有关人员，应当经实验室主任批准；②从事高致病性病原微生物相关实验活动时，应当有 2 名以上的实验人员共同进行；③实验室应当为其提供符合防护要求的防护用品并采取其他职业防护措施；④应制订洗手程序，明确洗手的时机、方法、方式以及所用的液体；⑤配备的洗手池不得用于其他目的，同时洗手池的下水管应接入专用容器，在彻底消毒并确认对周围环境无害后方可排出。

（2）接触生物源性材料的安全工作行为包括：①实验人员应经过必要的培训，以确保其具备良好的微生物操作技术；②每项实验操作应严格按本实验室的标准操作程序进行；③实验人员应穿戴符合风险防护级别的个体防护装备，尤其是在污染区工作时；④开启生物源性样本的包装时，应在生物安全柜内进行，以防止泄漏或产生气溶胶；⑤严禁直接用口吸移任何液体；⑥应尽可能避免使用或减少使用玻璃等材质制作的各种利器，对使用利器的实验人员应进行必要的安全操作培训；⑦对所有具有潜在传染性或毒性的物质和参考物质在存放、处理和使用时，应按未知风险的样本对待；⑧进行动物实验时，实验人员应穿戴耐抓咬且防水的专用防护服和手套，佩戴适当的面、眼部防护装置，必要时，应增加呼吸防护装备，而且这种操作应在隔离器内进行；⑨在生物安全柜内不能使用明火，允许使用微型电加热器，但最好使用一次性无菌接种环；⑩对各个操作环节中出现的生物安全事故，实验室区域生物安全负责人应做好事故记录，并及时报告给实验室安全负责人，由实验室安全负责人召集生物安全管理领导小组各成员，由生物安全管理领导小组提出事故评估和处置意见。

（3）实验室防止气溶胶发生的安全工作行为包括：①实验室的内部设计、构造及操作程序应能最大程度地降低实验人员接触化学或生物源性有害气溶胶的概率；②进行离心操作时，应将材料置于有盖的安全罩内；③应将样本置于有盖容器内进行搅拌、分散；④生物因子的接种、培养、收取等操作必须在生物安全柜内进行；⑤对实验操作过程产生的各种有害气溶胶，在未经高效过滤等无害化处理前，不得直接排放；⑥制订不当操作引发气溶胶污染事故的紧急预案，对暴露于其中的人员进行医学观察和治疗[2,4-5]。

9.1.1.4 BSL-4 实验室的操作要求

BSL-4 实验室的操作除需满足 BSL-3 实验室的所有要求外，还需满足以下要求。

（1）对实验人员进行有针对性的免疫接种。

（2）严格控制实验人员的进入，必须在实验室或单个实验室房间进行操作的人员或辅助人员陪同下才允许进入。

（3）对实验人员或其他高危人员进行基准血清样本收集保存，并依据所处理病原微生物的种类或实验室的职能，定期进行血清样本的阶段性收集。

（4）需从 BSL-4 实验室移除的有活性或保持完整状态的生物材料时，必须先将其转移到有防碎封口的初级容器中，再装入有防碎封口的二级容器中，然后通过专门为此设计的消毒浸泡罐、熏蒸消毒室或密封过渡间移出室外。

（5）应特别谨慎使用或不使用锐利器具。

（6）发生传染性物质扩散事故时，应由专业人员或其他受过专门训练、懂得处理高浓度传染物质的人员进行消毒、收集和清洁，应制订并张贴扩散后的处理程序[2,4-5]。

9.1.2 生物安全实验室的个体防护

在危害评估的基础上，实验人员根据不同级别的防护要求选择适当的个体防护装备。实验室防护用品应符合国家的相关规定，具有明确的书面规定和程序，以指导实际应用。

9.1.2.1 个体防护装备

1. 眼睛的防护装备

在所有易发生潜在眼睛损伤（由物理、化学和生物因素引起）的生物安全实验室中工作时，必须采取眼睛防护措施。所选用的眼睛防护装备的类型取决于外界危害因子对眼睛的危害程度。大多数情况下，安全眼镜能够保护实验人员眼睛免受大部分实验操作带来的伤害。只有在进行有可能发生化学和生物污染物质溅出的实验时，才必须佩戴护目镜。

以下情形仅佩戴安全眼镜是不够安全的：①对某些特殊的操作，有可能造成如腐蚀性液体喷溅或细小颗粒飞溅时；②用铬酸类溶液洗涤玻璃器皿、碾磨物品时；③用玻璃器皿进行极具爆破或破损危害（如在压力或温度突然增加或降低的情况下）的实验室操作时。此外，实验人员在生物安全实验室工作时，不应佩戴隐形眼镜[6-9]。

安全眼镜见图9.1；护目镜见图9.2。

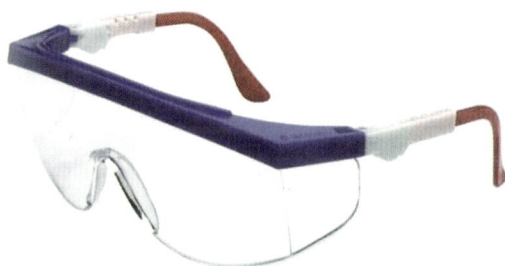

图9.1 安全眼镜

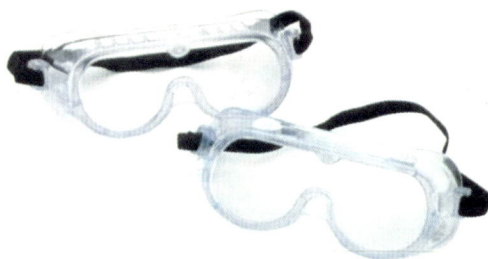

图9.2 护目镜

另外，BSL-2实验室在必要时，应有应急喷淋装置；BSL-3实验室应设置淋浴装置（清洁区），必要时，应在半污染区设置应急消毒喷淋装置。如发生腐蚀性液体或生物危害液体喷溅至实验人员眼睛的情况时，应该在就近的洗眼台（洗眼装置）用大量缓流清水冲洗眼睛表面 15～30 min[6-9]。

2.呼吸系统的防护装备

除一般在 BSL-1 或 BSL-2 实验室可用普通口罩来保护部分面部免受生物危害物质(如血液、体液和分泌物等)的污染外,往往还可以佩戴防护面罩,与口罩组合使用。

普通口罩见图9.3;防护面罩见图9.4。

图9.3　普通口罩

图9.4　防护面罩

当实验操作不能安全有效地将气溶胶限定在一定的范围时,就要使用防护面具(如正压面罩、个人呼吸器和正压服等)。使用防护面具的注意事项:①在进行高度危险性操作(清理溢出的感染性物质和气溶胶)时,可以用防护面具进行防护;②根据危险类型选择防护面具;③在防护面具中装有一种可更换的过滤器,它可以使佩戴者免受气体、蒸汽、颗粒、病原微生物及气溶胶的影响。过滤器必须与防护面具的类型相配套;④为了达到理想的防护效果,每一个防护面具都应与操作者的面部相吻合[6-9]。

一次性防护面具见图9.5。

图9.5　一次性防护面具

3. 手部的防护装备

(1)生物安全实验室一般使用乳胶、聚腈类或PVC手套对强酸、强碱、有机溶剂和生物危害物质进行防护。

(2)在使用手套前,应该检查手套是否褪色、穿孔或有裂缝。

(3)一般情况下,佩戴一副手套即可(BSL-1、BSL-2实验室)。若在生物安全柜中操作感染性物质(BSL-2实验室),则应佩戴两副手套。

(4)在操作过程中,若外层手套被污染,则应立即用消毒剂喷洒手套,然后脱下手套,并丢弃在生物安全柜内的高压灭菌袋中,紧接着戴上新手套继续实验。戴手套时,应使之完全遮住手及腕部,如有必要,则可使之覆盖实验服衣袖。

(5)使用后的一次性手套,不可重复使用,应立即进行高压灭菌处理,然后丢弃。不得戴着手套离开实验室区域。实验人员在完成感染性物质实验、离开生物安全柜前,应该脱去外层手套,并将之丢入生物安全柜内的高压灭菌袋中,然后用消毒液喷洗内层手套,以避免污染门抓手、电灯开关、电话等(BSL-2、BSL-3实验室)[6-9]。

图9.6　医用手套

医用手套见图9.6。

4. 躯体的防护装备

(1)在实验室中,实验人员必须一直或持续穿着防护服(如实验服、隔离衣、连体衣、围裙及正压服等）。实验服一般用于 BSL－1 实验室。隔离衣和连体衣一般用于 BSL－2、BSL－3 实验室。当有可能发生血液、培养液或生物危害物质喷溅时，实验人员应穿上具有塑料高颈保护功能的围裙。具有生命支持系统的正压服主要用于 BSL－4 实验室，如进行埃博拉病毒研究时使用。

（2）清洁的防护服应放置在专用存放处；污染的防护服应放置在有标志的防漏消毒袋中。

（3）每隔适当的时间应更换防护服，以确保清洁；当防护服被危险材料污染后，应立即更换；离开实验室区域前，应脱去防护服[6-9]。

实验服、隔离衣、防护服及正压服见图9.7。

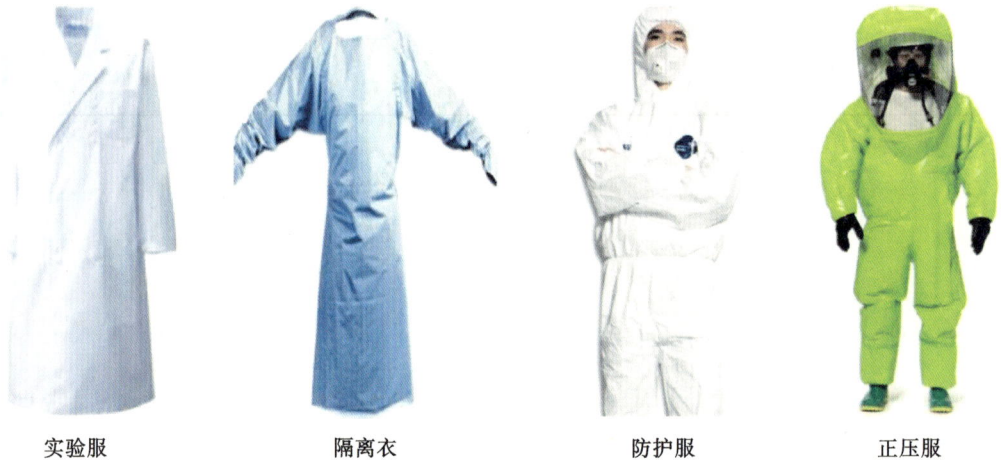

| 实验服 | 隔离衣 | 防护服 | 正压服 |

图 9.7　实验服、隔离衣、防护服及正压服

5. 足部的防护装备

在实验室中存在物理、化学和生物危险因子的情况下，穿合适的鞋袜、鞋套或靴套可以防止实验人员的足部受到损伤。在 BSL－2、BSL－3 实验室中，实验人员应坚持穿鞋套或靴套；在 BSL－3、BSL－4 实验室中，实验人员应使用专用鞋。禁止在生物安全实验室中穿凉鞋、拖鞋、露趾或机织物鞋面的鞋[6-9]。

实验室内专用的工作鞋和鞋套见图9.8。

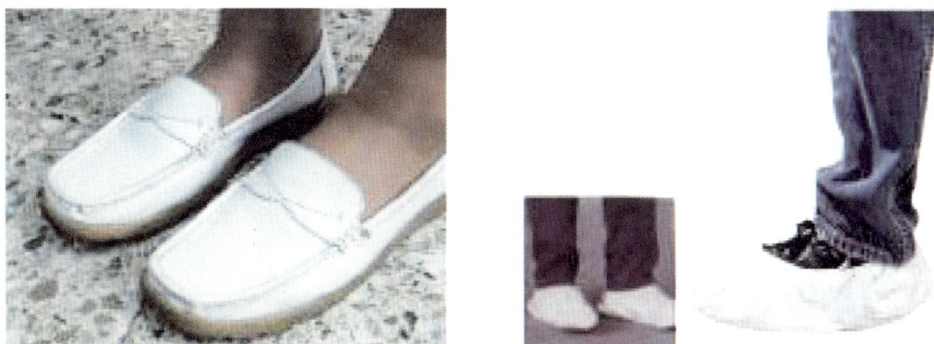

图9.8 实验室内专用的工作鞋和鞋套

9.1.2.2 个体防护要求

1. BSL－1 实验室的防护要求

实验人员在开展实验时,应穿工作服、防护服,戴手套,必要时应佩戴防护眼镜。完成实验后,必须将工作服、防护服等留在实验室内并定期进行消毒、洗涤。

2. BSL－2 实验室的防护要求

除符合 BSL－1 实验室的要求外,BSL－2 实验室还应该符合:①在工作服外套罩衫或穿防护服,戴帽子和口罩;②如可能发生感染性材料的溢出或溅出,则应戴两副手套,待工作完全结束后,方可脱去手套;③当病原微生物操作无法在生物安全柜内进行,而必须采取外部操作时,为防止感染性材料溅出或带来气溶胶危害,则必须使用面部保护装置(如护目镜、面罩或其他防溅出保护设备等)。

3. BSL－3 实验室的防护要求

除符合 BSL－2 实验室的要求外,BSL－3 实验室还应该符合:①必须使用个体防护装备(两层防护服、两层手套、生物安全专业防护口罩);②当不能安全有效地将气溶胶限定在一定范围时,实验人员应佩戴眼罩、使用呼吸保护装备等;③实验人员在进入实验室工作区前,应在专用的更衣室(或缓冲间)穿工作服或防护服;④工作完毕,必须脱下工作服或防护服,不得穿工作服或防护服离开实验室。

4. BSL－4 实验室的防护要求

除符合 BSL－3 的要求外,BSL－4 实验室还应该符合:①所有实验人员进入 BSL－4 实验室时,必须换上全套实验室服装,包括内衣、内裤、衬衣、鞋和手套等;②工作完毕,应脱下所有防护服,淋浴后再离开;③与灵长类动物接触时,应考虑黏膜暴露对人的感染风险,必须使用面部保护装备(如护目镜、面罩或其他防溅出保护设备等);④进行容易产生高危险性气溶胶的操作(如收集感染动物的尸体、体液)时,应同时使用高等级生物安全柜或其他物理防护设备和个体防护装备(如口罩和面罩);⑤当不能安全有效地将气溶胶限定在一定范围内时,应使用呼吸保护装备;⑥不同类型的 BSL-4 实验室所使用的个体防护装备不同[6-9]。

9.2 生物安全实验室仪器设备的操作规范

生物安全实验室是由各种实验仪器设备的运行开展起来的。人们常因仪器设备操作不当而造成与实验工作有关的感染和损伤。因此,本节将对生物安全实验室常用仪器设备的使用规范进行介绍。

有效的实验仪器设备管理是病原微生物实验室生物安全的保障,有利于保证生物安全实验室仪器设备本身的正常运行,减少不必要的额外人员感染和损伤。只有保证生物安全设备的正常运行,才能保证实验室的生物安全,因此,实验室应制订仪器设备的维护和检查程序,严格按程序文件执行,具体要求如下:①建立设备档案,包括采购合同、仪器设备使用说明书、合格证、注册证、仪器设备检测报告(如离心机转速检测)、标准操作规程、使用记录、维护维修记录,大型仪器使用记录等,应安排专人管理仪器设备;②建立仪器设备标识,每台仪器设备应有唯一性标识(包括名称、生产厂家、型号规格、管理编号、使用人、使用日期、检定日期等信息)、状态标识(如准用、限用或停用)及生物安全标识;③定期检查实验仪器的各种状态和指标是否合格,电路是否老化等,如检查生物安全柜的风速、气流量和过滤情况,冰箱内部冰霜积累情况,离心机转头牢固性等[6-9]。生物安全实验室常用仪器设备的使用要求具体如下。

9.2.1 离心机的操作规范

(1)仪器设备良好的机械性能是保障生物安全的前提条件。在实验室内使用离心机时,应按照操作指南来操作离心机。

(2)离心机放置的高度应当使个头较矮的实验人员也能够看到离心机内部,以正确放置十字轴和离心桶。

（3）离心管和盛放离心标本的容器应当由厚玻璃制成，或最好为塑料制品；在使用前，应检查容器是否破损。用于离心的试管和标本容器应始终盖紧（最好使用螺旋盖）。

（4）离心管和离心桶的装载、平衡、密封和打开必须在生物安全柜内进行。

（5）应按重量配对离心桶和十字轴，并在装载离心管后正确平衡。操作指南中应给出液面距离心管管口需要留出空间的大小。

（6）应当用蒸馏水或乙醇（70%异丙醇溶液）来平衡空离心桶。盐溶液或次氯酸盐溶液对金属具有腐蚀作用，因此不能使用。

（7）对危险度Ⅰ级和Ⅱ级的病原微生物，必须使用可封口的离心桶（安全杯）。

（8）当使用固定角离心转子时，注意不能将离心管装得过满，否则会导致漏液。

（9）应当每天检查离心机内转子部位的墙壁是否被污染。如污染明显，则应重新评估操作指南。应当每天检查离心转子和离心桶是否有腐蚀或细微裂痕。每次使用后，应清除离心桶、转子和离心机腔的污染物。使用后，应当将离心桶倒置存放，以使平衡液流干。

（10）当使用离心机时，可能喷射出可在空气中传播的感染性颗粒。如果将离心机放置在传统前开式的Ⅰ级或Ⅱ级生物安全柜内，则这些粒子将因运动过快而不能被安全柜内的气流截留。若在Ⅲ级生物安全柜内封闭离心，则可以防止气溶胶发生广泛扩散。但是，良好的离心操作技术和牢固加盖的离心管可以提供足够的保护，以防止感染性气溶胶和可扩散粒子的产生[6-9]。

9.2.2 匀浆器、搅拌器、摇床和超声处理器的操作规范

（1）在实验室内不能使用家用（厨房）匀浆器，因为它们可能泄漏或释放气溶胶。使用实验室专用匀浆器会更为安全。

（2）盖子、杯子或瓶子应当保持正常状态，没有裂缝或变形。盖子应能封盖严密，衬垫也应处于正常状态。

（3）在使用匀浆器、搅拌器、摇床和超声处理器时，容器内会产生压力，此时含有感染性物质的气溶胶就可能从盖子和容器间隙溢出。因为玻璃可能破碎并释放感染性物质，进而伤害实验人员，因此建议使用塑料容器，尤其是聚四氟乙烯容器。

(4)使用匀浆器、搅拌器、摇床和超声处理器时,应该用一个结实透明的塑料箱覆盖仪器设备,并在用完后消毒。可能的话,可先对这些仪器设备覆盖塑料罩,然后在生物安全柜内进行操作。

(5)操作结束后,应在生物安全柜内打开容器。应为使用超声处理器的实验人员提供听力保护[6-9]。

9.2.3 组织研磨器的操作规范

(1)拿玻璃组织研磨器时,应戴上手套并用吸收性材料包住。塑料(聚四氟乙烯)组织研磨器更加安全。

(2)操作和打开组织研磨器时,应当在生物安全柜内进行[6-9]。

9.2.4 冰箱、冰柜及液氮罐的操作规范

(1)应对冰箱和冰柜定期进行除霜和清洁,应清理出所有在储存过程中破碎的安瓿和试管等物品。清理时,应佩戴厚橡胶手套并进行面部防护;清理后,应对内表面进行消毒。

(2)应当清楚地标明储存在冰箱内的所有容器内的物品的名称、储存日期和储存者姓名等信息。未标明的物品或废旧物品应当经高压灭菌后丢弃。

(3)应当保存一份冻存物品的清单。除非有防爆措施,否则冰箱内不能放置易燃溶液。在冰箱门上应注明这一点。

(4)不得将含有感染性物质的普通安瓿浸入液氮;破损或密封不好的安瓿在移动时可能破裂或爆炸。如果要求以非常低的温度保藏安瓿,则应保存在液氮上面的气相中,否则应该保存在深低温冰柜中。

(5)在向液氮罐中添加液氮或从其中取物时,应佩戴线制手套和眼睛保护装置。若液氮罐中贮存过污染材料,则在拿出任何物品时都应对其外表面进行消毒。为防止因液氮罐原因造成的贮存材料丢失,3~4 d内必须检查1次液氮量,如发现异常,则应及时处理[6-9]。

9.2.5 水浴锅与高压蒸汽灭菌锅的操作规范

（1）使用水浴锅和高压蒸汽灭菌锅前，务必检查其水位是否在安全水位之上，若要加水，则最好选择双蒸水。

（2）使用者必须戴防护手套，穿防护服。应定时用化学杀菌剂对仪器设备外部进行擦拭消毒。

（3）对需通过水浴加热的病原微生物，应选用旋紧螺旋帽的试管进行加热，加热期间应保证试管未被污染。对水浴锅的水，可根据所研究病原微生物的危险度等级进行定时消毒和替换。

（4）高压蒸汽灭菌锅需带有高效空气过滤器的排气阀，工作时需要确保有足够的温度、压力和灭菌时间，以杀死病原微生物。一般采用的参数是 121 ℃、20~30 min。物品应合理堆放，物品间应留有空隙，螺旋盖子应拧松，以利于蒸汽的穿透和灭菌效果的提高[6-9]。

9.2.6 生物安全柜的操作规范

（1）为了避免发生物品间的交叉污染，整个工作过程中所需要的物品应在工作开始前一字排开地放置在生物安全柜中，以便在工作完成前没有任何物品需要经过空气流隔层拿出或放入，应特别注意的是，前排和后排的回风格栅上不能放置物品，以防止堵塞回风格栅，影响气流循环。

（2）在开始工作前及完成工作后，需使气流循环一段时间，完成生物安全柜的自净过程。每次试验结束后，应对柜内进行清洁和消毒。

（3）操作过程中，应尽量减少双臂进出次数。双臂进出生物安全柜时，动作应缓慢，以免影响正常的气流平衡。

（4）移动生物安全柜内的物品时，应按低污染向高污染移动的原则；柜内实验操作应按从清洁区到污染区的方向进行。操作前，可用消毒剂浸湿的毛巾垫底，以便吸收可能溅出的液滴。

（5）尽量避免将离心机、振荡器等仪器设备安置在生物安全柜内，以免仪器设备振动时滤膜上的颗粒物质抖落，导致柜内洁净度下降；同时，应避免这些仪器设备散热排风口的气流对柜内气流平衡的影响。

(6)当柜内2种及2种以上的物品需要移动时,应遵循从低污染性物品向高污染性物品移动的原则,以免高污染性的物品在移动过程中产生对柜体内部的大面积污染。

(7)在生物安全柜内不能使用明火,以防因燃烧过程中产生的高温细小颗粒杂质带入滤膜而损伤滤膜。

(8)在剩余的培养基中,可能出现微生物的肆意生长、繁殖,因此在实验结束后,应清除所有物品表面的污染物并安全地将物品移出生物安全柜。

(9)在生物安全柜使用的地点,必须张贴操作指南。每一位可能使用生物安全柜的实验人员都必须阅读并遵守操作指南。若出现意外,则应第一时间冷静地进行处理[10]。

9.2.7 显微镜和冰冻切片机的操作规范

(1)用显微镜检测固定后染色的血液、痰和排泄物等标本涂片时,可能接触到未杀死的病原微生物,因此进行这些操作时,应戴手套。操作完成后,应妥善保存涂片;丢弃前,应进行消毒或高压灭菌。对液体标本需要加入盖玻片,以免污染目镜和其他部位。使用二甲苯擦拭100倍目镜上的香柏油时,应戴手套、护目镜,穿工作服,保证空气流通。操作完毕,应立即洗手。

(2)使用结束后,应对显微镜的台面进行消毒(用甲醛通过加热熏蒸法进行消毒,熏蒸应当在室温不低于21 ℃且相对湿度为70%的条件下进行)。

(3)对强度较高的组织标本,应先用福尔马林固定,然后再进行切片,以免冰冻切片机被污染。如果必须进行冰冻切片,则应将切片机放在可控制的罩中。操作者应戴防护面罩[6-9]。

9.2.8 移液管和移液辅助器的操作规范

(1)所有移液管应带有棉塞,以减少对移液器具的污染。应使用移液辅助器,严禁用口吸取。

(2)不能向含有感染性物质的溶液中打入气体。对感染性物质,不能使用移液管反复进行吹吸混合。不能将液体从移液管内用力吹出。

（3）刻度移液管不需要排出最后一滴液体，因此最好使用这种移液管。

（4）应将污染的移液管完全浸泡在盛有适当消毒液的防碎容器中；应将移液管在消毒剂中浸泡适当时间后再进行处理。

（5）盛放废弃移液管的容器不能放在外面，应当放在生物安全柜内。有固定皮下注射针头的注射器不能用于移液。

（6）在打开用隔膜封口的瓶子时，应使用可以用移液管的工具，避免使用皮下注射针头和注射器。

（7）为了避免感染性物质从移液管中滴出并扩散，在工作台面应当放置浸有消毒液的抹布或纸，使用后，将其按感染性废弃物进行处理[6-9]。

9.3　病原微生物实验室的操作管理

许多病原微生物实验室伤害及与工作有关的感染多由人为失误或实验技术使用不当所致。另外，消毒和灭菌操作技术的基本常识对实验室生物安全来说也至关重要。本节将介绍病原微生物实验操作管理知识，以避免或尽量减少操作不当带来的问题，为病原微生物实验室的灭菌和消毒提供参考；介绍病原微生物实验相关的紧急情况和应急措施，建立标准的和专门的程序，为处理病原微生物实验室涉及的紧急事故提供参考。

9.3.1　病原微生物实验室一般性的安全操作

9.3.1.1　病原微生物实验室中标本的安全操作

若病原微生物实验室标本的收集、运输和处理不当，则会给实验人员带来感染的危险。

（1）标本容器：可以是玻璃的，但最好使用塑料制品；标本容器应当坚固；应正确地用盖子或塞子盖好标本容器，确保其无泄漏；在标本容器外部不能有残留物；在标本容器上应正确地粘贴标签，以便于识别；不能将标本的要求或说明书卷在容器外面，而应分开放置，最好放置在防水的袋子内。

(2)标本在设施内的传递:为了避免意外泄漏或溢出,应当使用盒子等二级容器,并将其固定在架子上,使装有标本的容器保持直立。二级容器可以是金属或塑料制品,应该具有耐高压蒸汽灭菌或耐化学消毒剂腐蚀的作用。密封口处最好有垫圈,应定期清除密封口处的污染物。

(3)标本接收:需要接收大量标本的实验室应当安排专门的房间或空间。

(4)打开包装:接收和打开标本的工作人员应当了解标本对身体健康的潜在危害,并接受过标准防护方法的培训,尤其是处理破碎或泄漏的容器时更应如此。标本的内层容器应在生物安全柜内打开,并准备好消毒剂。在整个标本收集、传递和接收的过程中,工作人员应穿工作服,戴手套和口罩,事后应洗手[1-2,4]。

9.3.1.2　避免感染性物质的扩散

(1)操作带有传染性或未知病原微生物的标本时,根据安全操作规程,应在生物安全柜中进行[5]。

(2)为了避免被接种物洒落,病原微生物接种环的直径应为 2~3 mm,病原微生物接种环应完全封闭,其柄的长度应小于 6 cm,以减小抖动。

(3)应使用封闭式微型电加热器消毒病原微生物接种环,避免在本生灯的明火上加热,以免引起感染性物质爆溅。最好使用一次性病原微生物接种环。

(4)处理干燥的痰液标本时,应注意避免生成气溶胶。

(5)应当将准备进行高压灭菌和(或)即将被处理的废弃标本和培养物放置在防漏的容器(如实验室废弃物袋)内,在丢弃到废弃物盛器前,应将其顶部固定好(如采用高压灭菌胶带)。

(6)在每一阶段工作结束后,必须采用适当的消毒剂清除工作区的污染。

9.3.1.3　避免感染性物质的吸入及与皮肤和眼睛的接触

(1)操作病原微生物过程中释放的较大粒子和液滴(直径大于 5 μm)会迅速沉降到工作台面和操作者的手上。实验人员在操作病原微生物时,应戴一次性手套、口罩和护目镜,根据安全操作规程在生物安全柜中进行[10]。

(2)禁止在实验室内进食和储存食品。在实验室内,禁止口含钢笔、铅笔、口香糖等物品。禁止在实验室内化妆。

(3)在所有可能产生潜在感染性物质喷溅的操作过程中,实验人员应将面部(尤其是口和眼)遮住或采取其他防护措施[1-2,4]。

9.3.1.4 避免感染性物质的注入

(1)避免破损玻璃器皿刺伤引起的接种感染,尽可能用塑料制品代替玻璃制品。

(2)避免因锐器损伤(如皮下注射针头、巴斯德玻璃吸管等)而意外注入感染性物质。

(3)以下两点可以减少针刺损伤:①减少使用注射器和针头(可用一些简单的工具来打开瓶塞,然后使用吸管取样,而不用注射器和针头);②在必须使用注射器和针头时,应采用锐器防护装置。

(4)不要重新给用过的注射器针头戴护套和弄弯针头。应将使用后的锐器丢弃在耐穿透的带盖锐器盒中,并做明显的标记。处理装满的锐器盒时,应与其他垃圾分开处理,将整个锐器盒交于有处理资质的环保公司或机构处理,不可自行拆盒。

(5)最好用巴斯德塑料吸管代替玻璃吸管[1-2,4]。

9.3.1.5 血清的分离

(1)只有经过严格培训的人员才能进行这项工作。操作时,应戴手套、口罩及眼睛和黏膜保护装置。

(2)规范操作可以避免或尽量减少喷溅和气溶胶的产生。应小心吸取血液和血清,试管不能倾倒。严禁用口吸液。

(3)使用完移液管后,应将之完全浸入适当的消毒液中。应将移液管在消毒液中浸泡适当时间,然后再丢弃或于灭菌、清洗后重复使用。应将移液枪头用消毒液浸泡后装入锐器盒,不可重复使用。

(4)在为带有血凝块等的废弃标本管加盖后,应当放在适当的防漏容器内进行高压灭菌和(或)焚烧;准备进行高压灭菌处理时,应拧松标本管盖,以进行彻底的消毒、灭菌。

(5)应准备适当的消毒剂,用以清洗喷溅和溢出的标本[1-2,4]。

9.3.1.6 装有冻干感染性物质安瓿的开启

因为安瓿内部可能处于负压,突然冲入的空气可使一些物质扩散入空气,所以应该缓慢打开装有冻干感性性物质的安瓿。应该在生物安全柜内打开安瓿[10],打开步骤如下。

（1）首先清除安瓿外表面的污染物。

（2）如果管内有棉花或纤维塞，则可在管上靠近棉花或纤维塞的中部锉一痕迹。

（3）用酒精浸泡过的棉花将安瓿包起来，以保护双手，然后手持安瓿，将之从标记的锉痕处打开。

（4）将安瓿顶部小心移去并按污染材料处理。

（5）如果棉花或纤维塞仍然在安瓿上，则可用消毒镊子除去。

（6）缓慢向安瓿中加入液体来重悬冻干感染性物质，以免出现泡沫[1-2,4]。

9.3.1.7　装有感染性物质安瓿的储存

装有感染性物质的安瓿不能浸入液氮中，因为这样会使有裂痕或密封不严的安瓿在取出时发生破碎或爆炸。如果需要低温保存，则应当将安瓿储存在液氮上面的气相中。此外，应将感染性物质储存在低温冰箱或干冰中。当从冷藏处取出安瓿时，实验人员应当进行眼睛和手的防护，并对安瓿外表面进行消毒[1-2,4]。

9.3.1.8　血液和其他体液、组织及排泄物的标准防护方法

设计标准防护方法，以降低从已知或未知感染源中传播病原微生物的风险。

（1）标本的收集、标记和运输：①始终遵循标准防护方法，进行所有操作时，均应戴手套、口罩、护目镜，穿工作服；②应当由受过培训的人员采集患者或动物的血样；③在进行静脉抽血时，应当使用一次性的安全真空采血管取代传统的针头和注射器，因为这样可以使血液直接采集到带塞的运输管和（或）培养管中，用完后，可自动废弃针头；④应将装有标本的试管置于适当的容器中并运至实验室，转运时，需走专门通道，应将之与检验申请单分开放置在防水袋或信封内；⑤接收人员不应打开这些袋子。

（2）打开标本管和取样：①应当在生物安全柜内打开标本管[10]；②必须戴手套，并建议对眼睛和黏膜进行保护（戴护目镜或面罩）；③在防护服外面要穿上塑料围裙；④打开标本管时，应用纸或纱布抓住塞子，以防止喷溅。

（3）玻璃器皿和锐器：①尽可能用塑料制品代替玻璃制品，只能用实验室级别（硼硅酸盐）的玻璃，任何破碎或有裂痕的玻璃制品均应丢弃；②不能将皮下注射针作为移液管使用。

（4）用于显微镜观察的盖玻片和涂片：对用于显微镜观察的血液、唾液和粪便标本进行固定和染色时，不必杀死涂片上的所有病原微生物，应当用镊子夹取，妥善储

存,并经清除污染和(或)高压灭菌后再丢弃。

（5）自动化仪器设备(如超声处理器、涡旋混合器)：①为了避免液滴和气溶胶的扩散,这些仪器设备应采用封闭型的;②应当将排出物收集在封闭的容器内后,再进行高压灭菌和(或)废弃;③在每一步完成后,应根据操作指南对仪器设备进行消毒。

（6）组织标本：①应用福尔马林固定组织标本;②应当避免冰冻切片。如果必须冰冻切片,则应当罩住冰冻机,操作者应戴安全防护面罩。清除污染物时,应使仪器设备的温度升至20 ℃。

（7）清除污染：建议使用次氯酸盐和高级别的消毒剂来清除污染。一般情况下,可使用新鲜配制的含有效氯1 g/L的次氯酸盐溶液;处理溢出的血液时,有效氯的浓度应达到5 g/L。戊二醛可用于清除表面污染物[1-2,4]。

9.3.2   病原微生物实验室的消毒和灭菌

消毒和灭菌的基本常识对于实验室生物安全来说至关重要。因为对严重污染的物品无法迅速地实现消毒或灭菌,所以了解预清洁的基本原理也同样重要。以下基本原则适用于所有已知不同级别的病原微生物。关于清除污染的特殊要求,要根据实验项目的类型以及所操作的感染性物质的特性来决定。

9.3.2.1   病原微生物实验室的消毒、灭菌方案

1.清除局部环境的污染物

需要联合应用液体和气体消毒剂来清除实验室空间、用具和仪器设备的污染物。清除表面污染物时,可以使用次氯酸钠溶液;含有有效氯1 g/L的溶液适用于普通的仪器设备,但是当处理高危环境时,建议使用高浓度(5 g/L)溶液;清除环境中的污染物时,可以将含有3%过氧化氢的溶液作为漂白剂的代用品。

可以通过加热多聚甲醛或煮沸福尔马林所产生的甲醛蒸汽熏蒸来清除房间和仪器设备的污染物。这是一项需要专业人员来进行的非常危险的操作。产生甲醛蒸汽前,应用密封带或类似物对房间的所有开口(如门窗等)加以密封。熏蒸应当在室温不低于21 ℃且相对湿度为70%的条件下进行。

清除污染物时,气体需要与物体表面至少接触8 h。熏蒸后,必须在对该区域彻底通风后才能允许人员进入。在通风前需要进入房间时,必须戴适当的防毒面具。可以

用气态的碳酸氢铵来中和甲醛。用过氧化氢溶液对小空间进行气雾熏蒸同样有效,但需要用专门的蒸汽发生设备[1-2,4]。

2. 清除生物安全柜内的污染物

对Ⅰ级和Ⅱ级生物安全柜去污时,可将适量的低聚甲醛(使柜内空气中的低聚甲醛的最终浓度为80%)置于电热盘或煎锅上(从柜外控制)。另将1个放有比低聚甲醛多10%的碳酸氢铵的电热盘或煎锅也放在柜内(从柜外控制)。第2个电热盘或煎锅上应带盖,盖子可以从操作台外取下来(如系在1根线上,则可以从柜外拉动线)。这样可以使提前中和的低聚甲醛的浓度达到最小。如果相对湿度低于70%,则应采用有热水的开口容器。如果没有前隔板,则要用塑料挡板,并将其用胶带粘在前部玻璃上,确保不会有气体漏入房间。当电热盘或煎锅内的低聚甲醛已全部挥发或开关已打开1 h后,将开关关闭。将生物安全柜放置一整晚,不得触动。将第2个电热盘或煎锅的盖移开,并打开其开关,此时碳酸氢铵开始挥发。关闭电热盘或煎锅的开关,让生物安全柜开始工作,使碳酸氢铵气循环1 h。取下前隔板(或塑料挡板),即可将生物安全柜重新投入使用[10]。

3. 洗手及清除手部污染物

处理生物危害性材料时,均应戴合适的手套。但是,这并不能代替洗手,实验人员需要经常洗手。处理完生物危害性材料和动物后以及离开实验室前,必须洗手。大多数情况下,用普通肥皂和水彻底冲洗就足以清除手部污染物了。但在高度危险的情况下,建议使用杀菌肥皂。手要完全抹上肥皂,搓洗至少10 s,用干净水冲洗后,再用干净的纸巾或毛巾擦干。如果有条件,则可以使用暖风干手器。

推荐使用脚控或肘控的水龙头。如果没有安装,则应使用纸巾或毛巾来关上水龙头,以防止再度污染洗净的手。如上所述,如果没有条件彻底洗手或洗手不方便,则应该通过酒精擦手来清除双手的污染物[1-2,4]。

4. 热力消毒和灭菌

加热是最常用的清除病原微生物污染的物理手段。干热没有腐蚀性,可用来处理实验器材中可耐受160 ℃或更高温度2～4 h的物品。燃烧或焚化也是一种干热方式。高压灭菌的湿热法则最为有效。必须小心操作并保存灭菌后的物品,以保证在使用前不再被污染。

(1)煮沸:煮沸100 ℃、10～30 min并不一定能杀死所有的病原微生物,但如果其他方法(如化学杀菌、清除污染、高压灭菌等)不可行或没有条件,则也可以将之作为一种基本的消毒措施。

(2)高压蒸汽灭菌:压力饱和蒸汽灭菌是对实验材料进行灭菌的最有效和最可靠的方法,可杀灭细菌繁殖体与芽孢。

灭菌条件:大多数情况下,下列组合可以确保正确装载的高压蒸汽灭菌器的灭菌效果。①134 ℃、3 min;②126 ℃、10 min;③121 ℃、15 min;④115 ℃、25 min。

常用的高压蒸汽灭菌器包括以下几种。①重力置换式("下排气式")高压蒸汽灭菌器:蒸汽在压力作用下进入灭菌器,由上而下置换较重的空气,并通过灭菌器的排气阀(装有 HEPA)排出。②预真空式高压蒸汽灭菌器:可在蒸汽进入前使空气从灭菌器中排出。气体是通过一个装有高效空气过滤器的排气阀排出。在灭菌结束时,蒸汽自动排出。这种高压灭菌可以在 134 ℃ 条件下进行,因此灭菌周期可以缩短至 3 min。预真空式高压蒸汽灭菌器对多孔性物品的灭菌效果很理想,但因需要抽真空而不能用于液体的高压灭菌。③燃料加热压力锅式高压蒸汽灭菌器:只有在没有重力置换式高压蒸汽灭菌器的情况下才使用这种灭菌器。使用时,从其顶部装载物品,通过燃气、电力或其他燃料来加热。通过加热容器底部的水来产生蒸汽,由下而上置换空气并经排气孔排出。当所有的空气排出后,关闭排气孔的阀门,缓慢加热,使压力和温度上升到安全阀预置的水平。此时记为灭菌开始时间。灭菌结束后,停止加热,让温度下降到80 ℃ 以下再打开盖子。④脉动真空蒸汽内循环高压蒸汽灭菌器:为生物安全实验室专用的快速有效的灭菌设备,主要用于对半污染区、清洁区的废物、废水、动物尸体、培养基、器皿、无菌衣、医用敷料等物品进行原地高压蒸汽灭菌。该灭菌器采用通道式双扉结构,前后门连锁,可保证清洁区与半污染区、污染区间的彻底隔离。为了保证灭菌彻底,应将设备设置为脉动真空程序,以保证内部冷空气的排出。该灭菌器的主要技术参数:设计压力为 0.3 mPa;设计温度为 150 ℃;最高工作压力为 0.25 mPa;最高工作温度为137 ℃;灭菌温度为 121 ~ 137 ℃;电源为 AC380 V,50 Hz。

高压蒸汽灭菌器的装载:为了利于蒸汽的渗透和空气的排出,应将物品进行松散包装并放置在灭菌器内,要使蒸汽能够作用到其内容物。

使用高压蒸汽灭菌器的注意事项:下列规定能够减少操作压力容器时发生的危害。①应由受过良好培训的人员负责高压蒸汽灭菌器的操作和日常维护。预防性的维护程序应包括有资质人员定期检查灭菌器柜腔、门的密封性以及所有的仪表和控制器。应使用饱和蒸汽,并且其中不含腐蚀性抑制剂或其他化学品,否则这些物质可能污染正在灭菌的物品。②应将所有要高压灭菌的物品放在空气能够排出并具有良好热渗透性的容器中;灭菌器柜腔装载要松散,以便蒸汽均匀作用于装载物。③当高压蒸汽灭菌器内部加压时,互锁安全装置可以防止门被打开,而对没有互锁装置的高压蒸汽灭菌器,应当关闭主蒸汽阀并待温度下降到 80 ℃以下时再打开门。④因为液体可在取出时过热而沸腾,所以应采用慢排式设置。即使温度下降到 80 ℃以下,操作者打开门时也应当戴适当的手套和面罩来进行防护。⑤在进行高压蒸汽灭菌效果的常规监测中,应将生物指示剂或热电偶计置于每件高压灭菌物品的中心。最好在"最大"装载时用热偶计和记录仪进行定时监测,以确定灭菌程序是否恰当。⑥应当每天拆下高压蒸汽灭菌器的排水过滤器并清洗;应当注意保证高压蒸汽灭菌器的安全阀没有被高压灭菌的物品等堵塞[1-2,4]。

9.3.2.2 病原微生物实验室意外事故的应对方案

(1)意外事故的应对方案应包括以下操作规范:①防备自然灾害,如火灾、洪水、地震和爆炸;②生物危害的危险度评估;③意外暴露的处理和清除污染;④人员和动物从现场的紧急撤离;⑤人员暴露和受伤的紧急医疗处理;⑥暴露人员的医疗监护;⑦暴露人员的临床处理;⑧流行病学调查;⑨事故后的继续操作。

(2)在制订意外事故的应对方案时,应考虑以下问题:①高危险度等级病原微生物的鉴定;②高危险区域的地点,如实验室、储藏室和动物房;③明确处于危险的个体和人群;④明确责任人员及其责任,如生物安全负责人、安全人员、地方卫生部门、临床医生、微生物学家、兽医学家、流行病学家以及消防和警务部门;⑤列出能接收暴露或感染人员进行治疗和隔离的单位;⑥暴露或感染人员的转移;⑦列出免疫血清、疫苗、药品、特殊仪器设备和物资的来源;⑧做好应急用物的供应,如防护服、消毒剂、化学和生物学的溢出处理盒、清除污染的器材物品等[1-2,4]。

(3)在实验室内应显著张贴以下电话号码及地址:①实验室;②主管领导和实验室主任;③实验室主管;④学校及学院生物安全委员会负责人;⑤实验室负责的技术员;⑥所在实验室最近的消防队、派出所;⑦学校保卫部门;⑧医院/急救机构/服务人员;⑨所在校区或医院保健部门;⑩所在校区或医院水、电和气的维修部门。此外,每位工作人员应当接受基础急救培训,培训内容包括心肺复苏、海姆立克急救法和紧急止血包扎等。

（4）实验室必须配备以下急救装备和设施：①急救箱，包括常用的和特殊的药物解毒剂等；②有效、易用的灭火器和灭火毯；③随时保证畅通无阻的安全出口和消防通道。

建议实验室配备以下装备，但可根据具体情况有所不同：①全套防护服（连体防护服、手套和头套，用于涉及危险度Ⅰ级和Ⅱ级病原微生物的事故）；②带有能有效防护化学物质和颗粒的滤毒罐的全面罩式防毒面具；③实验室消毒设备，如喷雾器、甲醛熏蒸器和紫外线灯；④在存储或操作病原微生物的房间内配备负压过滤装置；⑤工具，如锤子、斧子、扳手、担架、螺丝刀、梯子和绳子等；⑥划分危险区域界限的器材、警告标识和安全逃出示意图[1-2,4]。

9.3.2.3 病原微生物实验室意外事故的处理方法

1. 针刺伤、切割伤或擦伤的处理方法

发生针刺伤、切割伤或擦伤后的处理：①促使伤口血液流出；②用肥皂和热水反复清洗伤口；③用碘伏或75%酒精消毒后，再用密封敷料包裹伤口，然后进行进一步处理，若为非无菌锐器，则需要在2 d内注射破伤风抗毒素；④若锐器有病原微生物污染，则还要将病原微生物的情况汇报给医院，以进行针对性治疗；⑤事后记录受伤原因和相关病原微生物，报告给实验室领导，并保留完整、适当的医疗记录。

2. 潜在感染性物质的食入的处理方法

应脱下受害人的防护服，并进行医学处理。应报告食入材料的鉴定结果和事故发生的细节，并保留完整、适当的医疗记录。

3. 潜在危害性气溶胶的释放（在生物安全柜外）的处理方法

所有人员必须立即撤离相关区域，任何暴露人员都应接受医学咨询。应当立即通知实验室负责人和生物安全负责人。为了使气溶胶排出和使较大的粒子沉降，在一定时间内（如1 h内）应严禁人员入内。如果实验室没有中央通风系统，则应推迟进入实验室（如24 h）。应在实验室外恰当位置张贴"禁止进入"的标志。过了相应时间后，应在生物安全负责人的指导下清除污染物；清除污染物时，应穿适当的防护服，佩戴呼吸保护装备。

4. 容器破碎及感染性物质溢出的处理方法

应当立即用布或纸巾覆盖受感染性物质污染或受感染性物质溢洒的破碎物品，在上面倒上消毒剂，并使其作用适当时间。将布或纸巾以及破碎物品清理掉。若为玻璃碎片,则应使用镊子清理,然后用消毒剂擦拭污染区域。清理破碎物品时,应当对其进行高压灭菌或将其放在有效的消毒液中浸泡。应当将用于清理的布、纸巾和抹布等放在盛放污染性废弃物的容器内。在进行这些操作的过程中应戴手套。

5. 未装可封闭离心桶的离心机内盛有潜在感染性物质的离心管发生破裂的处理方法

如果机器正在运行时离心管发生破裂或怀疑其发生破裂,则应关闭机器电源,让离心管密闭一定时间(如 30 min),使气溶胶沉积。如果在机器停止后发现离心管破裂,则应立即将盖子盖上,并密闭一定时间(如 30 min)。发生这 2 种情况时,都应通知实验室生物安全负责人。

进行所有操作时,均应戴结实的手套(如厚橡胶手套),必要时,可在外面戴适当的一次性手套。应当用镊子或用镊子夹着的棉花来清理玻璃碎片。应将所有破碎的离心管、玻璃碎片、离心桶、十字轴和转子放在无腐蚀性的、已知对相关病原微生物具有杀灭作用的消毒剂内。应将未破损的带盖离心管放在另一个有消毒剂的容器中,然后回收。应用适当浓度的同种消毒剂擦拭离心机内腔,然后用水冲洗干净并干燥。应按感染性废弃物处理清理时所使用的全部材料。

6. 在密封离心桶(安全杯)内离心管发生破裂的处理方法

应在生物安全柜内装卸密封离心桶。如果怀疑在安全杯内发生破损,则不能马上打开安全杯,应静置 30 min,待气溶胶沉淀后,再打开盖子,并喷洒消毒剂,然后松开安全杯的盖子,并对离心桶进行高压灭菌或化学消毒法消毒[10]。

7. 火灾和自然灾害的处理方法

意外事故的应对方案中应涉及消防人员和其他服务人员。应事先告知他们哪些房间有潜在的感染性物质,应安排其参观实验室,让其熟悉实验室的布局和仪器设备,这些做法都是十分有益的。当发生自然灾害时,应就实验室建筑内和(或)附近建筑物的潜在危险向当地或国家紧急救助人员提出警告。只有在受过训练的工作人员的陪同下,他们才能进入这些地区。应将感染性物质收集在防漏的盒子内或结实的一次性袋子中。

9.4　动物实验室的操作管理

进行动物实验研究时,应有相应的设施、人员和操作指南等方面的特殊规定,以确保达到相应的环境条件、安全和饲养方面的要求。在 BSL 实验室,危险情况多由人为引起,或由操作不当、设备配置与使用不当所致。而在 ABSL 实验室,动物本身的行为就可能带来新的危险。应考虑动物的自然特性,如它们的攻击性、抓咬倾向性、自然存在的体内外寄生虫、易感疾病及通过气溶胶等途径播散传染源的可能性等。

基于生物安全方面的原因,ABSL 实验室的动物室应是一个独立分开的部分。如果与其他 BSL 实验室毗连,则设计上应当同 BSL 实验室的公共部分分开,以便于清除污染物与灭虫。做规划时,应考虑人员流通问题,尽量减少交叉污染,如将设施中的走廊划分为清洁走廊和污染走廊等。

本节所推荐的 ABSL-1 至 ABSL-4 实验室标准为感染动物实验研究的最低标准,在实际工作中,要根据病原微生物的特性(如其正常传播途径、使用的体积和浓度、接种途径以及能否以其他途径排出等)进行综合考虑。若无经验的实验人员拟开展动物实验研究,则在进行实验设计和操作时,应请教相关研究经验丰富的专家。随着 ABSL 实验室的生物安全等级的提高,在设计特征、设备、防范措施方面的严格程度也逐渐增加,其所有指标具有累加性,即高等级标准中包含低等级标准[11-13]。

9.4.1 ABSL 实验室的设施设备要求

ABSL 实验室的设计原则和基本要求应符合《实验室 生物安全通用要求》(GB 19489—2008)的要求[10]。实验动物饲养室的设计和建设应参照国家对 BSL-1 ~ BSL-4 实验室的相应要求,ABSL-3(Ⅱ)应参照对 BSL-3(Ⅲ)实验室的相应要求。以下是从与感染动物饲养相关实验活动的角度考虑,对该类动物饲养设施设备的特殊规定,除此之外,ABSL 实验室还应考虑国家对实验动物饲养设施设备的要求。

9.4.1.1 ABSL-1 实验室的设施设备要求

ABSL-1 实验室适用于对其特性比较清楚、通常对健康成人不致病、对实验人员及环境潜在危害性小的病原微生物。ABSL-1 实验室除了必须满足 BSL-1 实验室的要求外,还应满足以下等级标准要求。

(1)动物饲养设施应与建筑物内的其他公共区域隔离开来。

(2)在实验室内应穿实验室外套、长实验服或实验室工作服;离开实验室时,应将实验室外套、长实验服或实验室工作服留在实验室内。接触灵长类动物的实验人员,

179

应进行黏膜暴露危险评估,并且应用合适的眼部和面部防护设备。

(3)动物饲养设施的外门应能自动关闭和自动上锁;动物饲养室的门(须有可视窗)应向里开并能自动关闭,有实验动物时,其应处于关闭状态;动物饲养室内如有隔间,则其门应可朝外开,或采用水平/垂直滑动门。

(4)动物实验室设施的设计、建设和维修应便于清洁和整理;动物饲养设施应便于清洁和维护,其内表面(墙、地面和天花板)应防水、防潮和易于消毒。

(5)不建议安装窗户。如果安装窗户,则所有窗户应为密闭窗,并耐撞击和防破碎;必要时,应在窗户外部装防护网。

(6)围护结构的强度应与所饲养的动物种类相适应。

(7)如有排水,则地面液体收集装置应有防液体回流装置,其存水弯管的深度应足够。应将聚水器内注满水或有效的消毒剂。

(8)在动物饲养室内禁止使用循环风。建议动物饲养室与邻近走道(区域)保持负压。

(9)必须设置洗手池。应通过手工或使用笼具清洗器清洗和消毒动物笼具。机械清洗器的最后冲洗温度最低应为83 ℃。

(10)应合理安装室内附属结构,如灯座、通气管道和公共管道等,尽量减少其水平面积。

(11)照明应充足,应避免过强的光线和反射,以便于进行所有实验操作。

(12)处置动物尸体及相关废弃物的设施设备应符合国家相关规定[11-13]。

9.4.1.2　ABSL-2实验室的设施设备要求

ABSL-2实验室涉及感染与人类疾病相关的病原微生物的实验动物操作。它着重于通过摄入以及皮肤黏膜暴露引起的感染危险。ABSL-2实验室除了必须满足AB-SL-1实验室的要求外,还应满足以下等级标准要求。

(1)符合BSL-2实验室和ABSL-1实验室的要求。

(2)建议在出入口设置缓冲间。动物饲养室与邻近走道(区域)应保持负压,确保气流方向是向内的。

(3)应在邻近区域配备高压蒸汽灭菌器。

(4)当操作中具有产生气溶胶的高度危险时,应使用生物安全柜、其他物理防扩散装置和(或)个体防护装备(如口罩、眼罩和面罩等)。这些操作包括感染动物尸体解剖、从传染动物或鸡胚中收集组织或液体，以及对动物进行点眼、滴鼻或气雾免疫等。

（5）为保证实验室运转和控制污染的要求，用于处理固体废弃物的高压蒸汽灭菌/消毒器应经过特殊设计，正确安装，定期保养、检修。在将污水排放到市政管网前，应对其进行消毒处理。对焚烧炉应进行特殊设计，同时配备补燃和消烟设备[11-13]。

9.4.1.3　ABSL-3 实验室的设施设备要求

ABSL-3 实验室是从事当地或外源性病原体的动物感染实验工作的实验室，在其中所研究的病原微生物可通过气溶胶传播，并可引起严重的或致死性的疾病。根据实验室核心工作区可被感染性气溶胶污染的概率和发生意外事故的严重程度，可进一步将 ABSL-3 实验室分Ⅰ、Ⅱ和Ⅲ 3 类：ABSL-3(Ⅰ)实验室表示在该类实验室内利用 IVC 或Ⅲ级安全隔离装置进行动物实验活动，所操作或产生的致病性生物因子不经空气传播，核心工作区被感染性气溶胶污染的概率很低；ABSL-3(Ⅱ)实验室表示在该类实验室内利用Ⅱ级安全隔离装置进行动物实验活动，所操作或产生的致病性生物因子经空气传播，核心工作区被感染性气溶胶污染的概率较大；ABSL-3(Ⅲ)实验室表示在该类实验室内未采用生物安全隔离装置进行动物实验活动，所操作或产生的致病性生物因子经空气传播，核心工作区为污染区。

ABSL-3 实验室除了必须满足 ABSL-2 实验室的要求外，还应满足以下等级标准要求。

（1）动物饲养室的外门能自动关闭和自动上锁，ABSL-3(Ⅱ)和 ABSL-3(Ⅲ)实验室的动物饲养室应设置进入限制（如密码锁等）。

（2）动物饲养室的门（须有可视窗）应向里开，应能自动关闭，有实验动物时，应处于关闭状态；动物饲养室内如有隔间，则其门应可朝外开，或采用水平/垂直滑动门。

（3）应在 ABSL-3 实验室的出入口设置缓冲间。

（4）ABSL-3(Ⅱ)和 ABSL-3(Ⅲ)实验室的动物饲养室缓冲间的门应为气锁，应内设防护服去污染设施，亦可将缓冲间和防护服更换间联合设计为防护服去污染间和防护服更换间这 2 个独立区间，且整体符合气锁要求。

（5）应在 ABSL-3(Ⅱ)和 ABSL-3(Ⅲ)实验室的动物饲养室设不排蒸汽的高压蒸汽灭菌器，建议安装专用的双扉高压蒸汽灭菌器。

（6）如果在相邻工作区域之间设置传递窗，则应符合该区域的围护结构和连接结构的气密性要求及结构要求,其内应设置物理消毒装置,必要时,应具有经高效过滤的通风换气功能或自净化功能。

(7)应尽可能将ABSL-3(Ⅱ)和ABSL-3(Ⅲ)实验室的动物饲养室设计在整个实验室的中心部位,不得直接与其他公共区域相邻。

(8)围护结构的强度应与所饲养的动物种类相适应。

(9)动物饲养室内应安装监视设备和通信设备。

(10)如有排水,则地面液体收集装置应有防液体和气体回流装置,其存水弯管的深度应足够。

(11)下水管应与建筑物的下水管线完全隔离,且有明显标识;下水管应直接通向液体消毒系统。下水管应向液体消毒系统倾斜,保证其内不存水;管道上应安装密闭阀门,以在消毒时进行隔离;液体消毒系统应符合耐热和耐腐蚀的要求。应对污水进行消毒处理,将其排放到市政管网前,应进行检测,以确保达到排放标准。

(12)动物尸体及相关废弃物的处置设施、设备应符合国家相关规定。

(13)在ABSL-3和ABSL-3实验室的动物饲养室内必须设置非手动洗手池,洗手池存水弯管内应充满适用消毒剂。如果不具备供水条件,则在ABSL-3(Ⅰ)实验室的动物饲养室内应至少安装有非手动手消毒装置。

(14)动物饲养室内及高效空气过滤器前与实验室相通的送排风管道应具备熏蒸消毒条件。

(15)应配备便携式局部消毒装置(如消毒喷雾器等),并备有足够的适用消毒剂。

(16)ABSL-3(Ⅰ)实验室的动物饲养室的负压值(与室外的压差)应大于40 Pa,与相邻区域的压差应不低于15 Pa;ABSL-3(Ⅱ)和ABSL-3(Ⅲ)实验室的动物饲养室的负压值(与室外的压差)应大于100 Pa,与相邻区域的压差应不低于25 Pa。

(17)ABSL-3(Ⅱ)和ABSL-3(Ⅲ)实验室的动物饲养间和缓冲间的气密性应保证在检测压力不低于250 Pa的情况下,30 min的泄漏率/小时不超过10%。

(18)ABSL-3(Ⅱ)和ABSL-3(Ⅲ)实验室的动物饲养间的排风必要时应经双重高效空气过滤器过滤。

(19)如果Ⅲ级生物安全柜或动物饲养设施与通风系统连接,则应确保相应设施内不出现正压。

(20)应使用笼具清洗器清洗动物笼具,最终的清洗温度最后应为83 ℃。

（21）如有真空设施,则应使用充有液体消毒剂的弯头连接真空管道,尽可能在真空管道的前端安装高效空气过滤器;应在原地点对高效空气过滤器进行消毒和更换[11-13]。

9.4.1.4 ABSL-4 实验室的设施设备要求

ABSL-4 实验室是涉及当地或外源性病原体感染的动物实验研究的实验室,在其中所研究的病原微生物可通过气溶胶传播,并可引起严重的或致死性的疾病。AB-SL-4 实验室除满足 ABSL-3 实验室的要求外,还应满足以下等级标准要求。

（1）有严格限制进入的物理措施(如面部识别器、指纹识别器等)。

（2）必须通过带化学消毒装置的气锁缓冲间进入设施。

（3）排风必须经过双重高效空气过滤器过滤。

（4）动物饲养室的负压值(与室外的压差)应大于 200 Pa,与相邻区域的压差应不低于 50 Pa。

（5）通风系统必须能防止气体逆流及出现正压。

（6）必须配备专用的双扉高压蒸汽灭菌器,其洁净端所在房间应具备负压,并在实验室工作区内。

（7）必须配备气锁型可消毒的传递舱,以供传递不能进行高压蒸汽灭菌的物品,其洁净端所在房间应具备负压,并在实验室工作区内。

（8）所有动物必须饲养在专用的隔离器内。

（9）在将所有垫料和废弃物清除出房间前,必须对其进行高压蒸汽灭菌处理。

（10）在实验室工作区应配备Ⅲ级生物安全柜,或利用Ⅱ级生物安全柜辅以正压服。

（11）对于从事某些节肢动物(尤其是飞行昆虫)操作的实验活动,根据风险评估结果,应采取最低如下适用措施:①应分房间饲养已感染和未感染的无脊椎动物,房间应能密闭进行熏蒸消毒;②应备有喷雾型杀虫剂;③应配备制冷设施,以在必要时降低无脊椎动物的活动性;④在进入设施的缓冲间内应安装捕虫器,并在门上安装防节肢动物的纱网,应对所有通风管道和可开启的窗户安装防节肢动物的纱网;⑤水槽和存水弯管内的液体或消毒液不能干涸;⑥因为对于某些无脊椎动物来说,任何消毒剂均不能将其杀死,所以必须对所有废弃物进行高压蒸汽灭菌;⑦应将放置蜱、螨的容器竖立置于油碟中,应将已感染或可能感染的飞行昆虫收集在有双层网的笼子中;⑧应坚持计数检查会飞、爬、跳跃的节肢动物的幼虫和成虫;⑨必须在生物安全柜或隔离箱中的低温盘上操作已感染或可能感染的节肢动物;⑩应设置监视设备和通信设备[11-13]。

9.4.2　ABSL 实验室的个体防护装备

9.4.2.1　ABSL 实验室个体防护装备的作用

配备 ABSL 实验室个体防护装备时,既要考虑防护动物体液(如唾液、汗液、尿液等)、排泄物(如粪便、呕吐物等)等产生的气溶胶或直接污染,也要考虑防止动物抓伤、咬伤及唾液喷溅等造成的伤害与污染。为保证实验人员安全,ABSL 实验室必须配备符合标准要求的个体防护装备,以便实验人员在进行实验活动时做好防护。这些个体防护装备应由 ABSL 实验室后勤保障负责人负责采购,并由实验室主任和生物安全负责人负责验收及质控[11-13]。

9.4.2.2　ABSL 实验室个体防护装备的要求

1. 防护服

ABSL 实验室后勤保障负责人应确保具有足够的有适当防护水平的防护服可供使用。在选购 ABSL 实验室的防护服时,应根据实验室所研究病原微生物的危害评估等级、实验饲养的动物种类等来选择。ABSL 实验室的防护服既可根据样式分为分身式、连体式、反穿衣和围裙等款式,也可根据功能分为透气型与不透气型、防水型与不防水型等。在 ABSL 实验室,应选用具有优良的生物防护性、透湿性、轻便性以及良好的力学性能等的防护服,以保证在长时间穿戴的情况下不产生闷热感,不给实验人员带来过多负担[13]。

2. 手套

在进行实验动物的相关操作(如检查、采样、接种、注射、采血等)时,要根据所操作动物的种类佩戴能防动物抓伤、咬伤的特殊手套。

3. 鞋

在 ABSL 实验室内不得穿拖鞋,所穿的鞋应有一定的耐折性、耐磨性、耐腐蚀性,并有适当的硬度及防水性,鞋底应有防滑花纹,应确保在实验室内使用舒适和方便工作。在 ABSL 实验室推荐使用皮制或合成材料制的不渗液体的鞋类,如全橡胶安全鞋或塑料安全鞋。在从事可能出现液漏的工作时,实验人员可穿一次性防水鞋套。在实验室的特殊区域(如有防静电要求的区域),或 ABSL - 3、ABSL - 4 实验室要求使用专用鞋时,应根据实际情况穿着相应的靴子,如一次性靴或橡胶靴等。

4. 眼睛防护装备

动物常常因为操作刺激而导致大小便失禁,或注射病原微生物时,动物的抵抗可能导致注射液喷溅,因此,进行动物实验操作时,最好佩戴眼睛防护装备。

5. 口罩

当动物感染的病原微生物是经非气溶胶传播时,对实验人员的口罩无须特殊要求,仅佩戴普通口罩,以保护面部免受动物排泄物、血液或分泌液污染即可。当实验动物涉及的病原微生物(特别是毒性较强的呼吸道病原微生物)可以通过气溶胶传播时,实验人员所佩戴的口罩就必须是能防气溶胶的防护面具、防护口罩等。

(陈建平　张建辉)

参考文献

[1] 敖天其,廖林川. 实验室安全与环境保护[M]. 成都:四川大学出版社,2015.

[2] 世界卫生组织. 实验室生物安全手册[EB/OL]. 4 版. (2020 - 03 - 27)[2023 - 12 - 30]. https://www.chinacdc.cn/lac/gzzd/gwfgbz/202003/t20200327_215579.htm.

[3] 国家卫生和计划生育委员会. 病原微生物实验室生物安全通用准则:WS 233—2017[S]. 北京:中国标准出版社,2017.

[4] 叶冬青. 实验室生物安全[M]. 3 版. 北京:人民卫生出版社,2020.

[5] 李勇. 实验室生物安全[M]. 北京:军事医学科学出版社,2009.

[6] 国务院. 病原微生物实验室生物安全管理条例[EB/OL]. (2018 - 03 - 19)[2023 - 12 - 30]. https://www.mee.gov.cn/ywgz/fgbz/xzfg/202303/t20230316_1019776.shtml.

[7] 全国认证认可标准化技术委员会. 生物安全实验室建筑技术规范:GB 50346 - 2011[S]. 北京:中国标准出版社,2011.

[8] 国家卫生健康委员会. 人间传染的病原微生物目录[EB/OL]. (2006 - 01 - 27)[2023 - 12 - 30]. http://www.nhc.gov.cn/wjw/gfxwj/201304/64601962954745c1929e814462d0746c.shtml.

[9] 全国人民代表大会常务委员会. 中华人民共和国传染病防治法[EB/OL]. (2018 - 06 -

15)[2023 – 12 – 30].http://www.npc.gov.cn/zgrdw/npc/zfjc/zfjcelys/2018 – 06/15/content_2056044.htm.

[10] 李劲松.生物安全柜应用指南[M].北京:化学工业出版社,2005.

[11] 国家质量监督检验检疫总局,中国国家标准化管理委员会.实验室 生物安全通用要求:GB 19489—2008[S].北京:中国标准出版社,2008.

[12] 全国认证认可标准化技术委员会.实验动物微生物等级及监测:GB 14922.2—2011[S].北京:中国标准出版社,2011.

[13] 马小琴,徐鋆娴.实验动物从业人员职业危害及其防护研究进展[J].中国职业医学,2014,41(6):735 – 738.

第 10 章
生物安全实验室的文件及档案管理

实验室文件是支撑实验室正常有效运作的重要材料,是实验室质量体系管理、运行及质量体系有效性、符合性、真实性的反映和记载[1];实验室的文件控制管理既是实验室活动开展的依据,也是整个实验室活动的"指导书",更是实验室活动的评价标准。《实验室 生物安全通用要求》(GB 19489—2008)中明确指出,生物安全实验室的安全管理体系文件通常包括管理手册、程序文件、说明及操作规程、记录等文件,对实验室管理体系的文件提出了要将程序形成文件的程度,以确保实验室活动实施的一致性和结果有效性的要求[2]。实验室管理层应组织编制文件并确保文件对照相关法律、法规,科学合理,符合实验室的方针和目标,责任明确清晰,易于执行。

在生物安全实验室中,文件控制管理是非常重要的一个环节。生物安全实验室的文件控制管理从文件编制开始,到后续的审查、保持、监督和改版等工作,贯穿于实验室文件的全生命周期,可确保文件在建立、保持及销毁阶段都处于受控状态[3-4]。因此,在实验室运行的过程中,对所产生的问题及时地进行关注和跟踪,形成生物安全实验室特有的受控文件管理办法,是实现实验室所有活动真实、可靠、安全的有力保障,是实现实验室质量体系和管理体系平稳运行的关键。

10.1　生物安全实验室的文件管理

生物安全实验室可依据相关法律、法规、标准、规范建立适合自身情况的文件管理体系。

10.1.1　生物安全实验室文件的分类

可根据文件来源、文件类别及文件管理方式对生物安全实验室的文件进行分类。

10.1.1.1　按照文件来源分类

按照文件来源,可将实验室文件分为内部文件和外部文件 2 种。内部文件是指由实验室管理层组织编制、发布的文件,主要包括安全管理手册、程序文件、说明及操作规程、安全手册、实验记录表、管理文件等。其中安全管理手册是以质量方针和目标为主的实验室生物安全管理方面的纲领性文件,用于描述的是实验室在生物安全管理方面的宗旨和方向;程序文件为安全管理手册的支撑性文件,是安全管理手册的细化和展开,描述"做什么? 为什么要做? 谁来做? 何时做? 何地做? 如何做?"等内容;说明及操作规程是规范实验人员实验操作的指导性文件,用于进一步规定和阐述在程序文件中不能完全描述清楚的事情,使实验室每项工作的程序得到细化,具备可操作性;安全手册是以安全管理体系文件为依据制订,要求实验室所有人员阅读并在工作区域随时可以使用;实验记录表是完整、真实追溯实验活动的记录,是实验室校准活动的中间环节;管理文件包括人员培训考核制度、准入制度、意外事件处置和报告制度、感染性废弃物处理制度、档案管理制度及实验室自查制度等。上述各类文件环环相扣,组成了实验室文件管理体系。外部文件是指来自实验室外部的对实验室技术和质量活动有指令、指导和影响的相关法律、法规、政策、标准、规范、规程等纲领性文件,如《传染病防治法》《生物安全法》《病原微生物实验室生物安全管理条例》《微生物和生物医学实验室生物安全通用准则》《中国医学微生物菌种保藏管理办法》《生物安全实验室建设技术规范》等。

10.1.1.2　按照文件类别分类

按照文件类别,可将实验室文件分为质量文件和技术文件 2 种。质量文件是指与实验室质量管理体系相关的文件,主要包括质量方针、质量目标、岗位职责、程序文件、管理规定、计划、通知和各种管理活动的记录等。技术文件是指与实验室技术运作相关的文件,主要包括国家标准、行业标准、技术规范、说明及操作规程、实验原始记录等文件。

10.1.1.3　按照文件管理方式分类

按照文件管理方式,可将实验室文件分为受控文件和非受控文件 2 种。受控文件是指管理体系文件,包括国家现行有效的相关法律、法规和其他对实验室检验检测活动有影响的标准、检测方法、软件、标识系统等相关文件,由实验室组织编制,文件的收发和修订受控,可追溯到文件使用者;非受控文件并不意味着没有实验室的控制,而是实验室借用其他途径发布的文件,主要包括图书、报刊等对实验室检验检测活动无影响的参考资料,对这类文件,只保证其发放时有效,无须进行跟踪维护。

10.1.2　生物安全实验室文件的管理措施

为了确保生物安全实验室质量管理体系的有效运行,按照国家相关相关法律、法规以及实验室认可准则的要求,实验室需建立安全管理手册、程序文件等质量管理体系,质量管理体系文件的内容应覆盖本实验室及所有挂靠机构的管理要求,并定期通过自查、监督、内部审核、外部审核、管理评审、质量控制与能力验证、记录的控制、预防措施、纠正措施等,持续改进和完善质量管理体系。例如,对实验室管理人员日常的监督工作要做好记录,监督记录不仅要记录日常工作中的符合性结果,还要记录日常工作中出现的不符合性结果,同时提出纠正措施,督促实验室加以改进[5-6]。

目前,国内外的生物安全实验室对文件的管理、存储、归档、备份和更新都有明确的规定和标准,而且采用了先进的信息化手段来管理文件。实验室应建立、有效执行文件控制程序,对文件的编制、审核、批准、发布、标识、变更和废止等各个环节实施控制,并依据程序控制管理体系的相关文件控制构成其管理体系的所有文件,包括内部文件和外部文件。当采用电子介质方式时,应将电子文件管理一并纳入管理体系,同时需明确授权、发布、标识、加密、修改、变更、废止、备份和归档等要求。应确保所有与实验室活动有关的人员熟悉、能获得本岗位相关的质量文件并贯彻实施。管理体系文件应覆盖实验室能力范围内进行的所有活动。此外,实验室还需根据本实验室文件管理办法的规定,由各负责部门归类整理、归档体系文件相关档案资料,并及时更新和维护,以确保实验室体系文件控制管理工作规范开展。

10.1.2.1 文件的控制

按照生物安全实验室文件控制程序的规定,质量负责人组织安全管理手册、程序文件的编制、审核、控制;质量管理部负责受控文件的管理及技术文件的网上发布和管理;其他职能部门负责职责范围内文件的网上发布和管理;各专业部门负责与本部门有关文件的编制、变更、使用和管理。体系文件和经确认的技术文件均是受控文件,所有受控文件均需要加盖受控章、编写受控文件编号、填写保管人员后发放使用。使用者应严格执行文件要求,并妥善保管,使用前,应确认文件的有效性。一旦发现文件失效或损坏,就应重新办理相关手续,经批准后换发新版本。文件的修改、更新应严格按照文件控制程序的规定执行。实验室文件编号规则对应文件唯一性标识,该标识包括文件标题、编号、版本号、修订号、发布日期、页码、总页数、编制人、审核人、批准人、发布机构或参考文献等信息。受控文件在发放时要加盖受控章,利用颜色辨别文件的受控状态,便于管理人员的整理和实验室工作人员的借阅。文件管理员应及时同步更新纸质文档和电子文档,并确保在用文件的有效性,利用文件受控章及时撤除无效或作废的文件,或用其他方法确保防止误用。

对作为质量体系组成部分发给实验室工作人员的内部文件,在发布前,应由授权人员审查、批准。实验室应制订文件控制清单,清单中包括序号、文件名称、代号、版本、数量等信息。建立文件发放和回收登记,文件发放和回收登记记录中应包括文件名称、代号、版本、数量、领用人签名、交回人签名、领用和交回日期、文件的受控号等信息。对外来的法律、法规、规章、制度、国家标准、行业标准、技术规范、以标准发布的检测或校准方法,实验室应和自编文件一样制订文件控制清单,建立发放、回收登记,给出受控编号。对有保密规定的文件,应确定其密级及发放范围。

当实验室工作人员发现文件的规定不充分或不适宜时,应上报实验室质量负责人。实验室质量负责人组织评估文件修订的必要性,必要时,对文件进行修订,提出书面申请,并报实验室负责人批准执行。对安全管理手册和程序文件的变更内容应在前言中说明,对作业指导书的变更内容应在其前言(或文件修订记录)中注明,记录格式以文件编号及修订标识表示。文件的修订可采用换页、换版等方式进行[7]。

10.1.2.2 文件的归档

实验室各相关部门文件管理人员应及时收集、整理体系文件资料,并按文件分类编码、归档时间、存储介质、保管期限等要求进行存档。应将文件保存在干燥、通风、安全的地方。管理人员应对文件做好安全、保密、防火、防虫、防霉措施,对损坏的文件应及时修复。对存入计算机系统的电子文件,应给予加密、防磁化、防静电保护和备份等处理,防止未经授权的侵入、修改,避免使数据丢失,存放方式应便于检索。对与体系运行相关的软件管理系统,应在进行软件备案审批后投入使用,管理人员应建立软件目录,做好应用软件、数据文件的安全、保密和备份工作。对已批准不允许随意更改的文件,应进行只读处理;对批准修改部分,应在所有备份中确保正确更新。对需要特殊保密的文件资料,应设立专柜保管。

10.1.2.3 文件的借阅

实验室工作人员借阅体系文件时,需遵守本实验室的相关保密制度,严格履行手续,填写文件借阅登记表,经分管领导批准后方可借阅;外来人员借阅体系文件时,应提供书面申请,经实验室负责人批准后方可借阅。借阅实验室文件不得由他人代办;所查阅的资料使用后,借阅人员要按时归还。借阅者要爱护文件,确保文件的完整性,不得擅自涂改、勾画、剪裁、抽取、拆散或损毁文件。此外,复制受控文件时,应填写申请,经实验室质量管理部门批准后方可复制;对复制的受控文件应按照实验室文件控制程序进行管理;电子档案的封存载体不得外借,利用时,应使用拷贝件,利用者对电子档案的使用应在权限范围内。保密文件的借阅应经实验室负责人批准,在得到批准后,借阅者须在文件管理员的监督下进行文件查阅,不得将文件带离实验室。

10.1.2.4 文件的处置

生物安全实验室应根据文件的重要程度分类别确定文件的保存期限,一般至少为5 年。新版本代替旧版本的文件,新版本批准使用后,其旧版本应自行作废。对作废文件,相关部门应收回,并从受控文件目录中删除,确需保留的应经质量负责人批准。应对作废的受控文件加盖作废章,应对软件管理系统中的作废文件做出作废标识。对不需要保留的作废档案及保存期已满的档案,由保管人登记造册,经实验室负责人批准后,在监督人员的监督下处理或销毁,并做好处理或销毁记录。电子档案的销毁还应由部门档案管理人员鉴定、登记造册,并经实验室负责人审批后方可实施;对非保密的电子档案可进行逻辑删除;属保密范围的电子档案被销毁时,如存储在不可擦除的载体上,则须连同存储载体一并销毁。

10.1.2.5　文件的风险

生物安全实验室在运行过程中需要对体系文件等所产生的风险进行有效控制,对实验室活动中遇到的风险或机遇应该采取合理措施积极规避或应对。因此,实验室建立的风险评估程序应包含文件产生的风险内容,明确风险评估和风险控制的流程,对风险识别、风险分析、风险评价、风险应对和风险监控做出明确要求。电子文档在实验室文件管理中扮演着越发重要的角色,信息安全已成为实验室文件风险管控的重要环节,因此,电子文档的留痕保存既方便其他人查看文档更改过程,也可作为记录保存。

规范的生物安全实验室文件管理要在实践中持续改进。生物安全实验室应不断完善管理体系,保证管理体系文件正常运行,这样才能彻底消除生物安全隐患,避免生物安全事故的发生[8]。综上所述,生物安全实验室应结合自身实际情况,通过创新提出一套较为完善的、表达层次清楚的、简明易懂的、便于快速查找的体系文件编码方法,并利用此新的文件编码方法对原管理体系文件进行修订,完善生物安全管理体系文件,规范生物安全相关工作,使生物安全实验室管理迈上新台阶,变得更为科学、规范、安全。只有建立文件化的生物安全管理体系和运行良好的长效机制,才能确保实验室的生物安全,最大程度地保障公众健康及社会稳定。

10.2　生物安全实验室的档案管理

实验室档案材料是指实验室建设、管理、教学和科研等活动形成的具有保存价值的管理性文件、工作过程性文件和技术性文件,是在实验室工作和管理活动中自然形成的[9]。每个实验室的管理工作都有各自明确的目标、预先的计划、具体的实施、最后的总结,在各项工作中自然地形成了各种内容和形式、经过整理保存的档案。建立完备的实验室档案是实验室科学管理的重要环节,是实验室走向正规化、制度化和科学化的重要保证。根据《病原微生物生物安全实验室管理条例》第三十七条规定,实验室应当建立实验档案,记录实验室使用情况和安全监督情况。因为在实验室运行管理的每一个环节都会产生相关的文件或记录,所以生物安全实验室的档案主要涉及实验动物、人员、材料、活动、内务以及设施设备等诸多方面。为了保证整个实验室活动的可追溯性和持续性,对于已经办理完毕、对今后工作有一定参考价值且可以按照一定规律集中保存的各类文件或记录,需进行归纳建档,形成该生物安全实验室的档案[10]。

　　生物安全实验室由于所从事工作的特殊性,其归档内容除了一般实验室资料外,为了便于总结、评估实验室安全运行情况,以及便于帮助分析、判断实验人员身体异常的原因,还应收集、整理定期健康体检报告和预防免疫记录等内容,并进行归档。CNAS 发布的《生物安全实验室认可准则》(CNAS – CL05:2005)中对生物安全实验室档案的建立、保存和管理等进行了规定,其中明确指出了应对实验室活动进行记录的要求,即至少应包括记录的内容、记录的要求、记录的档案管理、记录的使用权限、记录的安全、记录的保存期限等。实验室档案的保存期限应符合相关法规或标准的要求。实验室应建立对实验室活动记录进行识别、收集、索引、访问、存放、维护及安全处置的程序。原始记录应真实,并可以提供足够的信息,保证可追溯性,对原始记录的任何更改均应不影响识别被修改的内容,修改人应签字,并注明日期。所有记录应易于阅读、便于检索。记录可存储于任何适当的媒介中,应符合相关法规或标准的要求。此外,实验室应具备适宜的记录存放条件,以防损坏、变质、丢失或未经授权的进入。

　　同时,随着大数据时代的到来以及电子化、无纸化办公的推行,实验室档案由传统管理模式向电子化管理模式的转变已成为一种趋势。实验室应逐步建立电子档案并形成自己的管理模式,这样能够为实验室管理工作带来事半功倍的效果。实验室电子档案的建立改变了原来档案资料靠纸质载体传递、审核、归档的现状,在利用方面也实现了新的突破,检索方便、快捷,利用单位局域网(或内网)服务,不受时间和空间的限制,提高了实验室档案的使用效率,有效地降低了档案管理人员的工作强度,提高了工作效率。

10.2.1　生物安全实验室档案的内容

　　生物安全实验室的档案是实验室活动中形成的,是管理人员、实验人员从事实验室管理和科学研究所留下来的历史记录(包括文字、图表、声像及其他各种形式的材料)和经验总结,是进行实验室科学管理、决策的重要依据,是实验室科研质量评估的重要依据。生物安全实验室的档案主要包括实验室管理和建设档案、实验室实施记录档案、实验室仪器设备档案、实验室人员管理档案、实验室电子档案等。

10.2.1.1 实验室管理和建设档案

实验室管理和建设档案包括：国家及国家部委有关实验室工作的法规文件；有关实验室建设和管理的文件；实验室设置及主任任免文件；实验室工作人员基本情况表；实验室建设计划申报材料；事故报告；实验室评比材料、总结材料及证书；实验室建设发展规划；实验室各类规章制度；岗位责任；实验室工作计划；实验室工作人员的项目、论文、成果鉴定证书等；实验室技术开发、研制实验仪器设备的图纸及验收报告；实验室安全检查记录等。

10.2.1.2 实验室实施记录档案

实验室实施记录档案包括：实验过程中产生的原始记录；涉及的电子原始数据的定期备份；实验过程中环境条件的记录；环境消毒、杀菌记录；实验过程中产生的废弃物的分类处理记录；麻醉药品使用记录；菌（毒）种和样本收集、运输、保存、领用、销毁等记录；生物安全柜使用记录及消毒、灭菌效果监测记录等。

10.2.1.3 实验室仪器设备档案

为确保实验数据或检验结果的准确性、科学性及可靠性，对实验结果具有重要影响的设备或部分大型贵重仪器设备的购置、验收、安全处置、运输、存储、使用、维护、保养、故障处理、调拨和报废等进行有效的控制和管理，实验室应设置专门的设备管理员负责设备的统一管理，并组织对仪器设备（包括软件）进行采购、验收、核查、校准检定等，同时建立仪器设备台账，设立仪器设备的唯一性编号，建立设备档案并进行管理。

仪器设备档案的内容主要包括：①设备的台账；②设备的购置材料，包括论证报告等；③安装验收报告；④使用记录；⑤维护、保养记录；⑥故障处理/维修记录；⑦核查、检定、校准及确认记录；⑧报废审核及处理记录；⑨安全检查记录。

10.2.1.4 实验室人员管理档案

实验室应建立实验室工作人员（包括管理、实验和维保人员）个人档案，其内容应涵盖技术、健康和培训等项目，以便于定期评估实验室工作人员承担相应工作任务的能力。实验室工作人员个人档案应包括但不限于以下内容：①针对每位实验室工作人员，建立相应的人员档案记录，包括学历、学位、身份证、工作履历等基本信息，并定期更新；②人员培训计划及实施记录；③人员监督计划及评价记录；④人员考核及授权记录;⑤定期健康体检报告;⑥预防免疫记录;⑦本底血清样本或特定病原的免疫功能相关记录;⑧职业感染和职业禁忌证等资料;⑨与实验室安全相关的意外事件、事故报告等。

10.2.1.5　实验室电子档案

实验室电子档案分为 2 种:一种是在实验室纸质档案的基础上建立的,在将进入档案室的纸质及实物文件归档装盒后,都要在电子文档上按其分类进行相应的登记,电子档案的内容一定要与纸质文件的内容相同,数据统一并应有备份;另一种电子档案是须归档的电子文件。实验室电子档案的管理需要现代化的设备和系统,同时也需要现代化的电子档案管理人员。当前,大多数实验室都由其内部专业人员来管理电子档案,充分利用了他们熟悉实验室业务工作流程、了解专业知识的优势,从技术上确保了电子档案内容的真实性和可靠性。档案管理人员应不断学习,参加各种培训教育,丰富各种管理知识与专业技能,提高综合素质,从而完成对生物安全实验室电子档案的收集、整理、归档等工作[11]。

10.2.2　生物安全实验室档案的收集与整理

10.2.2.1　纸质档案的收集与整理

实验室档案材料的收集、整理工作,是实验室日常工作的一项重要内容。实验室工作人员应及时填写相关的各类实验记录、科研活动记录、仪器设备运行及维护记录、安全检查记录和个人实验室工作日志记录等材料,年底时提交档案管理人员归档。对不完整的材料,应采取积极措施收集齐全,定期或不定期地将归档材料进行分类整理,并立卷、著录。

10.2.2.2　电子档案的收集与整理

电子档案管理的第一个要点是原始数据的收集与整理。原始数据是实验室中有用的且能够转化为电子档案的数据。实验室的电子档案可以分为文本类、图像类、软件类、影音类等。档案管理员在建立电子档案时,应特别注意电子签名、信息认证和加密保护等,避免文件在传输过程中出现错误,确保电子档案的原始性、真实性和准确性。同时应对仪器设备、样品编号等根据实验室统一编号规则赋予唯一性编码,以保证电子档案的持续性和溯源性。

10.2.3 生物安全实验室档案的管理措施

生物安全实验室档案的规范化管理是保证生物安全实验室标准化、规范化、科学化管理的有力保障，是对实验室工作系统管理水平的真实反馈，同时可为开展实验室评估提供可靠的文字记录、图表和数据等原始材料。实验室应结合其运行特点，紧密围绕实验室工作类型，通过设置专门的负责档案管理的管理人员，定期参加档案知识与质量体系的系统化培训，强化建档意识，将与生物安全实验室工作相关的记录进行更为科学的分类整理和建档，规范管理制度，提升电子档案的安全级别，通过多方面的努力进一步提升生物安全实验室档案的规范化管理水平[12]。

10.2.3.1 档案的日常管理和借阅

生物安全实验室的档案应存放于位于实验室核心区域外的独立的档案柜或者档案室内。应保证保存档案的环境整洁、安全。实验室各部门人员对相关业务范围内的记录按类、按序进行整理后，移交给档案管理员，档案管理对相关记录进行分类整理、归档。档案管理员应有序存放接收到的档案记录，以方便检索，确保档案的完整性。档案管理员应清点接收到的档案内容，确保能较为容易地识别出档案内容发生增加或部分丢失的情况。应根据实验室的实际使用情况考虑电子档案安保、保留时间、软拷贝和硬拷贝的存储环境、记录副本、访问信息的规则等内容，应将之存放在安全、干燥的地方，以防止意外丢失或损坏。与此同时，实验室还应对以电子形式存储的记录做好保护和备份，并防止未经授权的访问或修改。因为档案室内存储的多为纸质版材料，所以档案室内应严禁吸烟及携带易燃易爆物品进入，同时还需配备报警设施和灭火器材，并将其列为实验室重点安全管理区域。对涉密的档案，实验室应采取严密管理措施，以防止失密和泄密。

应由专人负责管理生物安全实验室的档案，并设置不同级别的借阅权限。生物安全实验室的档案原则上不外借。因工作需要复制档案资料时需经批准，实验室内部人员如需查阅记录，则应征得档案管理员同意。实验室外部人员需要查阅记录时，应提供单位公函及查阅人员的工作证，经实验室负责人同意后，应严格按照相关规定执行，查阅记录时，应由档案管理员陪同进行。长期出差、出国人员，应先将所借档案还清后方可外出。借阅档案的人员要如实填写调阅档案情况审批登记表。档案是历史真迹，借阅人员不得在档案上涂改、圈点、划杠、拆散,应维护档案的原貌。档案借阅人员还必须遵守国家保密制度,在档案借阅期间不得转借、转阅。

10.2.3.2 档案的销毁

档案保管即将超过保管期限时,应由专门的档案管理人员或者小组对该档案进行价值鉴定。经鉴定确认后,可对无保存价值的档案进行销毁。

对生物安全实验室的记录、资料等档案的保存不得少于 20 年。对超过保存期限的档案资料、记录,应经生物安全实验室管理委员会进行价值讨论和鉴定,最终批准是否实施销毁。经鉴定确认后,对无保存价值的档案可进行销毁,销毁时,应至少由 2 人实施,并做好销毁记录。

实验室解散或合并时,应尽快完成实验室档案的转移和移交工作,并做好交接记录。

10.2.3.3 档案统计及提供利用

实验室应定期对档案的收进、借阅、保管、利用效率、鉴定等进行统计,以图表或数字的形式揭示档案的数量及管理状况,从而掌握实验室档案的数量变化和质量情况,便于总结经验,改进管理工作,为完善管理制度提供依据。档案的提供利用是档案建立的最终目的,管理人员应设置合理的档案检索工具,以方便使用者查询,并在档案原件的基础上对档案信息进行加工、提炼,以满足档案需要者的利用需求。实验室应重视档案的提供利用,可根据实验室的实际空间,开辟借阅室,以方便使用者阅览不宜外借或者比较珍贵的档案。实验室应对需带出的档案(不适宜带出的除外)提供复制服务。管理人员应编制有效的检索工具,制作目录,设置关键词,提升查询速度;应根据实验室档案的实际利用需求,编写大事记,制作基础数据汇集、简介、概要、成果等档案信息的二次加工记录。

10.2.3.4 实验室电子档案的管理

当前,LIMS 已在各类实验室广泛应用,其包含了采样管理、样品检验、标准物质管理、仪器设备管理、质量体系管理、受控文件管理、合同评审、检验分包、检验能力管理、检验人员管理及授权签字人管理等信息。实验室应加强对电子档案保存设备的维护,做好系统转换时的保存工作。生物安全实验室在开发和使用 LIMS 的过程中,应定期进行升级维护,注意对电子记录与文件进行定期的导出与备份,应将重要的文档记录制作成电子档案进行保管。

电子档案的保管与纸质档案的保管不同,保存的内容、格式和位置最为关键。实验室应安装硬件及软件防火墙,定期对软件进行升级更新,对系统盘、数据盘及时更换标签,采取必要的保护措施,对机密文件及数据进行加密封存,并做好备份处理;对需长久保存的电子档案及文件可拷贝到耐久性的载体上,并定期复制,以防止信息丢失;将保存环境纳入质量管理体系,档案室需设有控温、防水、防尘、防光、防雷电、防磨损、防强震、防病毒等措施,做到定期备份文档,多处、异地存放保管。同时,随着信息化的广泛应用,因为信息安全问题原因复杂,采取防范措施难度极大,所以在电子档案的管理过程中,几乎每一个工作流程都存在信息失控、信息污染、信息干扰、信息过剩、信息丢失、病毒侵犯、人为破坏等不安全因素。因此,档案管理人员应树立正确的信息安全保护意识,建立相应的信息安全保护制度与措施,降低数据被非法生成、变更、泄露、丢失及破坏的风险,保证数据的完整性、安全保密性、可追溯性,进而适应生物安全实验室管理现代化的需要,保证生物安全实验室电子档案的完整性、安全性。

为了确保对生物安全实验室档案的有效管理,实验室应建立完善的档案管理制度,明确各类记录的归档、保存和使用要求;应定期对档案进行检查和评估,确保档案的完整性和准确性;应加强对档案管理人员的培训和管理,提高其档案管理意识和能力。

（黄　江　刘玉波）

参考文献

[1] 王娜,张勤,田晓苇.实验室认可制度下体系文件档案的管理[J].中国检验检测,2019,27(1):43-46.

[2] 国家质量监督检验检疫总局,中国国家标准化管理委员会.生物安全实验室通用要求:GB 19489—2008[S].北京:中国标准出版社,2008.

[3] 叶冬青.实验室生物安全[M].3版.北京:人民卫生出版社,2020.

[4] 孙翔翔,张喜悦.实验室生物安全管理体系及其运转[M].北京:中国农业出版社,2020.

[5] 金钟,吴烽,徐宁,等.生物安全实验室质量安全管理体系的构建与应用[J].质量安全与检验检测,2022,32(2):56-58,87.

［6］范轶欧,付颖,许金珂,等.规范化生物安全实验室信息管理系统的建立［J］.中国卫生检验杂志,2022,32(24):3067－3069,3073.

［7］于千源,赵航,杨荣超,等.校准实验室文件的控制［J］.计量与测试技术,2020,47(8):98－100.

［8］魏凤,袁志明,陈宗胜,等.中国生物安全实验室标准化管理体系的思考与建议［J］.中国科学院院刊,2014,29(3):309－314.

［9］李钰,王一昊.第三方实验室档案管理的建立及优化［J］.实验室研究与探索,2019,38(2):263－264,277.

［10］任小侠,王楠,马苏,等.实验室认可条件下动物生物安全实验室档案的规范化管理［J］.中国动物保健,2020,22(12):73－75.

［11］任小侠,王楠,马苏,等.实验室认可条件下动物生物安全实验室档案的规范化管理［J］.中国动物保健,2020,22(12):73－75.

［12］周韬,王冬梅.高校生物实验室安全档案管理工作探析［J］.实验室科学,2023,26(3):202－205.

第 11 章
实验室生物安全检查管理

实验室生物安全检查既是实验室管理中的重点,也是实验室良好运行的重要保障[1]。在现代生物科技领域,实验室中常涉及各种生物因子,在所有的实验活动中,都不同程度地存在风险。通过开展实验室生物安全检查,可以识别可能存在的安全风险和隐患,对于实验室生物安全管理、实验人员的人身安全以及实验室的正常运转等具有重要意义。实验室生物安全检查要有健全的组织架构、相关制度、检查人员、检查原则、检查方式和重点等,以形成系统、全面的检查管理模式,包括对发现问题的督促整改。有效的生物安全检查可以很大程度降低实验室生物安全管理的成本,有助于及时消除隐患,避免生物安全事件(事故)引起的损失,甚至避免一些无法评估或无可估量的损失。

11.1 实验室生物安全检查的重要性

实验室生物安全检查的重要性主要体现在以下几个方面[2]。

(1)实验室生物安全检查有利于识别实验室存在的安全隐患。对生物安全实验室制定的安全管理体系、实验室规章制度及开展的安全培训的效果,需要采用安全检查的方式进行评判和总结,生物安全检查所获得的反馈有利于实验室工作的开展。实验室安全检查有利于实验室管理人员掌握实验室的安全生产信息。

(2)实验室管理人员通过实验室生物安全检查,可以掌握实验设施、高危试剂的使用和储存、人员工作环境、废弃物处理和用电用水等安全状况,进而了解在保障实验室生物安全过程中存在的长处和不足,为今后实验室的稳定工作提供改进的方向。

(3)实验室生物安全检查有利于改善实验室安全环境。通过对实验室开展各种方式的检查,可以对实验室内的空间布局有直观了解,发现实验室安全建设中存在的不足,为实验室安全环境和实验室设施设备的改进提供合理建议,为实验室工作人员创造一个安全、健康、舒适的工作环境。

(4)实验室生物安全检查有利于管理人员发现实验室管理中存在的不足,发现实验室安全管理工作中存在的盲区和共性问题,进而指导实验室管理者改进管理机制和管理方法、调整规章制度和工作流程、改善实验室布局、优化人员配比等,加强实验室安全建设工作。

(5)实验室生物安全检查有利于营造良好的安全文化氛围,开拓管理人员和实验人员的视野,丰富其安全技能。

11.2　实验室生物安全检查的要素组成

11.2.1　实验室生物安全检查的组织架构

实验室生物安全检查组织架构(图 11.1)主要包括实验室生物安全检查小组、实验室安全负责人、实验室安全责任人和实验室安全监督员等。实验室安全检查小组主要由实验室最高管理者、实验室主任、实验室安全管理专家及科室负责人等组成。实验室最高管理者为实验室第一安全责任人,承担实验室所有安全事故的管理责任。实验室管理层可指定一位安全负责人,由其负责实验室的日常安全检查和管理工作。实验室所有成员均为安全负责人,各自承担的具体职责如下。

(1)实验室最高管理者:总管实验室安全;制订实验室生物安全防护管理体系;组织开展实验室安全检查工作。

(2)实验室主任:负责实验室的日常管理工作;宣传、贯彻实验室管理规章制度;

组织工作人员进行实验室安全等相关培训；定期开展实验室仪器设备的检查和维护工作；处理实验室紧急事故。

（3）实验室工作人员：严格遵守各项实验室安全制度、要求，以及岗位职责要求的防护、仪器设备、试剂、材料等的使用规程，定期进行常规检查等。

（4）实验室生物安全检查小组：负责实验室安全方面的联系、检查和协调等工作；制订实验室生物安全管理规范、技术操作指南，并定期进行更新；提供生物安全的技术和政策咨询；发布生物安全相关技术文件。

（5）安全监督员：监督实验室安全制度、操作规程的实施，对违反相关制度、规程或存在安全隐患的情况进行及时纠正；向实验室负责人报告实验室内发现的安全隐患问题；做好监督记录。

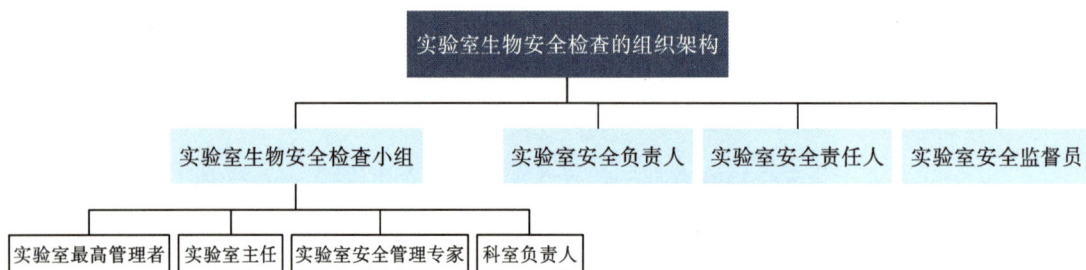

图 11.1 实验室生物安全检查组织架构

11.2.2 实验室生物安全检查的相关制度

建立健全的实验室生物安全检查的相关制度是识别和预防实验室生物安全事故发生的一种重要手段。建立健全的实验室生物安全检查制度需要从以下几个方面着手[2]。

11.2.2.1 实验室生物安全责任体系的健全

实验室应成立生物安全工作领导小组，加强实验室生物安全管理工作。实验室生物安全工作领导小组应建立覆盖实验室、实验室主任、实验室安全检查员和实验人员的安全责任体系，明确各级责任人，签订相应的责任书，重点明晰实验活动主体——实验人员的安全责任。实验室生物安全工作领导小组应按照"一岗双责、齐抓共管、失职追责"的要求，将实验室生物安全责任层层落实到岗位、落实到个人，贯通实验室建设的各个环节。

实验室应定期开展自查工作。实验室生物安全工作领导小组应建立实验室生物安全督查小组,聘请外部专家、实验室管理人员、实验室安全检查员等相关人员加入督查队伍,提升生物安全检查的专业化水平,对实验室开展全面巡查、抽查、集中检查,提出整改意见,编制实验室安全督查报告;根据实验室生物安全检查的结果,建立安全管理责任追究制度;开展实验室安全工作评优表彰工作,对严格落实安全责任制、执行安全制度积极有效、未发生实验室安全隐患的机构或个人给予适当的物质奖励。

11.2.2.2　实验室生物安全检查制度的准备

实验室负责人可参考 CNAS 发布的实验室生物安全认可评审的相关条例和实验室生物安全检查的评价指标建立实验室生物安全检查制度[3]。

1. 实验室生物安全认可评审文件

CNAS 发布的关于实验室生物安全检查管理的文件主要有《实验室认可规则》(CNAS – RL01:2019)、《实验室生物安全认可规则》(CNAS – RL05:2016)、《实验室生物安全认可准则》(CNAS – CL05:2009)、《认可标识使用和认可状态声明规则》(CNAS – R01:2023)和《公正性和保密规则》(CNAS – R02:2023)等。

2. 实验室生物安全检查的内容

实验室生物安全检查的内容包括实验室生物安全等级、实验场所与设施、病原微生物的采购与保管、人员管理、实验操作与管理、实验动物安全和生物废弃物处置[4]。实验室生物安全检查项目见表 11.1。

表 11.1　实验室生物安全检查项目

序号	项目	内容	检查要点
1	实验室生物安全等级	1.1 开展病原微生物实验研究的实验室,须具备安全等级资质	其中 BSL – 3/ABSL – 3、BSL – 4/ABSL – 4 实验室须经政府部门批准建设;BSL – 1/ABSL – 1、BSL – 2/ABSL – 2 实验室由学校建设后报卫生或农业部门备案

续表 11.1

序号	项目	内容	检查要点
		1.2 在规定等级实验室中开展涉及致病性病原微生物实验	开展未经灭活的高致病性病原微生物(列入一类、二类)相关实验和研究,必须在 BSL－3/ABSL－3、BSL－4/ABSL－4 实验室中进行;开展低致病性病原微生物(列入三类、四类),经灭活的高致病性感染性材料的相关实验和研究,必须在 BSL－1/ABSL－1、BSL－2/ABSL－2 或以上等级实验室中进行
2	实验场所与设施	2.1 实验室安全防范设施符合生物安全实验室要求,各区域布局合理	实验室须设门禁管理和准入制度,对储存病原微生物的场所或储柜配备防盗设施,BSL－3/ABSL－3 及以上等级的实验室须安装监控报警装置
		2.2 配有符合国家要求的生物安全设施	BSL－2 以上安全等级实验室须配有Ⅱ级生物安全柜,ABSL－2 实验室适用时配备,并定期进行检测,B 型生物安全柜须有正常通风系统;配有高压蒸汽灭菌器,并定期监测灭菌效果,有安全操作规程上墙;配备消防设施、应急供电、应急喷淋与洗眼装置;传递窗功能正常、内部不存放物品;安装有防虫纱窗、入口处有挡鼠板
		2.3 场所消毒要保证人员安全	设有紫外灯的生物安全实验室应张贴安全警示标识,在紫外灯使用过程中严禁人员进入;采用臭氧消毒时,在消毒结束后应进行一定时间的通风,待臭氧消散后,实验人员方可进入
3	病原微生物的采购与保管	3.1 高致病性病原微生物菌(毒)种的采购	从正规渠道获取病原微生物菌(毒)种,学校有审批流程;转移和运输高致病性病原微生物前,按规定报卫生和农业主管部门批准,并按相应的运输包装要求进行包装和运输
		3.2 高致病性病原微生物菌(毒)种的保管	将病原微生物菌(毒)种保存在带锁冰箱或柜子中,对高致病性病原微生物实行双人双锁管理;有病原微生物菌(毒)种保存、使用、销毁的记录

续表11.1

序号	项目	内容	检查要点
4	人员管理	4.1 开展病原微生物相关实验和研究的人员经过专业培训	培训证书
		4.2 为从事高致病性病原微生物研究的工作人员提供适宜的医学评估	实施监测和治疗方案,并妥善保存相应的医学记录;有上岗前体检证明和离岗体检证明,若为长期工作,则需要进行定期体检
		4.3 人员准入制度	外来人员进入生物安全实验室应经负责人批准,并有相关的安全教育培训、安全防控措施
5	实验操作与管理	5.1 制订并采用生物安全手册,有相关标准操作规范	应有从事病原微生物相关实验活动的标准操作规范
		5.2 开展相关实验活动的风险评估和应急预案	开展病原微生物的相关实验活动应有风险评估和应急预案
		5.3 实验操作规范,安全设施合理配置	病原微生物实验应在生物安全柜中进行操作;安全操作高速离心机;有合适的个体防护措施
6	实验动物安全	6.1 实验动物的购买、饲养、解剖等须符合相关规定	饲养实验动物的场所应有资质证书,实验动物应从有资质的公司购买,并有相应的合格证明;用于解剖的实验动物须经检验检疫并合格;解剖实验动物时,须做好个体安全防护;应定期开展健康检查
		6.2 对动物实验按相关规定进行伦理审查,以保障动物权益	伦理审查记录
7	生物废弃物的处置	7.1 生物废弃物的中转和处置规范	与有资质的单位签约处置感染性废弃物,有交接记录,形成电子版或纸质版台账;有生物废弃物中转站或收集点,并及时收集、转运生物废弃物

续表 11.1

序号	项目	内容	检查要点
		7.2 将生物废弃物与其他废弃物分开处理,做好防护和消杀	应将生物废弃物与化学废弃物、生活垃圾等分开贮存;实验室配备生物废弃物垃圾桶(内置生物废弃物专用塑料袋),并粘贴专用标签标识;使用耐扎的利器盒/纸板箱盛放刀片、移液枪头等尖锐物,送储时,再将之装入生物废弃物专用塑料袋,贴好标签;应对动物尸体及组织做无害化处理,彻底灭菌后方可处置;应先对涉及病原微生物的实验废弃物进行高温高压灭菌或化学浸泡处理,然后由有资质的公司进行处置;高致病性生物废弃物的处置应实现溯源追踪

除了上述检查指标外,实验室生物安全检查小组还应对实验室的责任体系、安全管理规章制度、基础安全和机电等进行检查[4],检查项目见表 11.2 ~ 表 11.5。

表 11.2　实验室责任体系检查项目

序号	项目	内容	检查要点
1	实验室管理部门	1.1 实验室安全工作领导机构	正式的机构设立文件,管理人员明确
		1.2 实验室安全管理职能部门	有实验室安全主管职能部门,可根据学生规模和实验室的仪器设备设立实验室安全管理科室
		1.3 实验室安全管理责任书	有实验室管理领导和实验室中心主任签字盖章的安全责任书
2	实验室	2.1 实验室安全检查小组	实验室安全检查小组成员主要由实验室最高领导、实验室主任和实验室安全管理专家等组成
		2.2 实验室安全责任体系	实验室设有安全责任人和管理人,并建有明确的责任体系
		2.3 实验室安全管理责任书	实验人员应签订实验室安全管理责任书

续表 11.2

序号	项目	内容	检查要点
3	实验室经费保障	3.1 实验室安全常规经费预算	财务证据
		3.2 实验室安全建设与管理，重大安全隐患整改经费	财务证据
		3.3 实验室有自筹经费用于实验室安全建设与管理	财务证据
4	实验室队伍建设	4.1 实验室安全管理人员	设有专职实验室安全管理人员；不断引入从事科学研究的人才以及生物安全管理方面的专家加入实验室，推进实验室安全管理队伍建设
		4.2 实验技术人员（含退休返聘人员）组成的实验室安全督查/协查队伍	聘用文件和工作记录
		4.3 主管实验室安全的负责人在岗 1 年内须接受实验室安全管理培训	培训记录和培训证书
5	其他	5.1 采用信息化手段管理实验室安全	建立和完善实验室安全信息管理系统
		5.2 实验室安全工作档案	包括实验室责任体系、队伍建设、安全制度、奖惩机制、教育培训、安全检查、隐患整改、事故调查与处理、专业安全、其他相关的常规或阶段性工作归档资料等；档案合理分类保存

表 11.3　实验室安全管理规章制度检查项目

序号	项目	内容	检查要点
1	安全管理制度	建立与否	有正式发文的实验室安全管理制度，包括上位法依据、实验室范围、安全管理原则、组织架构、责任体系、奖惩、事故处理、责任与追究和安全文化等要素

续表 11.3

序号	项目	内容	检查要点
2	安全管理办法	制订与否	制订实验室分类分级、准入管理、安全检查以及各类安全等二级管理办法;文件具有可操作性或实际管理效用,及时修订更新,并正式发文
3	安全应急制度	应急预案	建立应急预案和应急演练制度,定期开展应急知识学习、应急处置培训和应急演练,保障应急人员、物资、装备和经费,保证应急功能完备、人员到位、装备齐全、响应及时,保证实验防护用品与装备、应急物资的有效性

表 11.4　实验室基础安全检查项目

序号	项目	内容	检查要点
1	用电、用水安全	1.1 用电安全应符合国家标准(导则)和行业标准	实验室电容量、插头插座与用电设备功率相匹配;实验仪器的电源插座须固定;电气设备配备空气开关和漏电保护装置;实验室内不得乱拉乱接电线、电缆,不能使用老化的线缆、花线和木质配电板;多个接线板不能串接供电,接线板不宜直接放于地面;电线接头绝缘可靠,无裸露连接线,地面上的线缆应有盖板或护套;大功率仪器配有专用插座;实验仪器在长期不用时,应切断电源
		1.2 给水和排水系统布置合理、运行正常	水槽、地漏及下水道畅通,水龙头和上、下水管无破损;各类连接管无老化破损;各楼层及实验室的各级水管总阀有明显的标识
2	个体防护	2.1 个体防护装备的穿戴	实验人员须穿着质地合适的实验服或防护服;按需佩戴防护眼镜、防护手套、安全帽、防护帽、呼吸器或面罩(呼吸器或面罩在有效期内,不用时须密封放置)等;开展生物安全实验时,谨慎佩戴隐形眼镜;不得穿戴长围巾、丝巾、领带等操作机床等旋转设备,长发须盘在工作帽内;穿生物类实验服或戴实验手套后,不得随意进入非实验区

续表 11.4

序号	项目	内容	检查要点
		2.2 个体防护装备的放置	个体防护装备合理存放,存放地点有明显标识
		2.3 个体防护装备的培训和维护	培训及维护记录
3	其他	3.1 开展危险性实验须 2 人在场	实验时不能脱岗,通宵实验须 2 人在场,并有事先审批制度
		3.2 实验台面整洁和实验记录规范	查看实验台面和实验记录

表 11.5　实验室机电检查项目

序号	项目	内容	检查要点
1	仪器设备常规管理	1.1 建立仪器设备台账,设备上有资产标签,实行实名制管理	电子或纸质台账
		1.2 大型、特种仪器设备的使用符合相关规定	大型仪器设备、高功率的设备与电路容量相匹配;定期对仪器设备进行检查和维修;仪器设备操作规程上墙
		1.3 仪器设备的接电和用电符合相关要求	仪器设备接地系统按规范要求,采用铜质材料,且设计寿命不低于 50 年,接地电阻不高于 0.5 Ω;电脑、空调、电加热器、饮水机等不随意开机过夜;对不能断电的特殊仪器设备,采取必要的防护措施(如双路供电、不间断电源、监控报警等),对昼夜工作的设备配备进行实时监控
		1.4 特殊仪器设备配备相应安全防护措施	高温、高压、高速运动、电磁辐射等特殊设备,使用者有相应培训,有安全警示标识和安全警示线(黄色),设备安全防护措施完好;非标准设备、自制设备通过安全论证并有安全防护措施

续表 11.5

序号	项目	内容	检查要点
2	电气安全	2.1 电气设备的使用符合用电安全规范	电气设备所用的保险丝(管)的额定电流与其负荷容量相适应,不能有采用其他金属线代替保险丝(片)的现象;保持各种电器设备及电线干燥;实验室功能间墙面设有专用接地母排,并配有多点接地引出端;高压、大电流等强电实验室要设定安全距离,按规定设置安全警示牌、安全信号灯、联动式警铃、门锁,有安全隔离装置或屏蔽遮栏,高度大于2 m;控制室铺橡胶、绝缘垫等;强电实验室禁止存放易燃、易爆、易腐品,保持通风散热;有为设备配备残余电流泄放专用的接地系统;禁止在充满可燃气体的环境中使用电动工具;为强磁设备配备与大地相连的金属屏蔽网
		2.2 操作电气设备时,应配备合适的防护器具	强电类高电压实验必须2人(含)以上,操作时,戴绝缘手套;对防护器具按规定进行周期试验或定期更换;要保持静电场所内空气湿润,工作人员在其内要穿戴防静电服、手套和鞋靴
3	粉尘安全	3.1 在粉状物质的储存与使用场所,应选用防爆型的电气设备	使用防爆灯、防爆电气开关进行导线数设时,应选用镀锌管或水煤气管,必须达到整体防爆要求;进行粉尘加工时,要有除尘装置,除尘器符合防静电安全要求,除尘设施应有阻爆、隔爆、泄爆装置;所使用的工具应具有防爆功能或不产生火花
		3.2 在产生粉尘的实验场所,须穿戴合适的个体防护装备	在粉尘场所穿防静电棉质衣服;工作时,必须佩戴防尘口罩和护耳器
		3.3 保证实验室粉尘浓度在爆炸限以下,并配备合适的灭火装置	禁用干粉、水剂型和泡沫型灭火器;对粉尘浓度较高的场所,适当配备加湿装置

11.2.3　实验室生物安全检查人员的选定和职责

11.2.3.1　实验室生物安全检查人员的选定

实验室生物安全检查人员可从以下人员中进行选定：具备生物安全检查工程师资格的人员；具有实验室安全管理经验和相关专业背景的人员；实验室主任或者其他实验室管理人员；在防火防盗方面具有丰富经验的实验室工作人员。

11.2.3.2　实验室生物安全检查人员的职责

实验室生物安全检查人员的职责包括以下几点。

（1）在进行实验室生物安全检查工作时，需穿戴实验室防护服、防护手套和护目镜。

（2）佩戴工作证。实验室生物安全检查人员在履行检查工作时，应佩戴相应的工作证，同时向实验室安全责任人咨询相关问题，如仪器的维修、实验室工作人员的安全培训等。

（3）对实验室内发现的安全问题区域进行拍照留存，并以适当方式进行公布。

11.2.4　实验室生物安全检查的原则

实验室生物安全检查的原则包括层级原则、目的原则、规范原则和系统原则[5]。

（1）层级原则：实验室生物安全检查应遵循层级原则，根据实验室制定的安全责任体系，安全检查工作依层级进行。

（2）目的原则：实验室生物安全检查的目的是发现实验室在建设和运转过程中存在的安全隐患，并及时采用相应的措施消除发现的安全隐患，加强实验室的安全建设。

（3）规范原则：实验室生物安全检查遵循的规范原则包括内容规范、要求规范、人员规范和记录规范。内容规范要求实验室安全检查人员根据"实验室生物安全检查项目表"对实验室的各个项目进行检查；要求规范要求各层级部门根据国家/学校等颁布的检查要求，对实验室生物安全开展定期、不定期以及专项检查；人员规范要求实验室安全检查员具备实验室安全方面的专业知识，具有实验室安全检查和安全体系的认证经历；记录规范要求实验室生物安全检查员详细记录检查的各个项目，并存档备查。

(4)系统原则:实验室生物安全检查的流程是安全检查、检查结果反馈、实验室整改和整改结果评估。实验室安全检查员针对实验室生物安全检查过程中发现的问题,向实验室管理人员及时反馈;实验室管理人员根据反馈结果对实验室相关隐患进行整改,同时将整改报告提交实验室上级管理部门;完成整改后,实验室安全检查员对整改结果进行验收,并将实验室生物安全检查结果进行公示。

11.2.5 实验室生物安全检查的方式和重点

11.2.5.1 实验室生物安全检查的方式

根据检查形式的不同,可将实验室生物安全检查分为常规检查、定期检查、不定期检查和专项检查 4 种[3]。常规检查是由实验室管理人员安排检查员每天对实验室开展安全检查;定期检查是指实验室安全专家和实验室中心主任在实验室生物安全检查小组的统一组织下,对实验室展开的集中安全检查,检查周期通常为每月 1 次;不定期检查,又称随机抽查,是实验室所属单位对实验室内的高危化学物品、病原微生物、放射性设备以及一些特殊仪器设备等开展的不定期抽查;专项检查是由上级主管部门或机构组织的针对各级各类教学和科研基地、实验场所、设施与装置、危险品储存处置场所等的专项检查,主要包括特殊实验设备(高压蒸汽灭菌锅、生物安全柜等)的使用和维修、高危化学物品的保管、有毒有害废弃物的处理等项目。

另外,根据检查者不同,可将实验室生物安全检查分为内部自查、内部交叉互查及第三方机构或主管部门组织的外部检查 3 种。

11.2.5.2 实验室生物安全检查的重点

实验室生物安全检查的重点包括但不限于以下几个方面[6]。

(1)实验室的实验设施设备是否正常运转。

(2)实验室的警报系统功能和状态是否正常。

(3)实验室内的应急装备是否在有效期内。

(4)实验室内的消防设备是否可以正常运行。

(5)实验室内的危险化学物品是否正确放置、存储。

(6)对实验室感染性废弃物的处理是否适当。

(7)实验室工作人员能力和健康状态是否符合工作要求。

(8)已制定的实验室安全计划是否正常实施。

(9)实验室所需资源是否满足实验和工作所需。

11.3 实验室生物安全检查结果的反馈与安全隐患整改

11.3.1 检查结果的反馈

实验室生物安全检查结果的反馈形式主要分为对单个实验室的反馈和对检查结果的整体反馈 2 种[3]。

11.3.1.1 对单个实验室的反馈

实验室生物安全检查小组针对所发现的实验室安全隐患可采取以下 4 种方式进行处理。

(1)对实验室存在的常识性安全隐患问题,且问题数量在 3 个以内的,以口头方式要求实验室进行整改。

(2)对安全隐患在 3 个以上的实验室,可采用开具问题反馈表的方式要求实验室进行整改。问题反馈表包括实验室安全检查的时间、实验室名称、实验室的隶属单位、检查人员名单、检查过程中发现的安全隐患以及对安全隐患的详细描述、检查小组负责人和实验室负责人签名等内容。

(3)对存在较为严重的安全隐患的实验室,采用开具整改通知单的方式,详细告知其存在的安全隐患、违反的实验室生物安全管理法规等信息;同时,给出具体的整改时限、整改要求和复查时间,加盖实验室管理部门公章,由实验室生物安全管理负责人签名。

(4)对存在重大生物安全隐患的实验室,可提出封门要求。被处罚的实验室应制订详细的整改计划书,经实验室安全管理部门审核通过后,进行实验室安全整改,整改达到要求后,方可重新正常运转。

11.3.1.2 对检查结果的整体反馈

实验室生物安全检查小组在完成实验室生物安全检查后,对多个实验室的检查结果进行汇总,采用以下 3 种方式进行公布。

（1）网上公布，在实验室上级部门和实验室管理部门的官网上对检查结果进行公布。

（2）以书面文件的形式进行公布，可分为部门文件、学校/研究机构文件和多部门联合发文等。

（3）将检查结果备案备查，既不公布，也不下发文件。

11.3.2　安全隐患整改

实验室最高管理者和实验室主任根据实验室生物安全检查的反馈结果，明确实验室安全隐患整改责任人，提出切实可行的整改措施，整改措施包括但不限于以下方面[4,7]。

（1）分析产生问题的根本原因并形成调查报告。

（2）针对检查中发现的安全隐患，制订周密可行的整改方案和计划。

（3）分类分级实施实验室整改，将整改工作落实到个人。

（4）对存在重大安全隐患、不能立即整改的，应责令封停实验室或相关科室，待实验室消除存在的安全隐患且由实验室生物安全检查小组评估合格后，再予以开放使用。

（5）详细记录每一个不符合项及对其的整改过程，并形成纸质版报告。

（6）实验室管理层采用实验室生物安全检查的评价指标，组织实验室生物安全检查小组对实验室再次进行风险评估，并形成电子版或纸质版报告。

（廖林川　靳小业　杨　林）

参考文献

[1] 叶冬青.实验室生物安全[M].3版.北京:人民卫生出版社,2020.

[2] 范强锐,曲运波,胡燕.高校实验室的安全检查及安全隐患整改[J].实验技术与管理,2013,30(2):212-214.

[3] 光翠娥.强化实验室安全检查　提高高校实验室安全建设水平[J].实验室科学,2012,15(6):189-191,195.

[4] 教育部办公厅.高等学校实验室安全检查项目表[EB/OL].(2022-03-16)

［2023 - 01 - 28］. http://www. moe. gov. cn/srcsite/A03/s7050/202204/t20220406_
614080. html.

［5］刘长宏,赵方,宋典达,等.安全检查提升实验室保障能力的研究与实践[J].实验
技术与管理,2019,36(1):8 - 11.

［6］国家质量监督检验检疫总局,中国国家标准化管理委员会.实验室　生物安全通
用要求:GB 19489—2008[S].北京:中国标准出版社,2008.

［7］李晓蔚,刘成涛,关晓琳.基于闭环管理浅谈高校实验室安全存在的隐患及整改
[J].广州化工,2021,49(13):226 - 228.

第 12 章
生物安全实验室的数字化管理

实验室管理主要是对人员、仪器设备、实验项目、试剂耗材（含危险化学品）、生物样品等的管理。随着各科研院校实验室的不断发展、研究领域的不断细化深入、实验人员与各类仪器设备的不断增加，生物安全实验室在管理方面出现了很多问题，如设备的重复购置与闲置浪费，实验人员对仪器设备使用时间冲突，多种试剂耗材重复采购、过期浪费，危险化学品超量、超品种存放等。实际上，实验室设施设备、项目、试剂耗材、人员、实验数据等信息的详细记录，既是实验室管理中最基础的工作，也是实验室可持续运转的重要保障。但此类管理工作具有信息量大、烦琐和费时费力等特点，仅靠传统的管理方式很难满足现代实验室高效运行的要求。

《生物安全法》第十六条明确规定："国家建立生物安全信息共享制度。国家生物安全工作协调机制组织建立统一的国家生物安全信息平台，有关部门应当将生物安全数据、资料等信息汇交国家生物安全信息平台，实现信息共享。"国务院办公厅印发的《科学数据管理办法》指出，有关科研院所、高等院校和企业等单位是科学数据管理的责任主体，应按照有关规定做好科学数据保密和安全管理工作；建立科学数据管理系统，公布科学数据开放目录，并及时更新，积极开展科学数据共享服务[1]。教育部办公厅《关于开展加强高校实验室安全专项行动的通知》（教科信厅函〔2021〕38 号）、教育部《关于加强高校实验室安全工作的意见》（教技函〔2019〕36 号）和《教育系统安全专项整治三年行动实施方案》(教发厅函〔2020〕23号)均指出,加强信息化建设,充分利用信息化技术,对重大危险源实现实时监控,严格做到全过程、全周期、可追溯管理;同时要提升实验室安全管理的信息化水平,建立和完善实验室安全信息管理系统、监控预警系统,促进信息系统与安全工作的深度融合[2-4]。因此,生物安全实验室的数字化管理的首要标准就是评估其安全性。此外,针对生物安全实验室的自身特性,其数字化管理还需涉及实验室设施设备管理、实验室项目管理、试剂耗材和危险化学品管理、生物样品管理、人员培训管理及保密信息管理等[1-2,5-6]。因此,生物安全实验室采用数字化管理势在必行,它不仅能极大地提高实验室管理者以及实验人员的工作效率,如方便对仪器使用情况进行查询和预约,对试剂耗材的存放位置、库存进行查询等,而且能在实验项目信息溯源的基础上实现信息共享和实验流程协作等。数字化管理的运用将使实验室真正实现透明、高效、便捷、安全与可持续的运转。

生物安全实验室的数字化管理一般通过LIMS来实现。LIMS也称为实验室信息系统(laboratory information system,LIS)或实验室管理系统(laboratory management system,LMS),是一种基于集成软件来解决实验室管理问题的软件系统,具有支持现代实验室运营的功能,是智慧实验室的重要组成部分。其主要功能及特点包括但不限于工作流程管理、数据跟踪支持、灵活的架构和数据交换等,并且完全支持系统在受监管的环境中使用,从而方便实验室管理者及实验人员进行相关的实验活动[7-8]。多年来,LIMS已经从简单的样品跟踪发展成为集实验室管理、实验室自控、信息学分析等为一体的资源规划工具。许多LIMS中添加了数据挖掘、数据分析、数据检测管理和电子实验室系统信息集成等功能,从而能够在单个软件系统解决方案中实现转化医学和生物安全实验室的管理,许多LIMS现在已发展成为以病例为中心的综合临床数据库或者根据实验室特点量身定做的符合实验室需求的系统[1,7]。

近年来,生物安全实验室的数字化管理越来越受重视,尤其是随着全球信息化的变革、突发疫情的影响,实验室数字化管理的需求日益增加。本章将根据《生物安全法》《传染病防治法》《病原微生物实验室生物安全管理条例》《医疗机构临床实验室管理办法》《突发公共卫生事件应急条例》《实验室　生物安全通用要求》(GB 19489—2008)、《可感染人类的高致病性病原微生物菌(毒)种或样本运输管理规定》等有关法律、法规、标准、规定,对生物安全实验室的数字化管理进行简单介绍,为生物安全实验室的数字化管理提供一些参考意见[10]。

12.1　设施设备的数字化管理

实验室设施设备的数字化管理是将实验室相关的设施设备结合计算机自控系统构建的数字化信息管理应用。信息化、数字化管理已成为生物安全实验室管理的关键环节之一[11]，生物安全实验室统筹的信息化管理能促进实验室控制、节能、仪器使用等各个方面的合理分配[5,10,13]。而生物安全实验室的数字化管理是对实验室信息管理的数字化具象，使得对生物安全实验室的管理更加明了、简洁。本节将从实验室的设施设备自控系统、设施设备报警应急处置及实验室科研设备数字化管理 3 个方面阐述实验室设施设备数字化管理的相关知识，为实验室设施设备的数字化管理提供一些参考依据。

实验室设施设备自控系统的数字化管理是生物安全实验室数字化管理的基石，设施设备自控系统的数字化是在原有信息化、系统化的基础上，以数字化形式呈现自控系统的运行、维修等情况，更加具象化地管理实验室的设施设备。

生物安全实验室的建设不只是单纯地考虑设施设备的选购、实验室的建筑结构，还要考虑实验室的规划、平面布局、强电、弱电、温度、湿度、给水、排水、供气、空调、空气净化、送排风、安全措施、风险评估、环境保护等基础设施和条件，尤其是高级别生物安全实验室，更加需要考虑实验室设施设备自控系统的规划及设计。《生物安全实验室建筑技术规范》（GB 50346—2011）规定："生物安全实验室的建设应切实遵循物理隔离的建筑技术原则，以生物安全为核心，确保实验人员的安全和实验室周围环境的安全，并应满足实验对象对环境的要求，做到实用、经济。生物安全实验室所用设备和材料应有符合要求的合格证、检验报告，并在有效期之内。属于新开发的产品、工艺，应有鉴定证书或实验证明材料。"从这些规定可以看出，生物安全实验室（尤其是高级别生物安全实验室）的检测项目很多与自控专业工程息息相关，甚至自控专业工程完成的好坏，将直接影响生物安全实验室的工程验收及工程质量。

高级别生物安全实验室对环境安全的要求较高，须对温度、湿度、压力及压力梯度进行精确控制，必须选用实验室专用的自控设备进行控制，才能实现高标准的控制要求，因此，自控系统的建立、调试、运行是实验室能否正常运行的关键。随着科技的发展，设施设备自控系统已经达到信息化、数字化的统筹，利用物联网技术，构建实验室统一的智能硬件系统,包括实验室环境监控、智慧视频和门禁、危险气体漏气监测、温度控制、湿度控制及报警等,可实时监控实验室的安全状况,提前预防和预警实验室安全事故,保障工作人员人身安全[12-13,19]。数字化管理系统可实时监控各实验室的状况,如实验室的温、湿度情况和实验室工作人员情况等,及时应对突发情况,如起火事故,漏水事故、危险气体泄漏事故等。数字化管理系统可自动报警,并及时通知相关人员。

12.1.1 关键设施设备的数字化管理

生物安全实验室的环境监测系统及其辅助设备的材料、设计、检查、安装、测试和调试均应符合相应等级最低限度的技术要求和设备的最基本要求,但并未限制按照更高的标准来安装相关设施设备。实验室可以将数字化管理系统设计为具有更加完善的配置、性能更加优异的硬件设施和更高水平的控制系统的标准。实验室环境监测主要包括烟雾、温度、湿度、压差、有毒有害气体、易燃易爆危险气体、气体钢瓶监控、火光视频监控等。实验室建设过程中应满足国内有关设计、制造、环保、安全等法律、法规、管理办法、标准和规范的相关要求。对空间环境的监测需涉及用于生物安全实验室内的温度、湿度、压差、关键设备状态等各项参数的监控,实现符合相应实验室安全等级的环境需求,并满足对最大面积的多点温度、湿度、压力、设备状态等环境参数要求,最后将数据传输至终端仪器,如服务器、存储硬盘,进行数据存储与分析,并最终输出曲线及相关数据数值到计算机系统。同时,在设备异常的情况下,系统可通过多种不同形式进行报警,通知相应人员。

对生物安全实验室的关键设施设备,尤其是对高级别生物安全实验室的关键设施设备,如灭菌系统、活毒废水处理系统、送排风系统、高效空气过滤器、气密门等,均需要实现自动化管理。借助自控系统可以实时获取生物安全实验室所有关键设施设备的参数和运行数据。一旦发生超过相应设施设备设置阈值之外的情况,自控系统就可立即发出报警,相关人员即可根据不同报警级别采取相应措施。特别是针对高级别生物安全实验室的关键设备,需实行一备一用的管理,当出现需要进行设备更换、维修、报废等的情况时,自控系统可以提前给出报告提醒,方便进行管理。《生物安全实验室建筑技术规范》(GB 50346—2011)规定:"在三级和四级生物安全实验室防护区应设送排风系统正常运转的标志,当排风系统运转不正常时应能报警。备用排风机组应能自动投入运行,同时应发出报警信号。三级和四级生物安全实验室的空调通风设备应能自动和手动控制,应急手动应有优先控制权,且应具备硬件连锁功能。在空调通风系统未运行时,防护区送风、排风管上的密闭阀应处于常闭状态。"

12.1.1.1　实验室温度、湿度、洁净度和压差的数字化管理

温、湿度传感器量程应满足不同等级生物安全实验室的工艺参数要求、安装数量要求,压差传感器量程和洁净度检测器需满足相应等级的工艺参数要求和精度要求。温、湿度传感器最好为独立仪表,不与其他系统共用。洁净区内系统设备的材料、设计及安装应符合环境要求,表面易清理、无污染、无生锈、无清洁死角。这些设备的安装和配置决定了自控系统的精确度,通过高质量的设施设备自控系统可以精确地调控实验室的温度、湿度、压差及洁净度。《生物安全实验室建筑技术规范》(GB 50346—2011)规定:"三级和四级生物安全实验室的自控系统应具有压力梯度、温度、湿度、连锁控制、报警等参数的历史数据存储、显示功能,自控系统控制箱应设于防护区外。三级和四级生物安全实验室应在有负压控制要求的房间的显著位置,安装显示房间负压状况的压力显示装置。"因此,自控系统需满足房间的温度、湿度、压差和洁净度的要求,可以设定相关报警的上、下限,当检测值超出设定值时,上位机提示相应报警信息并记录、保存该信息,同时,房间内的温度、湿度、压差需具备延时报警功能。当上述状态全部正常时,实验人员才能在内部进行各项操作;若有警报,则实验人员应根据不同报警级别采取相应的措施。

12.1.1.2　监控系统的数字化管理

生物安全实验室自控系统可以根据自身需求建立并集成各类监控摄像头,实现实时在线播放和历史记录播放;也可以联动不同的实验活动,精确快速地查看特定场景和某指定时间段的录像,如可以查看具体的仪器设备使用记录录像,确认仪器是否当时已经损坏或异常。

12.1.1.3　门禁系统的数字化管理

可根据需求设定生物安全实验室自控系统中的门禁系统。门禁系统支持人脸、刷卡、指纹、虹膜识别和密码的权限控制方式,可以集成门禁账号,进行统一的开门、关门权限管理,同时也可以联动具体的实验活动,做具体开门的控制。系统可设定不同实

验人员的实验权限。对于生物安全实验室,只有通过安全考试的人员才可进入其中。

12.1.1.4　活毒废水系统、送排风、灭菌系统、高效过滤器等设备的数字化管理

不同等级的生物安全实验室要求不同。高级别生物安全实验室往往对其活毒废水、送排风、灭菌锅等设备有详细的要求,如灭菌系统中需要安装双扉高压蒸汽灭菌锅,三级生物安全实验室的排风系统中需要安装一级高效空气过滤器,四级生物安全实验室则需要安装二级高效空气过滤器。这就需要数字化管理系统实时显示各个关键设备的使用情况,如需更换和维修,则能提前预警并给出相应报告,此时,工作人员可及时采取相应措施,以保障实验室的正常运行。此外,自控系统还可以监测设施设备主要部件的数据单、备用和(或)更换部件的清单及订购信息(包括系统、关键部件维护和损耗时间表),可追溯按照国家标准仪器和校准程序校正的仪器仪表校准数据、历史运行数据等。

12.1.1.5　自控系统不间断电源、消防的数字化管理

自控系统不间断电源(uninterruptible power supply,UPS)的数字化管理也非常重要。一旦出现停电等异常现象,自控系统就可以立即启用UPS,以维持实验室各项实验活动;当动力恢复重新启动后,自控系统各项设置参数应与断电前所设置的一致,不应恢复出厂设置。实验室管理层应制订消防系统紧急撤离程序,设置专门紧急撤离通道,当消防系统预警后,应立即对实验人员进行紧急撤离并报相关部门处理。

12.1.2　设施设备的报警及应急处置

设施设备自控系统应能够稳定运行,具有备份和恢复功能,具有可升级性、兼容性以及多进程处理功能。其界面应设计合理,操作简单,容易上手,实现图形化、数字化展示。设施设备自控系统应有报警记录功能,对报警点标签名称、报警名称、报警日期、报警时间等报警信息进行记录存档,可以输出到电脑和打印机,实现智能预警。《生物安全实验室建筑技术规范》(GB 50346—2011)规定:"三级和四级生物安全实验室自控系统报警信号应分为重要参数报警和一般参数报警。重要参数报警应为声光报警和显示报警,一般参数报警应为显示报警。三级和四级生物安全实验室应在主实验室内设置紧急报警按钮。三级和四级生物安全实验室防护区的送风机和排风机应设置保护装置,并应将保护装置报警信号接入控制系统。"因此,对于高级别生物安全

实验室来说,其自控系统则需设置精确预警及分级报警制度,以满足不同需求。

建立实验室应急控制程序文件,将之纳入实验室管理系统,设定应急程序文件的相关必需要求,制订包括应对生物性、物理性、化学性、放射性等紧急情况的方法,制订应对设施设备故障、火灾、水灾、地震、病原泄漏、意外感染、非工作人员闯入、恐怖袭击等任何意外情况或紧急情况下的应急方案[12]。必要时,针对应急方案,实验室应征询相关主管部门的意见和建议。应急控制程序文件需包括负责人、组织、应急通信、报告流程、风险评估、个体防护和应对程序、应急设备、撤离计划和路线、污染源隔离和消毒灭菌、现场隔离和控制、风险沟通、人员隔离和救治等内容。实验室应在实验场所设置必要的急救和应急物资装备,并定期检查及更新,确保其处于良好运行状态;应对所有工作人员(包括访问学者)加强培训,使其熟练掌握各种应急处理措施,熟悉相应的紧急撤离路线和集合地点。一旦发生紧急事件,自控系统就可在第一时间进行预警,并根据应急控制程序采取相应的应急措施。

12.1.3 科研设备的数字化管理

科研设备的数字化管理是生物安全实验室 LIMS 的一部分,是利用现代化信息技术、物联网技术和智能化技术,建立实验室科研仪器的安全使用、预约、共享、维修、报废平台,建立在线电子式的安全监控,统一智能硬件管理平台及应用等系统。这不仅能极大地减少实验室管理人员的时间,还能节约实验室的运营成本,让实验室更安全、更规范、更放心地运行。科研设备的数字化管理可实现仪器设备数据自动备份、在线预约仪器的使用和送样检测,支持对接智能电源等物联网设备,实现实时控制和不同权限的设置等[14]。

实验仪器设备管理一般要求所有仪器设备都具有数据自动备份功能,当程序出现故障时,可以随时恢复备份数据。LIMS 对所有实验数据也需具备自动备份功能,备份周期可根据实际的实验活动需求进行设定。备份内容至少包括但不限于以下数据:如实验过程中的相关仪器设备的参数电子数据(趋势曲线、数据报表)、报警记录、审计追踪记录等。备份的数据应为原始数据,当需要进行数据恢复时,可将历史备份数据反向导入设备进行查看。同时,LIMS 需具备审计跟踪功能,其审计跟踪记录内容应该包括具体实验操作时间、操作人员、具体实验操作内容、对系统各项工艺参数修改、报警参数修改、手动操作数据（如起停程序、手动控制等数据）、用户登录/退出行为等关键操作数据。同时，对这些数据既可以以报表或者关键字的形式进行查询，也可以将之输出到指定的电脑或打印机上进行查询。

科研设备的数字化管理可以实现在线预约仪器的使用和送样检测，同时通过对大型仪器工作站的控制，可以实现仪器设备的使用控制，比如没有预约，就无法使用相应仪器。科研设备的数字化管理一般包括资料管理、入库管理、周转管理、标签管理、设备预约、维修管理及报废管理等。仪器预约和共享平台可由仪器信息展示平台、在线预约、仪器设备使用权限控制三部分组成。系统应设置系统管理员，由其负责维护生物安全实验室的仪器设备，进行仪器设备基础信息（包括仪器设备价格、仪器设备编号、仪器设备类型、预约设置、使用设置、维修登记、报废登记等）的维护。系统管理员可以将对外预约的仪器设备信息发布到预约平台上，供一般用户对仪器设备信息进行预览和预约操作；实验人员可以登录仪器设备信息平台，下载仪器设备相关资料，查看预约记录，进行仪器设备预约等操作。预约成功后，由系统管理员进行在线审核，审核通过后，实验人员才能进行预约、使用；预约者按照预约时间到达现场，进行仪器设备的使用。对于可断电的仪器设备，系统可通过智能电源控制仪器设备的通、断电，预约者可通过刷卡、刷脸或扫码进行上机或下机；对于有工作站的仪器设备，用户可通过系统智能控制客户端，输入账号、密码，在刷卡、刷脸或扫码后进行上机或下机。系统自动形成仪器设备使用记录并计算费用。实验人员通过系统可查看所有预约记录、使用记录、正在使用中的仪器设备。系统支持添加维护、维修记录，可按不同部件的维护周期自动提醒维护。

此外，科研设备的数字化管理还支持对接智能电源等物联网设备，实现实时控制和不同权限设置；支持通过手机扫描仪器设备上的二维码，学习仪器设备操作规程和注意事项，保障仪器设备的使用安全。利用科研设备的数字化管理能快速、合理地分配实验室的不同实验活动，提高实验室仪器设备的使用效率[14]。

12.2　实验室项目的数字化管理

实验室项目数字化管理的目标是使项目管理工作数字化、流程化、信息化，从而提高项目管理质量，对各研究项目实现全流程及各环节管理，实现项目的科学化、规范化和精细化管理[15-16]。鉴于科研项目管理主要是国家科技部层面的工作,本节将从具体实验项目的数字化管理方面进行介绍,其中,考虑到动物实验项目的烦琐性及独特性,将以此为例来展开实验室项目数字化管理的介绍。

12.2.1   实验动物的数字化管理

随着生命科学及多学科交叉融合的飞速发展,实验动物在各个高等院校的科研与教学工作中发挥着越来越重要的作用。实验动物质量控制的要素涵盖了人员管理、环境及设施控制、遗传质量与监测、病原微生物和寄生虫的控制、营养与垫料控制等方面。实验动物的质量稳定性不仅直接影响到实验与教学工作的效果,而且关系到实验人员的生命健康安全。与生产单位相比,因为在高等院校的实验动物管理工作中实验人员数量庞大、流动性强,动物品系繁多,实验要求多样等,使得对质量体系各要素(如环境、设施、设备、SOP 执行等)的控制更为复杂,所以实验动物的数字化管理体系建设已成为亟须解决的问题。

实验动物的数字化管理是通过对实验动物管理的关键要素(如人员、环境、物料、设施设备、饲养方法等)及辅助保障体系(如培训管理、伦理管理等)进行综合管理、追踪和控制,实现复杂环境实验动物的精细化管理。实验动物数字化管理体系包括信息采集系统、信息管理系统和信息查询系统,它通过集成数据分析和数据调配等过程,实现对相关信息的综合管理[6,14,18]。

12.2.1.1   实验动物数字化信息采集系统

实验动物数字化信息采集系统的系统信息采集通过前端网站、录入设备、条码生成设备、远程监控设备、环境监测及报警设备、设施监测及报警设备等完成,主要包括:①相关人员,如管理人员、检测人员、实验人员等,在网站客户端完成不同类型账户申请后,自助登录程序,通过控制指纹、人脸、虹膜等识别设备,完成账户关联人员的生物信息采集、录入;②对饲养设备(如 IVC、隔离器等)内的温度、湿度、氨浓度等进行动态数据收集;③对饲养环境(如温度、湿度、换气次数、噪声、照明等)进行动态数据收集;④定期监测饲养过程中使用的饲料、饮水、设施及环境等相关指标;⑤定期监测饲养动物遗传质量、病原微生物及寄生虫质量;⑥通过条码读取设备及平板电脑,扫描、录入笼位相关信息;⑦通过网络客户端实现培训申请、动物订购、笼位预约、伦理申请、实验申请等;⑧系统管理人员录入需要在前端网站发布的有关信息[6],将上述数据上传到信息化管理系统数据库中。

12.2.1.2　动物数字化信息管理系统

动物数字化信息系统为本体系的核心系统,按层级、模块化进行管理体系架构。系统的模块化建设包括用户管理、培训管理、网站管理、饲养繁殖、设施设备、质量监控、伦理审查等,各模块对相关采集信息(包括各种申请及订单)设置层级化树状处理流程:①对饲养环境和饲养设备进行相关参数设定,当出现超出范围的改变(如突发性事件、断电等)时,系统发出指令,通过无线技术报警,并做出响应与调整;②饲料、垫料、检测数据系统对相应时期的动物质量等其他数据进行匹配;③根据人员类型,系统通过对密码锁的动态控制实现人员进出饲养区域和流向控制;④通过条码管理系统对动物传送位置进行监控;⑤将培训申请、动物订购、笼位预约、伦理申请、实验申请等服务申请按流程设定并实施,通过条件设定实现群发邮件及短信通知,使相关人员响应配合。

12.2.1.3　动物数字化信息查询系统

动物数字化信息查询系统包括饲养繁殖数据查询、用户查询、设施设备数据查询、质量监控数据查询、环境数据查询。动物数字化信息查询系统用于设定条件下的信息查询,用户通过访问前端网站,获得授权信息。相关人员根据不同的查询条件对正在饲养和过去饲养的情况进行查询、统计。

12.2.1.4　动物数字化信息管理体系的运行

实验室在完成动物数字化信息管理体系订单、饲养、设施、培训、网站、伦理等管理模块建设后,可在网站开通动物订购、笼位预约、伦理申请、课程培训等对外服务功能。各科研院校比较复杂的情况主要涉及人员管理、实验动物管理,这里将对这两个部分运行涉及的模块和流程管理进行说明。

1. 人员管理

人员管理主要为授权区域管理和进出流向管理,主要的管理手段是对密码锁开放顺序进行动态设置,控制模块包括用户管理、课程管理、设施管理三大模块,采取课题组层级管理制。下文将以需要进入屏障环境进行实验的课题组为例,介绍具体的执行方法。

(1)用户管理模块:课题组负责人选择"课题组账户"进行网站注册,系统审核后,生成负责人课题组账户。系统将分配课题组成员管理、订单管理、费用管理、饲养管理等审核及管理权限,实现该类型账户对课题组成员、课题、订单的管理审批,并对经费、实验室成员、实际饲养的数量和位置进行实时查看。同时,该账户可设定课题组其他成员为辅助管理账户。选择"普通账户"进行网站注册时,可选择加入本课题组账户,经审核后,即成为本课题组成员。

(2)课程管理模块:需要进入屏障环境的人员申请准入课程,下设基础课程及考核、现场实践学习、指纹自助录入等内容。系统通过手机短信推送首次科目授课的时间和地点,并根据流程设置及科目考核要求(如签到、考试等),生成下一科目参加名单,并通过短信通知给相关人员。实践区域和指纹授权准入区域为系统根据课题组目前在屏障环境中的现饲养位置自动分配。完成所有科目后,系统对该成员的指纹生成密码,用于开启饲养区域及房间的密码锁。

(3)设施管理模块:所有人员均只能进入授权区域和房间。相关人员首先在身份识别系统中进行指纹识别,激活授权密码锁,然后到达饲养区域及房间,输入密码,当相应密码锁打开后,即可进入。系统按病原微生物控制等级限定人员进入顺序,由高到低为无菌动物、SPF级动物、清洁级动物、普通动物。进入区域的次序:若级别由高到低,则可以通行;反之,则须在设定的隔离时间后,方可通行。

2. 实验动物管理

实验动物管理主要是订购管理和笼位管理。管理手段主要为"小鼠驿站"和条码管理系统。条码管理系统包括客户管理、伦理审核、订单管理、饲养繁殖、设施管理五大模块,其中客户管理、伦理审核、设施模块为前置条件,这里主要介绍形成相关订单后的执行过程。

(1)订单管理模块:订单产生后,条码管理系统即按照动物性别、数量、病原微生物等级等信息形成订单条码。在"小鼠驿站"扫码器处扫描条码,一个独立活体动物暂存柜柜门自动打开。放入后,中央控制器控制排风机自动运行,形成自下而上的气流,保障动物暂存柜内空气流通。同时,条码管理系统以短信形式发送领取码至订购人员手机。订购人员收到短信后,在指定时间内自行取出。订购人员取走动物并关好柜门,"小鼠驿站"自动向系统发送数据,实时更新实验动物去向。若在指定时间内未取出动物,则系统将发送信息,提醒工作人员进行处理。

(2)饲养繁殖模块:通过条码管理系统对饲养房间、笼架及新进动物生成相应条码;定期通过条码读取设备扫描房间、笼架、笼盒的条码信息,条码管理系统动态生成笼盒定位、笼盒归属、饲养费用等信息。每次扫描后,房间内移动位置的笼盒系统将提醒饲养员进行核对确认,并对区域内发生改变的笼盒信息生成汇总表,由区域主管进行核实。

实验动物的数字化管理将对高校科研与教学工作的可持续发展提供重要意义。数字化管理是当代最具潜力的新型生产力,将大大缩小时间、空间上的距离,实现实验动物的全面、全程信息化管理,不仅可为实验动物质量提供保障,而且可提高设施设备的利用率,使资源得到充分利用和共享,为学校科研与教学工作服务。

12.2.2 实验数据的数字化管理

实验数据作为实验项目中的核心组成部分,这里着重对其数字化管理进行介绍。实验数据统一由数字信息系统管理,不仅能实现无纸化,而且能为实验组合提供可能性,尤其是当单个实验无法完成复杂的实验任务时,可通过组合多个实验达到目的[9-10,17-18]。目前,每个实验室能完成的实验都是有限的,因此,实验数据的数字化管理就显得尤为重要。但是,由于实验数据类型多样、实验流程复杂,实验数据的保存、查询及实验任务之间的交互共享、分析尚存在难度,这无疑阻碍了实验人员之间的交流。如何建立实验数据的数字化管理,并在信息系统中模拟实验和操作实验流程,是实验数据的数字化管理需要解决的核心问题。在成功执行整个实验后,需记录其流程和数据,用于实验结果分析和后续研究。下面将从实验数据管理模块、实验流程管理模块和溯源数据信息管理模块这几个方面进行阐述。

12.2.2.1 实验数据管理模块

实验数据管理模块需具备实验注册、查询和修改功能,以提高实验数据的利用率及增强实验室之间的共享度。实验注册信息包括实验名称、输入输出参数、实例等,实验数据是用户在实验室完成具体实验操作后获得的实验结果。除了可查询自己做过的实验外,实验人员还可查询其他实验室的实验数据,特别是对一些稀有实验,可通过模拟实验实现共享。

12.2.2.2 实验流程管理模块

实验流程模块是以流程共享和用户协同编辑为目标,在实验管理的基础上,提供实验流程可视化编辑、合理性验证、动态修改和增量执行等功能,以便在虚拟实验室中操作实验。可视化编辑采用所见即所得的方式直观展示实验流程,能在可视化窗口直接拖动单个实验,组合成实验流程。具有相同实验目标的人员还可对同一流程进行协同编辑,以促进实验室之间的合作交流。因为实验流程编辑中可能引入冗余数据输出、错误语法输入等错误,所以编辑后,需进行合理性验证,对于不合理的控制和数据予以提示。可视化编辑和合理性验证的目的是构建一个控制流和数据流合理的实验流程。随后执行引擎将输入实例作为启动条件,依次执行流程中各实验,并输出实验结果。为满足实验流程的动态性,流程执行过程中允许对其进行修改,并对修改部分进行增量执行,而无须重新执行流程。

12.2.2.3　溯源数据信息管理模块

当前,实验流程是随实验执行而显示的。开始执行某个实验后,实验每执行一步,都会在系统中自动记录该实验步骤及生成的数据,所有这些被记录的数据称为实验的溯源信息,并以实验流程图的形式显示在界面上。实验人员将实验数据上传服务器后,在自己实验室的终端下载,可保证实验数据的真实性,并能实现对实验数据的溯源管理。该模块还能以图表形式展现实验室运行的各种数据。溯源分为简单显示和详细显示2种形式,这2种形式是同步进行的。简单显示仅显示实验名称,将鼠标拖动到具体实验步骤上才会显示该步骤的详细信息;而详细显示则可将每个实验步骤的具体信息显示出来。在实验执行结束后,系统可将本次实验流程形成的溯源信息保存到数据库中,或直接导出为 txt 或 pdf 格式文档。此外,系统还可将2个实验流程的溯源信息进行比较,找出其中不同的步骤,并突出显示。

12.3　试剂耗材和危险化学品的数字化管理

相对于设备的采购与管理,实验试剂耗材有着种类多、临时性强、采购频繁、个体差异大(特别是生物试剂)、来源渠道广、不入资产等特点,管理上存在存放混乱、无法高效地盘点各类剩余量等问题,容易导致重复采购、失效浪费。实验试剂耗材和危险化学品的采购和存放,是实验室建设和运行的基本前提,如果不能及时掌控并进行有效监管,则将存在较大的安全隐患。另外,因为单次采购金额小、采购频次高、报账分散、试剂耗材用过无痕等,所以就会带来财务部工作量大、占用实验人员宝贵时间以及监管难等问题。

相比传统的管理模式,数字化管理可实现信息资源共享化、台账统计自动化、数据分析智能化,使工作效率得到极大提高,使许多不必要的人为差错得到减少[20]。

12.3.1　试剂耗材的数字化管理

试剂耗材数字化管理系统包含试剂耗材的申购、采购、验收、入库、领用、出库、盘点、库存预警、信息共享查询、费用统计、供应商资质评价审核等功能模块。

12.3.1.1　试剂耗材的申购、采购

通过数字化系统对试剂耗材的申购进行统一管理,在线上实现请领、审批、采购下单等流程。申请者在信息系统选择所需试剂耗材、数量、规格等信息,经审批后,由系统拣货出库或在系统上采购,到货后,配送至各实验室。系统在全过程对其流通和使用进行监测,保证可溯源。同时,对试剂耗材库设置最低库存,到达阈值时,系统将在第一时间通知系统管理员,保障及时采购到货。

12.3.1.2　试剂耗材的验收、入库

实验室管理人员在收到货物后,使用手持终端设备(personal digital assistant,PDA)进行验收,核对试剂耗材的规格、级别、数量、保质期、质量证明等信息。仅验收合格的试剂耗材方可进入试剂耗材库,入库后,形成电子库存台账。系统可实现所有试剂耗材都有一物一码的电子化追溯管理功能。

12.3.1.3　试剂耗材的领用、出库

系统利用电子标签等技术记录试剂耗材的出库流程,扫码出库,由管理部门和使用部门做好试剂耗材交接,由系统跟踪记录。系统可智能化记录、监管耗材的借、领、用、还等工作。

12.3.1.4　试剂耗材的盘点

系统通过物联网射频识别技术(radio frequency identification,RFID)实时记录出入库信息,试剂耗材柜关门即盘点,可一键生成盘点表,盘点时间可精确至秒。

12.3.1.5　试剂耗材的库存预警

系统通过对试剂耗材库存和使用情况的分析计算,得出平均日需求量、最高库存

量、最低库存量、实时库存量、订货周期、历史平均需求量、供应商配送时间等。根据这些数据,当实时库存量小于最低库存量时,系统可自行申报采购计划,在保证正常使用的前提下,减少库存积压和资金占用,提高运营效率[20]。采购部门根据消耗规律有计划地准备短缺的货物,减少积压,避免紧急需求。

12.3.1.6 试剂耗材的信息共享查询

系统对试剂耗材的申购、库存、入库、出库、退库、消库等全生命周期进行管理和监控,生成相应的统计报表。系统实时共享试剂耗材的厂家、规格、型号、有效期等信息,做到来源可循、去向可溯、状态可控,各实验室与监管部门之间互联互通、信息共享,对各实验室非常用的试剂耗材也可通过系统实现共享。

12.3.1.7 试剂耗材的费用统计

财务系统与管理系统对接集成,在扫码出库时,自动扣除库存,同时可直接计费,实现耗材使用与计费的及时性、准确性,可提升财务核算的精确性。

12.3.1.8 试剂耗材的供应商资质评价审核

系统提供供应商资质管理功能,可实现对供应商资质信息的审查、管理与资质预警。

在系统内录入供应商资质等资料,当供应商的资质时效临近到期时,系统可自动标红报警,对供应商资质进行审查,建立线上供应商淘汰机制,筛选更优质的供应商和产品,方便实验室管理者对无资质、耗材质量经常出现问题的生产厂商和供应商予以追责(问题较轻的限期整改,问题较严重的终止合同),从而实现资质管控的闭环管理。

12.3.2 危险化学品的数字化管理

实验室使用的危险化学品具有种类多、数量大、危险性高、全生命周期流程难以管控等特点。相比于试剂耗材,对实验室使用的危险化学品更应从安全管理的角度制订相应的管控措施。传统的危险化学品管理存在采购审批速度慢、无法实时统计库存量、采购途径多导致库存量过多和不规范存放等问题,因此,对实验室的危险化学品进行信息化管理十分必要。

危险化学品数字化管理系统主要包括危险化学品的采购、验收、入库、领用、出库、储存、废弃、预警提醒等模块。系统可集成摄像头、温度计、湿度计、气体报警器、门禁、消防报警器等物联网设施设备,做到针对危险化学品的实时监控,联动手机端,以方便管理人员的管理。

12.3.2.1　危险化学品的采购

系统可针对不同管控级别的危险化学品设置不同的线上审批流程,提高审批效率。相关科室可在系统上自行填写采购申请,也可根据以往的申购情况自动生成采购申请。

12.3.2.2　危险化学品的验收、入库

危险化学品到货时,管理人员可通过移动设备进行验收操作,验收通过后,将生成的二维码张贴于瓶身,系统可自动验收并生成台账。入库时,系统可根据危险化学品的危险特性提示不可放入某些危险化学品柜,确保危险化学品的合理储存,杜绝配伍禁忌。

12.3.2.3　危险化学品的领用、出库

系统可针对不同人员设置不同的操作及领用权限。实验室工作人员可采用刷卡、人脸识别等不同形式控制危险化学品柜门的开启。在领用时,实验室工作人员可通过扫描瓶身的二维码获取危险化学品的基本信息。系统自动弹出领用危险化学品的安全技术说明书,确认领用者学习后再允许领取。领取前后,系统可通过智能台秤自动核算前后差值,生成领用出库记录。

12.3.2.4　危险化学品的储存

系统根据出、入库记录,自动生成实时的储存统计,可做到可视化展示,包括储存的园区、楼宇、位置、某个危险化学品柜等。为了降低危险化学品库存量过大带来的风险,避免重复购置、积压囤货,系统可提供危险化学品共享平台,但仅限于在同一园区内的实验室之间进行共享。

12.3.2.5　危险化学品的废弃

根据录入信息,系统自动提醒过期危险化学品报废,节省人力盘点报废成本;各实验室库管员可直接在系统上申请废弃危险化学品。

12.3.2.6　危险化学品的预警提醒

危险化学品的预警提醒主要涉及危险化学品的库存量、异常状况及相关应急系统

的连锁启用。

（1）系统可根据危险化学品的平均使用量，智能设置余量提醒。当危险化学品的余量低于警戒值时，系统可以提醒库管员及时补领；当单个危险化学品或总量采购较多时，系统可以自动提醒采购部门进行重点审批。

（2）试剂柜内部的集成温、湿度监控及摄像头等传感器可以与消防系统相连接，当突发火灾时，消防系统可立即启动。

12.4　生物样品的数字化管理

12.4.1　生物样品库的标准化管理流程

生物样品的可用性和适用性是衡量生物样品应用和生物样品价值的关键指标，这决定了生物样品应用的广度（应用范围）和深度（应用价值），因此，若实验人员不了解如何利用所收集的生物样品，就会出现生物样品"储存性"浪费现象，这就对生物样品的质量提出了要求。

生物样品库标准化管理流程包括样品的入库、建立标识、储存、领取、扩增、归还及废弃管理。数字化管理能实现整个工作流管理的可视化存储，并设有监控报警通知。样品入库时，每个样品会生成唯一标号和二维码，用于样品记录和建立标识。如涉及一些菌（毒）种、核酸、蛋白样品等需要扩增的材料，则需提前做好相应的领取和使用记录标识，如领取次数、领取数量、领取体积和领取坐标位置等。

通过样品库管理，可实现对常温保存样品、低温冷冻样品、超低温冰箱和液氮罐中冻存盒里的冻存管进行数字化管理，方便实验人员快速定位、寻找样品。系统可对不同样品进行分区，尤其是将超低温冰箱和液氮罐中的样品进行分区。分区后，系统根据需求分配存放权限给不同实验人员。样品存入时，需要录入包装盒或冻存盒内的样品信息、样品数量、存入日期，并在包装盒或冻存盒外做好标签，在每个冻存管外面也应清晰记录样品唯一编号、名称和相应标签。对不同种类的样品可通过设置不同颜色的标签来区别，以便于寻找和领取样品。寻找时，可进行编码或二维码检索，也可按照盒外标识里的关键词进行信息检索。

样品管理系统可有效提高超低温冰箱或液氮罐的利用率，提高找寻效率，既节约时间,又保证样品安全;另外,还可记录冻存管的反复冻融次数,并提前预警使用情况,监测样品库内冰箱的温度和运行状态,出现故障时,会进行声、光故障报警。整个管理系统可清晰记录样品从入库、出库、归还到销毁等的一系列流程,并自动生成操作日志,最终汇总到样品库流水中,每个样品均有唯一编号,并可按照样品名称、关键字、操作类型、操作时间等进行查询[10,12]。

12.4.2　生物样品的存储管理

实验室除应保障样品存储安全外,还需重点把控样品质量管理,其具体包括生物样品的收集、接收处理、周期动态管理和应用分配等。样品质量管理的核心内容包括:①采集的一致性;②采集监督管理;③样品周期动态与质量控制监督管理;④合理性和流程化分工;⑤样品采集与处理状况分析;⑥样品流通管理——分配与运输;⑦流程环节中工作的个别化处理等。通过数字化管理,可充分表述和特异性地应用生物样品固有的生物学特征与特性,全面了解和认识样品及其来源,以便实验人员正确判别和选择能满足其研究目的的样品资源,使数字化样品库发挥最大价值。

生物样品的存储管理可实现样品收集、管理、运转的一致性,实现不同区域样品信息的汇总与资源整合,方便同行快速检索、查询到这些信息,使不同研究机构的研究团队能及时有效地开展合作,提升样品的使用价值,实现生物样品库与转化医学的发展,满足数据共享平台的需要,为国家策略性研究提供重要的样品基础。

12.4.3　生物样品的废弃管理

根据《国家危险废物品名录》《医疗废物管理条例》《医疗废物分类目录》的相关规定,实验室废弃物主要包括感染性废弃物、病理性废弃物、损伤性废弃物、化学性和放射性废弃物等。实验室应根据样品性质建立不同的废弃方式,通过废弃物回收桶信息进行分类,建立登记查询系统(所含信息包括废弃物的种类、数量、来源、体积、消毒灭菌方式等),利用数字化管理系统自动生成废弃物回收桶标签信息或二维码,以方便查看和实行不同废弃物的处理操作流程。对动物尸体、组织、人体样本等废弃物,需建立单独的废弃管理流程。此外,对相关废液(包括有机废液、无机废液、含汞废液等)也要进行分类管理。在倾倒废弃物时,系统支持快速登记和查询;当暂存点废弃物即将存满时,系统可自动发出提醒消息,并对接废弃物专业处理公司前来处理。通过对废弃生物样品的数字化管理,可实现从其废弃产生到转运的全程闭环的自动识别、定位、追踪及监控管理。

12.5　人员培训的数字化管理

实验室人员培训包括对实验人员、管理人员、后勤人员、安保人员等的培训。培训内容包括一般入室培训、实验室安全消防培训、专业技术培训、涉密工作培训、特种设备与存放管理培训、专业资格培训等。使相关从业人员熟悉安全法律、法规、生物安全知识、实验环境、病原微生物的相关危害,掌握所使用仪器设备的性能和操作程序、检验操作中的生物安全技术规范及意外事故发生时的处理程序等。

通过人员数字化管理系统,可实现培训知识、规则制度与仪器设备知识的在线学习、在线练习、在线考试、资料下载等系列功能。管理人员根据具体实验工作制订符合本单位或实验人员实际情况的切实可行的培训计划,上传不同的学习资料,编辑安全知识点,设计相关考试题目。培训对象可登录平台,学习安全知识和政策法规,学习后可随机练习安全知识点并进行模拟考试。线上实验培训考试完毕且合格后,可自动生成合格证书。

12.6　保密信息的数字化管理

12.6.1　数字化系统保密管理

数字化系统通过严格限制不同权限的分工来实现不同级别信息的保密。通过系统设置管理员、相关实验人员、试剂耗材管理员、仪器设备管理员等通用角色和自定义角色,再设置不同管理权限级别,进行分组,如操作级别、维护级别、管理级别等。操作级别主要为进行设备报警确认、门禁系统开关、电子数据查看等系统日常操作;维护级别主要为参数设定、温/湿度控制、压力控制、报警限设定等系统日常操作管理;管理级别是系统最高权限,是唯一具备账号权限管理、项目管理等关键权限的权限级别。

数字化系统不仅可通过人员权限分类进行保密管理,还可通过建立安全检查制度实现信息保密。数字化系统按检查项目和检查人员来分配安全检查任务,通过移动端快速完成安全检查并上传资料,在线提交审核,支持安全检查的数据权限控制。另外,数字化系统针对所有硬件进行安全检查,只有通过安全检查的硬件设施(如电脑、芯片等)才能在指定范围内使用,并通过局域网限定所有实验活动的范围,从而降低信息泄漏风险,确保信息安全。

12.6.2　机密信息程序文件管理

机密信息程序文件管理主要为建立严格的保密审查程序,建立协调配合机制,对实验室相关保密活动实行严格的授权制度。不得开展未经授权的相关实验活动。未经授权的实验人员不得开展相关实验活动。同时,数字化系统建立严格的权限管理,只有经过授权的实验人员才能调取、记录相关实验活动。未经授权,不能对任何活动记录进行修改、删除。应将所有相关操作记录在案,做到所有删改都有迹可循。

12.6.3　数据存储保密管理

数据存储保密管理包括数据的安全性、数据加密、数据可追溯、电子签名、审计追踪、数据有效性与准确性等方面。数字化系统对数据进行分类存储,对需要经常计算的数据,如生物信息的大数据,可以申请提高算力。数字化系统对需要存储但不经常分析的数据,可采取不同的存储方式,如果保密级别较高,则可采用传统的光纤硬盘存储或者磁带库存储,而不用进行云存储。对需经常调取的数据,可采取硬盘存储的方式进行存储。

此外,实验室可对数据调取权限设置不同的权限人,相关实验人员只能调取自己权限范围内的数据,没有权限对原始数据进行修改和删除。数字化系统可定期改变登录密码并自动阻止过期密码登录。实验室应对所有电脑实行内部联网,对外进行物理隔离,只有经过授权,才能调取数据,以防止黑客攻击或数据泄漏。同时,实验室可设置多渠道报警(如通过 PC 端、内网电话报警、手机报警等)和本地声光报警,以在有紧急情况时进行报警提示。

12.6.4　意外泄密事件的应急处理

《生物安全法》第六十六条规定:"国家制定生物安全事业发展规划,加强生物安全能力建设,提高应对生物安全事件的能力和水平。"如发生黑客攻击或意外的数据泄密事件,实验室则应第一时间切断局域网连接,再寻求有关部门帮助,调查泄密事件。为了数据的保密,实验室还需定期进行实验室安全检查和审核,这是预防数据泄密的最佳手段。数字化系统可自动汇总安全检查的内容,生成安全检查报告,报告上级领导或单位。在实际工作中,实验室应认真落实保密审查责任制,明确信息管理各职能部门的具体责任,同时加大保密审查力度,对有关人员严肃追责,充分发挥保密审查的保障作用。

12.7　科研共享平台的数字化管理

科研共享平台是指各类实验室利用现有师资、仪器设备等实验条件,面向师生开放,为师生提供实验活动场所和条件的平台。科研共享平台的数字化管理旨在借助先进的信息化技术、智能化手段,实现对实验室的全过程自动化控制和管理,实现对实验室工作人员、实验仪器设备等的信息化管理,以提高科研平台管理的工作效率和管理水平,提升实验室与实验设备的利用率,提高实验室安全与服务水平等,实现科研平台与设备的高效、快捷、便利的数字化管理[5,14,18]。

科研共享平台数字化管理系统主要由以下子系统组成[15]。

(1)平台实验室管理子系统,包括实验室管理(实验室名称、类型、地点、级别)、实验队伍管理(姓名、是否专职、所属科室)、实验仪器设备管理(出库、入库、维修、保养、借用)、耗材管理(购置计划、出库、入库、领用、归还)等功能模块。

(2)平台实验教学管理子系统,包括实验课程安排(排课方式)、教学项目管理(在线学习、自动考勤、提交、审批实验报告、自动出成绩)等模块。

(3)平台实验室开放子系统,包括实验室预约(地点、使用时间)、大型仪器设备(预约时间、统计时长)等模块。

(4)平台实验室准入子系统,包括在线学习(文字、图片、视频资料)、模拟训练(理论知识、防护措施、操作技能)、正式考试(安全知识、防护技能)等模块。

(5)平台实验室发布子系统,包括实验室资源、实验教学信息、开放预约信息,在线查看预约实验室和仪器设备等功能。

科研共享平台依托数字化管理,可实现仪器设备(尤其是大型贵重设备)的"自助共享",实现对设备信息的自动化监测管理。通过数字化管理平台发布设备仪器的简介、工作原理、功能技术指标、检测参数、操作指南、注意事项、仪器操作手册等信息,有助于方便实验人员随时浏览和查询,有助于实现大型贵重仪器设备技术操作考核。通过考核并取得操作资格的实验人员可实现自主操作仪器设备并享受相应的上机测试优惠。在实现仪器设备使用权限、使用记录管理的同时,在仪器设备损坏后,还能凭记录查找到相关责任人等。另外,通过数字化管理平台,有助于定期组织实验人员,对其集中培训仪器设备的使用操作及常规故障的处理等,有助于提升实验人员的技能水平和实践动手能力,从而更好地为开展高水平研究提供支撑并减少人为损坏。

依托数字化管理平台,可督促做好仪器设备(尤其是大型贵重设备)的日常维护与管理。此类仪器设备的结构比较复杂,精度较高,为了防止出现故障,需要管理人员做好日常保养与巡视检查,需要实验人员严格按规范要求操作,需要统一加强对仪器设备的检修力度,加强与供应商的联系,按照检修计划对设备进行系统检修。

另外,采用数字化管理平台,还可实现仪器设备采购计划管理、设备资产管理、报废管理等,既能节约财力、物力、人力,实现仪器设备使用的有序性开放共享,又能解决资源分散、利用率低和共享困难等问题。这一点对多园区的科研院所的研究发展尤为重要。

(黄　强　陈红英　梁少宇　黄梦珠　钟　瑜)

参考文献

[1] 国务院办公厅.国务院办公厅关于印发科学数据管理办法的通知[EB/OL].(2018 – 03 – 17)[2023 – 12 – 30].https://www.gov.cn/zhengce/zhengceku/2018 – 04/02/content_5279272.htm.

[2] 教育部.教育部关于加强高校实验室安全工作的意见[J].中华人民共和国教育部公报,2019,(5):29 – 31.

[3] 中华人民共和国国民经济和社会发展第十四个五年规划和2035年远景目标纲要

[EB/OL].(2021 – 03 – 13)[2023 – 12 – 30].http://www.moe.gov.cn/jyb_xwfb/
xw_zt/moe_357/2021/2021_zt01/yw/202103/t20210315_519738.html.

[4] 教育部办公厅.教育部办公厅关于开展加强高校实验室安全专项行动的通知
[EB/OL].(2021 – 12 – 10)[2023 – 12 – 30].http://www.moe.gov.cn/srcsite/
A16/s7062/202112/t20211224_589878.html.

[5] 戴灵豪,袁勇,关旸,等.普通高校科研公共平台建设与管理探索[J].实验室研究
与探索,2019,38(6):256 – 259.

[6] 李巍,陈晓娟,柯贤福,等.高等院校实验动物的信息化管理体系建设及初步运行
[J].实验动物与比较医学,2020,40(2):154 – 158.

[7] SUN D,WU L,FAN G,Laboratory information management system for biosafety laboratory:
Safety and efficiency[J].Journal of Biosafety and Biosecurity,2021,3(1):28 – 34.

[8] Fangzhong Wang,Weiwen Zhang.Synthetic biology:recent progress,biosafety and bio-
security concerns,and possible solutions[J].Journal of Biosafety and Biosecurity,
2019,1(1):22 – 30.

[9] 张楠,马雪明,崔建林.依托信息化智能化提升医学实验室管理[J].实验室科学,
2021,24(5):198 – 204.

[10] 全国人民代表大会常务委员会.中华人民共和国生物安全法[EB/OL].(2020 –
10 – 18)[2023 – 12 – 30].https://www.gov.cn/xinwen/2020 – 10/18/content_
5552108.htm.

[11] 周健,吴炎,朱育红,等.信息化背景下高校实验室安全管理新趋势[J].实验技
术与管理,2016,33(1):226 – 242.

[12] 武桂珍,王健伟.实验室生物安全手册[M].北京:人民卫生出版社,2020.

[13] 曹国庆,王君玮,瞿培军,等.生物安全实验室设施设备风险评估技术指南[M].
北京:中国建筑工业出版社,2018.

[14] 鲁振江,曹亚丽.高校大型仪器设备的管理与维护[J].化工管理,2021,(14):
140 – 141.

[15] 康琳琳.利用J2EE技术的高校科研项目信息管理系统开发[J].鞍山师范学院
学报,2016,18(4):59 – 62.

[16] 刘刚伟.科研项目数字化管理[J].科技创新与应用,2019,(17):191 – 192.

[17] 刘永.基于实验室智能化综合管理平台的实验室开放管理[J].甘肃科技,2020,36(20):8-11.

[18] 潘访.高校实验室信息化建设与管理策略[J].普洱学院学报,2021,37(3):38-40.

[19]《中国建筑业 BIM 应用分析报告》编委会.中国建筑业 BIM 应用分析报告(2021)[M].北京:中国建筑工业出版社,2022.

[20] 张文峰,刘永平,彭小斌.基于零库存的医用高值耗材管理模型的实现[J].中国医疗设备,2014,29(5):85-86.

第 13 章
实验室生物安全事件案例分析

实验室是进行科学研究的重要场所,对科学技术的发展和人类的进步发挥着重要作用,但同时,实验室又是具有潜在高风险的工作场所,仪器设备出现意外故障、人员操作出现疏忽与错误、外来因素对实验室造成损坏或人为因素等都可能对实验人员的健康造成损害,甚至导致危险源向实验室外扩散,造成对环境的污染和对公众的伤害,以及引发疾病的流行。根据事件的性质,可将实验室突发事件划分为生物安全事件、化学品安全事件、物理性安全事件、消防安全事件和辐射安全事件等。化学品安全事件、物理性安全事件和消防安全事件的危害主要表现为即时性,即在很短时间内甚至是瞬时就可以对相关实验人员造成严重伤害。相反,生物安全事件和辐射安全事件产生的伤害具有延迟性的特点。实验室生物安全事件主要发生在病原微生物相关实验室,由于教学或科研需要,这些实验室一般保存有病原微生物菌(毒)种,若实验过程中因保存、操作不当或实验室本身问题而造成微生物气溶胶产生和(或)意外事故(如仪器设备故障、病原微生物泄露、创伤、交叉污染、缺乏有效的防护措施等)发生,则有可能引发实验室生物安全事件。人类历史上曾发生过一系列的因实验室感染而造成的重大事件,本章将对其中一些典型案例[1-8]进行分析。

13.1　实验室生物安全事件案例列举

13.1.1　马尔堡病毒实验室感染事件

1967 年 8 月,位于联邦德国马尔堡小镇上的某实验室里的工作人员忽然出现高热、腹泻、呕吐、大出血、休克和循环系统衰竭等症状。此种症状同样出现在法兰克福和贝尔格莱德的 2 个实验室中。3 个实验室的相关人员(包括实验室工人、医务人员以及他们的亲戚)共计 37 人,都患上了这种未知的疾病,其中有 7 人死亡。3 个月后,联邦德国专家找到了"罪魁祸首"———一种危险的新病毒,外形如蛇形棒状,由猴类传染给人类[9]。而这 3 个实验室都曾采用来自非洲的绿猴开展脊髓灰质炎疫苗的研究。因为在马尔堡出现的病例最多,所以人们将这种病毒命名为马尔堡病毒。马尔堡病毒属于丝状病毒科,为人间传染的第一类病原微生物,感染者所患马尔堡病毒病是一种恶性病毒传染病,主要通过体液传染,能引起高烧、恶心、腹泻和呕吐等各种紧急病症,5~7 d 后会出现严重的出血症状,治疗不及时的患者会在 1 周内死亡[10]。

13.1.2　斯维尔德洛夫斯克炭疽杆菌泄漏事件

1979 年 4 月 4 日,位于苏联叶卡捷琳堡城南区的一家医院的 2 名患者突然死亡。同月 5 日和 6 日,离其不远的一家医院又有 5 名患者出现同样的情况。因为这些患者入院时都表现出高热、寒战、头痛、咳嗽和呕吐等症状,且都死于肺部和淋巴急性出血,所以他们的死亡原因被判定为肺炎。但尸体检验及病原微生物检验发现,炭疽才是他们死亡的真正原因。此次疫情对当地民众的人身安全产生了很大影响,从 1979 年 4 月 4 日到 4 月 20 日,共有350 人发病,其中 45 人死亡,214 人濒临死亡。1992 年,苏联首次公开承认该炭疽杆菌感染事件归因于"微生物实验研究出了问题",但始终未对详情作出说明。

13.1.3　实验室 SARS 感染事件

2003—2004 年,世界多地相继发生了实验室感染 SARS 病毒事件。

2003 年 9 月,新加坡某大学的一名研究生在环境卫生研究院的实验室中感染 SARS 病毒。该研究生因发热到新加坡中心医院就诊时被确诊为 SARS 病毒感染,而该生在确诊感染 SARS 病毒前曾与多人有过接触。事件发生原因:①该研究院只有生物安全防护水平为二级的实验室条件,不具备符合 BSL-3 实验室安全标准的病毒样品储存系统、消毒措施、进出实验室的保安系统等,却设立了用来进行高致病性病毒研究的实验室;②该实验室同一时间处理多种不同的活病毒,增加了生物安全方面的复杂程度,因处理程序不当,SARS 病毒与这名研究生研究的西尼罗病毒发生了交叉感染;③其他研究机构的科研人员也可利用研究院的设备,而每一个科研人员的安全意识都不同。

2003 年 12 月,一名研究职员在我国台湾地区的 BSL-4 实验室内感染 SARS 病毒。其工作的实验室位于新北市三峡,设立在岩穴中,以两层阻隔设施与外界隔离。事故原因分析表明,该研究职员在实验室内未能遵守规章制度,在实验室清除废弃物时出现疏忽而感染 SARS,发病后,没有主动通报,并前往国外开会,一连串的错误最终酿成严重的后果。

2004 年 4 月,我国安徽、北京先后发现了 9 例新的 SARS 病例,经证实,这些病例感染自在同一实验室受到 SARS 感染的 2 名工作人员。国家卫健委、科技部组成联合调查组对有关责任开展了调查,认定这次 SARS 感染源于某单位腹泻病毒室跨专业从事 SARS 病毒研究,并采用了未经论证和效果验证的 SARS 病毒灭活方法,在不符合防护要求的普通实验室内操作 SARS 病毒感染材料,在发现职员健康异常情况后,也未及时上报,从而导致了感染的发生[11]。

13.1.4　国内某实验室流行性出血热感染事件

2004 年,天津曾发生同一实验室全体人员因实验动物而感染流行性出血热的事件,实验人员每天在该实验室工作平均 3 h 以上,持续工作 2 周,实验结束后,由实验人员以颈椎脱臼的方式自行处死实验大鼠。9 例患者均在实验结束 1 周后发病,发病间隔 1~12 d,发病初期症状不典型,仅表现为流涕、咽痛等类似上呼吸道感染的症状,或表现为胃肠功能失调。随着病情的发展,症状趋于典型,9 例患者均有发热,4 例患者出现肾损害,其中 1 例患者因肾衰竭死亡,1 例患者仅表现为单纯的肺损害,胸片表现为支原体肺炎[12]。

感染原因:实验用大鼠为普通级大鼠,实验前未对实验大鼠进行出血热病毒的动物卫生检疫,实验人员在操作过程中均戴 N95 口罩、普通医用手套,穿普通工作服及防护鞋套,未穿防护服,未戴护目镜,没有扎紧衣袖,有皮肤暴露;实验室为混凝土结构,没有空气净化系统,有 3 扇窗户间断性敞开,未能形成有效的室内外空气交换,未定期对实验室内的物品和空气进行检测。

13.1.5 H2N2 流感病毒样本事件

2005 年 3 月 26 日,加拿大某病原微生物实验室意外发现,一些病原微生物样品实为致命病毒,该病毒为早已在 1968 年就退出"历史舞台"的 H2N2 病毒。该实验室通过加拿大官员通知了 WHO。后经证实,该病毒为美国病理学家协会委托的公司误发的病原微生物样本,并且该毒株同时被发送到 18 个国家和地区的 3747 个实验室。经确认后,WHO 于 2005 年 4 月 13 日向各相关实验室发出了立即销毁 H2N2 流感病毒样品的警报。根据 WHO 划分的等级,就其危险程度而言,这次误发的 H2N2 病毒属于二类病毒,仅次于 SARS、H5N1 禽流感病毒等一类病毒。为防止暴发大规模流感,有关国家的实验室接报后立即与时间赛跑,快速开展了销毁 H2N2 流感病毒的行动。这次 H2N2 流感病毒事件发生后,WHO 再次提醒:"各国有关部门应加强对生物安全实验室的管理,高危病毒毒株应由国家实验室集中保管;科研人员的操作必须严格遵守生物安全规定,未经培训的人员不得接触毒株和样本。"

13.1.6 国内某大学 28 名师生因实验感染传染病事件

2011 年 3 至 5 月,某大学动物医学院 28 人相继确诊了布鲁氏菌病,其中包括 27 名学生和 1 名教师。布鲁氏菌病是一种人畜共患病,在《传染病防治法》中被列为乙类传染病。其病原菌主要由患病牲畜传染给人,人感染布鲁氏菌后,出现发热、关节与肌肉疼痛、乏力、多汗等临床表现。

后经校方查实,造成此次事件的原因为:①2010 年 12 月,该大学动物医学院某教师未按国家及省实验动物管理规定,从市内某养殖场购入 4 只山羊,未要求养殖场出具检疫合格证明;②在将 4 只山羊作为实验动物的 5 次实验(共涉及 4 名教师、2 名实验员、110 名学生)前,未按规定对实验山羊进行现场检疫;③在指导学生开展实验的过程中,相关教师未能严格要求学生遵守操作规程及做好有效防护。此次事件被认定为一起因相关教师在实验教学中违反有关规定造成的重大教学责任事故。之后,学校及时向学生及家长公布了调查报告,并承诺对事件承担全部法律责任[13]。在即将实施的《实验动物 动物实验生物安全通用要求》(GB/T 43051—2023)[14]中也明确规定:"实验用动物应来源于有动物生产、繁育许可的单位或供应商,附有相关资质证明;应有健康检测、检疫合格证明;应有本动物的人畜共患病检疫合格证明,并在实验期间定期进行动物病原微生物检测。"

13.1.7 美国实验室库存处理不当事件

2014 年 7 月,美国食品药品监督管理局(FDA)的一名科学家准备将位于马里兰州的美国 NIH 园区的一个实验室转移到 FDA 新总部,转移过程中科学家发现了 12 个纸板箱,里面装着 327 瓶不同的生物材料。这些药瓶含有许多危险因子,包括可引起登革热、流感、Q 热、立克次氏体和其他未知病毒的因子。因为其中 28 个药瓶被标记为正常组织,4 个药瓶被标记为"牛痘",所以这 32 个药瓶中的材料被立即销毁。此外,还有 16 个疑似含有天花的药瓶被立即存放在 NIH 园区的防护实验室里。美国联邦调查局(FBI)与 CDC、NIH 合作,确保 16 个药瓶的安全包装和安全运输,这些药瓶被空运到位于亚特兰大的 CDC。检测证实,这 16 个小瓶中有 6 个小瓶含有天花病毒DNA,有 2 个小瓶中有天花病毒,剩余的 279 个生物样本被转移到美国国土安全部的国家生物法医分析中心进行保存。随后,美国 CDC 立即通知 WHO,WHO 对国际法允许的两个机构内保藏的天花材料负有专属责任,即位于美国亚特兰大的 CDC 和位于俄罗斯新西伯利亚的国家病毒与生物技术研究中心(VECTOR)。这是自 1979 年天花病毒被根除以来,在这两个机构外首次发现天花病毒。虽然这些材料都是在完好无损的容器中被发现的,并且没有发生与这些药瓶有关的储存风险或人员暴露,但是将这些药瓶存储在缺乏足够安保性的区域反映了可能存在的潜在的严重安保漏洞。

13.1.8 我国某兽医研究所布鲁氏菌抗体阳性事件

2019 年 11 月 28 日,我国某兽医研究所口蹄疫防控技术团队的 2 名学生被检测出布鲁氏菌抗体阳性。第 2 天,该团队布鲁氏菌抗体阳性的人数增加至 4 人。随后,该团队中的学生集体接受了布鲁氏菌抗体检测,陆续检出抗体阳性人员,导致全研究所在读学生的担心,不少学生自行前往医院或疾病预防控制中心进行布鲁氏菌抗体检测[15]。截至 2019 年 12 月 25 日,该兽医研究所学生和职工血清布鲁氏菌抗体初筛检测累计 671 份,实验室复核检测确认抗体阳性人员累计 181 例。经流行病学调查,其中有 6 人曾于 2019 年 7 月份在该兽医研究所有过活动,其余的检出阳性人员符合当地布鲁氏菌病流行的趋势。抗体阳性人员除 1 名出现临床症状外,其余均无临床症状、无发病。截至 2020 年 9 月,当地累计检测 21847 人次,初步筛出阳性 4646 人,当地疾病预防控制中心复核确认阳性 3245 人。

事件原因主要为 2019 年 7 月 24 日—8 月 20 日,临近该兽医研究所的某生物制药厂在兽用布鲁氏菌疫苗生产过程中使用过期消毒剂,致使生产发酵罐废气排放灭菌不彻底,携带含菌发酵液的废气形成含菌气溶胶,生产时段该区域主风向为东南风,该兽医研究所处在该生物制药厂的下风向,人体吸入或黏膜接触后,产生抗体阳性,造成该兽医研究所发生布鲁氏菌抗体阳性事件[16]。2019 年 12 月,该生物制药厂兽用布鲁氏菌疫苗生产车间被关停;2020 年 1 月,该生物制药厂相关疫苗生产许可被撤销。

13.1.9 部分实验室生物安全突发事件汇总

表 13.1 中列出了自 1826 年以来发生的部分实验室生物安全突发事件[3-8,17]。

表 13.1 1826 年以来发生的部分实验室生物安全突发事件汇总表

时间/年份	病原体	事件情况
1826	结核分枝杆菌	首例实验室感染,法国 1 名医生接触结核病患者的脊椎骨后,左手食指被感染
1849	导致败血症的细菌	首例实验室感染死亡病例,奥地利维也纳 1 名医生解剖尸体时划破手指,最终发病死亡
1886	霍乱弧菌	首例实验室霍乱弧菌感染,德国 1 名学生在处理霍乱弧菌培养物时被感染
1893	伤寒杆菌	首例实验室伤寒感染,1 位医生用口吸液时,误将伤寒杆菌吸入口中,导致感染

续表 13.1

时间/年份	病原体	事件情况
1899	布鲁氏菌	首例实验室布鲁氏菌感染
1931	肝炎病毒	首例实验室肝炎病毒感染
1932	猿猴 B 病毒	首例实验室猿猴 B 病毒感染,1 名实验人员被恒河猴咬伤后,患猿猴疱疹病毒性脑炎
1943	委内瑞拉马脑炎病毒	巴西某黄热病实验室 2 周内 8 名实验人员发生感染
1967	马尔堡病毒	德国 26 名实验人员因接触长尾非洲绿猴的血液和组织而感染,最终导致 7 人死亡
1969	沙粒病毒	尼日利亚 3 名护士感染沙粒病毒,其中 2 人死亡
1976	埃博拉病毒	英国 1 名研究人员在处理动物样本的过程中发生意外针刺暴露,感染后治愈
1979	炭疽杆菌	苏联斯维尔德洛夫斯克实验室炭疽粉末暴露,导致 45 人死亡
1979	结核分枝杆菌	澳大利亚一次尸检示范课的参与人员未进行呼吸防护,造成吸入感染 9 例
1981	结核分枝杆菌	瑞典尸检人员未进行呼吸防护,造成吸入感染 2 例
1984—1985	结核分枝杆菌	日本尸检人员尸检时,发生吸入感染 1 例、不明原因感染 1 例
1987	结核分枝杆菌	美国某实验室生物安全柜故障,造成吸入感染 3 例
1980—1989	结核分枝杆菌	英国共发生 25 例感染,其中离心机故障造成感染 1 例,不明原因感染 24 例
1990—1994	结核分枝杆菌	美国共发生 7 例感染,其中操作失误造成感染 5 例,通风系统故障造成吸入感染 2 例
1991	炭疽杆菌	美国马里兰一军方实验室丢失 27 份感染炭疽杆菌和埃博拉病毒的动物组织样本,至今仍不知去向
1994	结核分枝杆菌	荷兰共发生 2 例感染,其中实验操作意外擦伤造成感染 1 例,不明原因感染 1 例
1994	埃博拉病毒	瑞士 1 名科学家解剖一只死亡 12 h 内的黑猩猩时,因未戴乳胶手套而导致感染
1996	结核分枝杆菌	英国病理学研究生尸检时未进行呼吸防护,造成吸入感染 1 例
2000	结核分枝杆菌	土耳其 1 名医生采样时发生意外针刺暴露,造成感染 1 例
2002	炭疽杆菌	美国实验人员将经过非标准灭活处理且未完全失活的炭疽杆菌样本带出高等级生物安全实验室,造成手部伤口感染 1 例

续表 13.1

时间/年份	病原体	事件情况
2003—2004	SARS 病毒	新加坡等先后发生实验室感染 SARS 病毒案例
2004	结核分枝杆菌	美国西雅图某实验室气溶胶气流计泄漏,且工作人员未佩戴呼吸防护装备,造成吸入感染 3 例
2004	埃博拉病毒	俄罗斯科学家在对感染埃博拉病毒的豚鼠进行抽血时,被带有豚鼠血液的注射器意外扎伤左手掌,导致感染死亡
2005	结核分枝杆菌	美国某大学 BSL-3 实验室排风扇出现故障,导致实验人员暴露于该病原体气溶胶下,感染情况不详
2006	结核分枝杆菌	荷兰一实验室因样本意外溢洒,且实验人员清理溢洒物时未进行呼吸防护,造成吸入感染 2 例
2009	埃博拉病毒	德国一研究人员在进行动物实验时,意外针刺受伤并采取了预防性治疗,感染情况不详
2011	布鲁氏菌	国内某大学使用未经检疫的山羊进行实验,导致 27 名学生和 1 名教师感染
2011	炭疽杆菌	美国芝加哥一实验室因未将危险菌种归于管制因子范围内,导致严重感染 1 例
2012	炭疽杆菌	英国一实验室研究人员在运输灭活炭疽杆菌样本时,发生样本管混淆,运输了活炭疽杆菌样本,所幸未造成感染
2013	瓜那瑞托病毒	美国某大学医学院的国家实验室丢失了 1 瓶可能导致出血热的瓜那瑞托病毒
2013	SARS 病毒/甲型 H1N1 流感病毒	美国某大学 8 只感染病原体的小鼠逃跑,所幸未造成感染
2014	埃博拉病毒	美国一实验人员误将未灭活埃博拉病毒样本传出,后检测样本中不含活病毒
2014	炭疽杆菌	美国 FAD 将未经标准灭活处理的炭疽杆菌从 BSL-3 实验室转移到 2 个 BSL-2 实验室,导致 67 名 CDC 工作人员和 3 名访客可能在无意中接触到活的炭疽杆菌菌体或芽孢,所有人都使用抗生素和疫苗进行暴露后预防
2014	SARS 病毒	法国巴斯德研究所丢失了 2349 支含 SARS 病毒片段的样品

13.2　实验室生物安全事件原因分析

通过综合分析前述实验室生物安全事件,我们认为发生实验室生物安全事件的主要原因有以下两个方面。

13.2.1　生物安全实验室人员的能力不足

生物安全实验室人员的能力是生物安全管理的第一要素,《生物安全法》《病原微生物实验室生物安全管理条例》《实验室生物安全认可准则》(CNAS – CL05 : 2009)等均提出了对病原微生物实验室及其实验人员能力的要求,实验室应当每年定期对工作人员(包括实验室负责人、管理人员、实验人员、后勤辅助人员)进行上岗前培训及考核、持续能力维持的培训及考核,持证上岗,确保不同人员掌握自身职责相关的实验室管理要求、采集病原微生物样本的技术规范、操作规程、生物安全防护知识和实际操作技能,以防止病原微生物扩散和感染。前述所列实验室生物安全事故也表明,因生物安全实验室实验人员能力不足导致的生物安全事件较为多见,如实验人员未按规定接受必要的免疫防范措施,在自身携带传染病病原体的情况下进入实验室,引起实验室病原微生物传播和交叉感染;实验室相关国家生物安全相关法律、法规、标准和病原微生物相关专业知识及实验操作技能的理解不充分,未按规定戴手套、穿防护服,或违规操作,导致大量病原微生物气溶胶的产生,进而引起生物安全事件,抑或未能熟练掌握生物安全操作和防护技能(如动物实验技能、压力容器使用技能等),发生实验动物抓/咬伤、废弃物处置不当等意外事故,导致病原微生物扩散和感染;未能掌握实验室常用的消毒措施和技术,如化学消毒剂配制及消毒性能、高压消毒锅的使用规程和功能核查、生物安全柜的消毒及使用等,不能有效消杀病原微生物,导致实验室生物安全事件发生。

13.2.2　生物安全实验室的能力不足

生物安全实验室的能力主要包括实验室生物安全硬件设施配备、实验室生物安全运行保障能力及实验室生物安全应急管理能力。

实验室生物安全硬件设施配备应符合《生物安全法》《生物安全实验室建筑技术规范》(GB 50346—2011)、《实验室　生物安全通用要求》(GB 19489—2008)及国家现行其他有关标准的规定,生物安全硬件设施必须与实验室的生物安全等级相适应。当高级别生物安全实验室的设施设备、通风系统、给排水系统不能满足实验室防护级别要求时,必然会导致实验室生物安全事件的发生。

实验室生物安全运行保障能力是通过实验室建立并有效运行管理体系实现的,是确保实验室活动符合国家相关法律、法规、标准及生物安全管理规定,减少、消除、预防及控制风险的保障,是确保规范管理生物安全实验室样本,规范感染性物质包装、保存和运输,规范生物安全实验室消毒和灭菌,规范实验室感染性废弃物处置的保障。

实验室生物安全应急管理能力是在事故发生后最大程度地降低实验室安全事故伤害,保护人员生命、财产安全的保障。实验室通过有效运行管理体系控制实验室生物安全风险,因此,实验室的管理体系文件应包含本书第 14 章提到的应急预案。实验室应定期开展应急演练,提高实验室生物安全应急管理能力。

(史　莹　李树华)

参考文献

[1] 敖天其,廖林川.实验室安全与环境保护[M].成都:四川大学出版社,2015.

[2] 国家卫生健康委员会.人间传染的病原微生物目录[EB/OL].(2006 - 01 - 27)[2023 - 12 - 30].http://www. nhc. gov. cn/wjw/gfxwj/201304/64601962954 745c1929e814462d0746c. shtml.

[3] 中国现代国际关系研究院.生物安全与国家安全[M].北京:时事出版社,2021.

[4] 叶冬青.实验室生物安全[M].3 版.北京:人民卫生出版社,2020.

[5] 和彦苓.实验室安全与管理[M].2 版.北京:人民卫生出版社,2015.

[6] 孙翔翔,张喜悦.实验室生物安全管理体系及其运转[M].北京:中国农业出版社,2020.

[7] 雷诺兹·M.萨莱诺,詹妮弗·高迪索.实验室生物风险管理[M].北京:清华大学出版社,2021.

[8] 顾华,翁景清.实验室生物安全管理实践[M].北京:人民卫生出版社,2020.

[9] 郝广福,斯勤夫,毛兰英,等.医学实验室生物安全与鼠疫实验室建设[J].中国国

境卫生检疫杂志,2006,(S1):135-141.

[10] 李拓,刘珠果,戴秋云.马尔堡病毒疫苗研究进展[J].军事医学,2016,3(40):261-264.

[11] 秦天宝.论实验室生物安全法律规制之完善[J].甘肃政法学院学报,2020,(3):1-11.

[12] 尹萍,李志军.实验室人员因动物实验感染流行性出血热九例[J].中华劳动卫生职业病杂志,2007,25(7):428-429.

[13] 佚名.东北农业大学就28名师生感染布鲁氏菌病事件致歉[J].当代畜牧,2011,(9):23.

[14] 中国医学科学院医学实验动物研究所,中国食品药品检定研究院,西安交通大学,等.实验动物　动物实验生物安全通用要求:GB/T 43051—2023[EB/OL].(2023-09-07)[2023-12-30].https://std.samr.gov.cn/gb/search/gbDetailed? id=053404E3EFF38F91E06397BE0A0A9209.

[15] 李硕,张云辉,王永怡,等.2019年11—12月全球主要疫情回顾[J].传染病信息,2019,32(6):574-575.

[16] 兰州市卫生健康委员会.兰州兽研所布鲁氏菌抗体阳性事件处置工作情况通报[EB/OL].(2020-09-15)[2023-12-22].http://wjw.lanzhou.gov.cn/art/2020/9/15/art_4531_928158.html.

[17] A. DANA MÉNARD, TRANT J F. A review and critique of academic lab safety research[J].Nature Chemistry,2019,12(1):1-9.

第 14 章
实验室生物安全事故的应急处理

实验室安全不仅关系到实验人员的人身安全和科学研究的进展,而且一旦出现问题,还可能对生态系统、人群健康,甚至社会经济发展、政治稳定等产生不利影响。因此,建立健全实验室安全管理制度和安全事故(包括突发公共卫生事件),制订实验室安全事故应急预案,不仅有利于防范实验室安全事故的发生,而且对于实验室安全事故应急工作的制度化、规范化,提高快速反应能力和应急反应处理能力,并在出现实验室安全事故时做到及时、有效、有序的应急响应,降低事故损失,具有重要意义。危害实验室安全的因素主要包括生物因素、化学因素、物理因素、放射因素等。实验室安全事故发生的原因主要为人为破坏、人员操作不当、设施故障等人为因素,以及火灾、水灾、冰冻、地震和爆炸等自然因素。以上各危险因素在本书的其他章节中都有详细介绍,本章不再赘述。本章将主要介绍防范生物安全实验室各种安全事故发生的措施。这些措施包括两方面:一方面,制订实验室生物安全应急预案,准备应急物资,加强应急演练,尽量避免安全事故发生;另一方面,当实验室发生事故时,根据不同情况采取相应的处理措施,力争将实验室的人身伤害、财产损失减到最小。

14.1 生物安全事故应急预案

在生物安全实验室运行的过程中,发生生物安全事故的影响因素较多,情况也复杂多变。尽管国内外生物安全实验室在相关法律、法规和指南的指导下,尽量规范人员操作和加强仪器设备维护,有效降低了生物安全事故的发生率,但百密一疏,所有的措施均不能保证仪器设备完全不出现意外故障以及操作人员不出现疏忽和错误,因此,在一定程度上生物安全实验室发生安全事故是不可避免的,制订相应的应急预案至关重要。应急预案,也称应急计划,是针对可能发生的各种突发事件或灾害,为确保迅速、有序、高效地开展应急处置,减少人员伤亡和经济损失,在风险分析与评估的基础上预先制订的计划或方案[1]。应急预案是每个生物安全实验室(尤其是高级别生物安全实验室)的必备文件和制度,是一份指导性文件或应对生物安全事故的操作规程。其目的是有效预防、及时控制和消除实验室生物安全事故及其危害,指导和规范各类实验室生物安全事故的应急处理工作,保障公众身心健康和生命安全。只有重视应急预案,建立良好的预警和预报制度,才能防患于未然,并在发生事故时进行及时有效的处理。

在此情况下,各单位均应结合自身实际,在实验室建立之初或从事某项危险实验之前,建立处置安全事故的应急指挥和处置体系,制订应对各种意外危险的应急预案和生物安全事故现场处理原则,将之体现在实验室生物安全手册中,并在实际工作中持续改进。实验室应定期演练有关应急预案,以检验应急处置过程中信息渠道是否畅通、应急准备是否充分、事件处置流程是否合理、应急处置是否有效等,发现问题并及时修订,使所有工作人员熟知,提高应急反应能力,确保发生安全事故后应急救援手段能够及时、有效地发挥作用。

14.1.1 生物安全实验室的应急预案

WHO要求每一个从事病原微生物研究的实验室都应当制订针对所操作病原微生物和动物危害的安全防护措施。在任何涉及处理或储存危险度Ⅲ级和Ⅳ级(即危害程度第一类和第二类)病原微生物的实验室,都必须有一份关于处理实验室和动物设施安全事故的书面方案,国家和(或)当地的卫生部门要参与制订应急预案[2]。我国的《实验室　生物安全通用要求》(GB 19489—2008)对生物安全实验室应急体系的建立和应急预案的制订也有明确的规定[3]。依据实验室的类别和具体情况,在分析和评估实验室潜在的安全风险及其发生可能性等的基础上,应将《生物安全法》《传染病防治法》《中华人民共和国突发事件应对法》《病原微生物实验室生物安全管理条例》《可感染人类的高致病性病原微生物菌(毒)种或样本运输管理规定》等相关法律、法规和《国家突发公共卫生事件应急预案》《国家突发公共卫生事件医疗卫生救援应急预案》《国家突发重大动物疫情应急预案》《国家重大食品安全事故应急预案》等作为依据和基础制订相应的应急预案。

根据《生产经营单位生产安全事故应急预案评估指南》(AQ/T 9011—2019)和《生产经营单位生产安全事故应急预案编制导则》(GB/T 29639—2020)的要求,生物实验室安全事故应急处置预案编制程序包括成立应急预案编制工作组、资料收集、风险评估、应急资源调查、应急预案编制、桌面推演、应急预案评审和批准实施等 8 个步骤[4-5]。应急预案编制遵循以人为本、依法依规、符合实际、注重实效的原则,以应急处置为核心,体现自救互救和先期处置的特点,做到职责明确、程序规范、措施科学,尽可能简明化、图表化、流程化。应急预案包括但不限于以下内容。①总则:编制目的、编制依据、适用范围、应急工作原则。②实验室生物安全事故应急组织机构及职责。③实验室生物安全事故风险描述。④预防、监测、预警。⑤信息报告及应急响应:信息报告、应急响应、处置措施、应急结束。⑥信息发布。⑦后期处置。⑧保障措施:通信与信息保障、应急队伍保障、物资准备保障、其他保障。⑨监督管理:应急预案培训、应急预案演练、责任与奖惩、应急预案修订、应急预案备案、应急预案实施。

其中,处置措施应提供以下操作规范:防备生物性、化学性、物理性、放射性等紧急情况;防备火灾、水灾、冰冻、地震和爆炸等自然灾害;防备人为破坏和人员操作不当引起的安全事故;意外暴露的处理和污染清除;安全事故发生时的继续操作、人员紧急撤离和对动物的处理;人员暴露和受伤的紧急医疗处理,如医疗监护、临床处理和流行病学调查等。

另外,制订安全事故应对方案时,应考虑:高危险度病原微生物的检测和鉴定;高危险区域的地点,如实验室、储藏室和动物房;明确处于危险的个体和人群及这些人员的转移;列出能够接收暴露或感染人员进行治疗和隔离的单位;列出事故处理需要的免疫血清、疫苗、药品、特殊仪器、其他物资及其来源;应急装备和制剂,如防护服、消毒剂、化学和生物学的溢出处理盒、清除污染的器材的供应;处理安全事故中应明确责任人员及其责任,如生物安全管理人员、地方卫生部门、临床医生、微生物学家、兽医学家、流行病学家以及消防和警务部门的责任。应制订紧急撤离的行动计划,该计划应考虑到生物性、化学性、失火和其他紧急情况,应包括使留下的建筑物处于尽可能安全状态的措施。

14.1.2　生物安全实验室的应急储备管理

实验室设立单位应将战略安全风险、突发事件危险、应急管理工作的特点和规律等方面作为应急储备管理的立足点,以科学的风险分析与评估作为确定应急物资储备的基础,通过分析可能存在的重大风险,归纳各类突发事件的发展规律,剖析应急储备的具体要求,制订科学有效的应急储备保障方案[6]。

(1)实验室应确定实验室生物安全管理责任人,做好重大活动期间和节假日的值班和备勤。

(2)建立实验室生物安全应急小分队,该应急小分队由实验室负责人及技术骨干人员组成,责任到人、措施到位,每个成员都应熟悉实验室生物安全事件的报告程序和处置方法。

(3)做好生物安全应急技术储备,定期对相关工作人员进行实验室生物安全应急处置相关知识与技能的专题培训。

(4)培训内容包括但不限于:生物安全防护知识和安全保障措施;相关人员在应急处置中的作用、职责和操作技能;实验室生物安全应急预案规定的应急程序和工作要求。

(5)应急物资储备具体如下。必须配备以下紧急装备:急救箱,包括常用的和特殊的解毒剂;合适的灭火器和灭火毯;划分危险区域界限的器材和警告标示;担架;工具,如锤子、斧子、扳手、螺丝刀、梯子和绳子等。除储备上述物资外,根据实际需要,建议配备房间消毒设备(如喷雾器等),以及必要的采样、取证、检验、鉴定和监测设备等。

14.1.3 生物安全实验室的应急演练管理

实验室应负责使所有人员(包括来访者、消防人员和其他服务人员)熟悉应急行动计划、撤离路线和紧急撤离的集合地点。实验室负责人应事先告知所有人员哪些房间有潜在的感染性物质,要安排这些人员参观实验室,使其熟悉实验室的布局和设备。发生灾害时,实验室负责人应就实验室建筑内和(或)附近建筑物的潜在危险向当地或国家紧急救助人员提供资料。只有在受过训练的工作人员的陪同下并做好个体防护后,才能进入这些区域。

应急处置演练以加强基础、突出重点、边练边战、逐步提高为原则,保证演练的可操作性和实用性。实验室的执行机构负责设计演练方案,演练人员应持有一份演练实施方案,该实施方案包括演练日期、时间、地点、持续时间、参与人员、目的、类型、范围、假设前提和设定状态、模拟情景叙述、评估流程及其他协作规则等。演练过程中应有控制计划,包括对演练组织管理人员的指导、推进方式及以何种形式进入下一环节等,同时,应有专人对演练进行记录。演练结束后,实验室还应针对演练是否及时、得当,是否取得相应控制效果等演练结果进行总结和评价。

14.1.4 生物安全实验室的事故报告制度

凡涉及病原微生物操作的单位均应建立实验室事故报告制度。根据实验室生物安全事故的性质、危害程度及涉及范围,一般可将实验室生物安全事故划分为重大(Ⅰ级)、较大(Ⅱ级)和一般(Ⅲ级)事件三级。①重大实验室生物安全事故指按照国家卫健委《人间传染的病原微生物目录》分类的一、二类菌(毒)种泄漏到实验室外、丢失及被盗,或者发生高致病性病原微生物实验室相关感染,并可能造成病情扩散或死亡。②较大实验室生物安全事故包括发生高致病性病原微生物实验室相关感染,但没有发生病情扩散或死亡,或者三类菌(毒)种泄漏到实验室外、丢失及被盗,引起人员感染。③一般实验室生物安全事故指三类感染性物质泄露至实验室清洁区,造成人员暴露,但尚未造成严重后果,未发生实验室相关感染。不同实验室可根据实验室特点和安全现状、感染性材料的种类、事故的原因、实验人员可能的暴露与感染情况、事故发生地点及事故波及的范围和影响等对可能出现的实验室生物安全事故进行适当分级,从而在实验室生物安全事故应急处理预案中对各种不同级别的安全事故确立各机构的处理权限和建立相应的报告制度来进行管理。发生病原微生物被盗、被抢、丢失、泄漏等意外事件后,实验室的设立单位应按照《病原微生物实验室生物安全管理条例》的规定进行报告。造成传染病传播、流行或者其他严重后果的,由实验室的设立单位或承运单位、保藏机构的上级主管部门对负责人、直接负责的主管人员和其他直接责任人员依法追究责任。执行生物安全实验室的事故报告制度一般应遵循以下程序和原则。

(1)发生上述安全事故后,当事人在妥善处理的同时应向实验室负责人进行口头报告,实验室负责人应立即向上级报告,必要时,应及时进入现场进行处理,并如实填写事故记录和事故处理记录。处理后,实验室负责人应立即向单位生物安全委员会进行详细汇报。

(2)实验室生物安全委员会和负责人应认真负责,对事故的经过、原因及责任进行实事求是的分析,对感染者的发病过程做详细记录和检验;及时对事故做出危险程度评估,在2 h内向单位上级主管部门进行汇报;若为重大实验室生物安全意外事故或生物恐怖事件,则应立即报告。

(3)实验室生物安全事故报告分为初次报告、阶段报告、总结报告3种。初次报告的内容应包括但不局限于实验室设立单位名称、实验室名称、事故发生地点、事故发生时间、涉及病原体名称、涉及的地域范围、感染或暴露人数、发病人数、死亡人数、密切接触者人数、发病者的主要症状和体征、可能原因、已采取的措施、初步判定的事故级别、事故的发展趋势、下一步的应对措施、报告单位、报告人员及通讯方式等。初次报告强调及时性,对暂时未获得的信息可在阶段报告和总结报告中补充完善。阶段报告的内容包括事件的发展与变化、处置进程、事态评估、控制措施等,同时可对初次报告内容进行补充和修正。对重大实验室生物安全事故或生物恐怖事件应至少按日进行进程报告。事故鉴定结果形成后,当事人、负责人应深入并实事求是地找出事故发生的根源,总结教训并进行书面总结。单位领导要向上级主管部门进行书面报告,报告事情的经过、后果、原因和影响,提出今后对类似事故的防范和处置建议。

(4)应将实验室所有事故报告形成文件并存档。

14.2　常见生物安全事故及应急处理

实验室生物安全事故主要是指实验人员在操作具有感染性或潜在感染性生物因子时,发生自然灾害(如地震、水灾等)或操作不当,导致保存菌(毒)种等感染性材料的容器破裂,或因生物安全柜等关键设备出现故障或(和)实验室内压力、气流等发生逆转等,导致危险性气溶胶释放、感染性物质溢出、感染性物质误食、锐器划伤及刺伤等,而对操作者、环境和后续的抢险清理人员的健康造成威胁等情况。此外,实验室生物安全事故还包括实验动物抓伤、咬伤等。针对这些情况,处理时,应尽快消除污染,救治受伤者,做好清理人员的防护、环境保护以及相应的记录,同时通知实验室负责人和生物安全负责人,必要时,还应向上级有关部门报告。所有的处理方式均应能够防止气溶胶的产生,对被清除物质的处置均应按相应废弃物的处理方式进行。实验室生物安全事故的应急处理总体上应遵循"先救治、后处理""先制止、后教育""先处理、后报告"的原则,并根据相应实验室的特殊性进行对应处理,这样才能切实有效地防范重大突发事故的发生,降低和控制其所造成的危害。具体处理原则如下[7-11]。

14.2.1　生物危险材料溢洒的应急处理

由于操作不当,菌(毒)种或(潜在)感染性材料可能溢洒在生物安全柜内或台面、地面、防护服和其他表面。一些实验室感染事件的发生与实验操作过程中病原微生物气溶胶的产生有密切的关系,表 14.1 中简要列出了在病原微生物实验操作过程中可能导致潜在危险性气溶胶释放的操作[7]。

表 14.1　可产生不同程度病原微生物气溶胶的操作简表

轻度(≤10 个颗粒)	中度(11~100 个颗粒)	重度(≥100 个颗粒)
玻片凝集实验	腹腔接种动物	离心时,离心管破裂
火焰上灼烧接种环	解剖实验动物	打碎干燥菌(毒)种安瓿
颅内接种	用研钵研磨动物组织	打开干燥菌(毒)种安瓿
鸡胚接种或抽取培养液	离心前后注入、倾倒、混悬菌液	搅拌后,立即打开搅拌器盖
—	菌(毒)液滴落在不同表面上	小鼠鼻内接种

续表 14.1

轻度(≤10 个颗粒)	中度(11～100 个颗粒)	重度(≥100 个颗粒)
—	用注射器从安瓿中抽取菌液	注射器针尖脱落,喷出菌(毒)液
—	用接种环接种平皿、试管等	—
—	打开培养容器的螺旋瓶盖	—
—	摔碎带有培养物的平皿	—

发生溢洒时的处理方式如下。

(1)当(潜在)感染性材料溢洒在防护服上时,应立即进行局部消毒,更换或全部用消毒液浸泡后进行高压蒸汽灭菌处理。

(2)当生物安全柜内发生(潜在)感染性材料溢洒时,根据溢洒量的不同,处理方法也不同。当发生少量溢洒(不足 1 mL)时,应用消毒剂浸湿的吸收纸巾或抹布立即处理,并用浸满消毒液的毛巾或纱布对生物安全柜及其内部的物品进行擦洗。对工作面消毒后,应更换手套,不论是摘下手套后,还是更换手套后,都要洗手。发生大量溢洒后,液体会通过生物安全柜前面或后面的格栅流到下面去,此时应对生物安全柜内的所有物品进行表面消毒并将之拿出生物安全柜。在确保生物安全柜的排水阀被关闭后,可将消毒液倒在工作台面上,使液体通过格栅流到排水盘上。对所有接触溢出物品的材料都要进行消毒和(或)高压蒸汽灭菌处理。

(3)对于(潜在)感染性材料溢洒在台面、地面和其他表面的情况,立即用抹布或者纸巾覆盖(潜在)感染性物质或有(潜在)感染性物质溢洒的破碎物品表面,然后在上面倒上消毒剂(如5% 次氯酸钠溶液、乙醇等),从溢出区域的外围开始,向中心进行处理。作用约 30 min 后,将所处理的物质按照感染性废弃物的处理原则清理。如含有玻璃碎片或其他锐器,则应将其置于可防刺透的容器中,以待处理。最后,用消毒剂擦拭整个污染区域,在整个操作过程中均应戴手套。

在上述处理过程中,处理人员应戴手套,穿防护服,必要时需做好面部(包括眼睛)的防护。在成功消毒后,应告知主管部门目前溢出区域的清除污染工作已经完成。

14.2.2　皮肤、黏膜被感染性材料污染的应急处理

因生物安全实验室操作人员皮肤、黏膜被感染性材料污染后感染的危险性极大,

故应立即停止工作,并采取以下措施。

(1)立即用消毒液或抗菌皂液冲洗,再用流动水冲洗 15～20 min。

(2)面部(包括眼睛)、口腔等部位黏膜被感染性材料污染后,立即用洗眼器冲洗或用温水冲洗污染部位 15～20 min。

完成上述情况处理后,当事人应安全撤离,视情况隔离观察,接受适当的预防治疗,并报告实验室安全负责人,以便其做好事故记录。

14.2.3　皮肤刺伤、割伤的应急处理

因皮肤被针头、注射器、锐器、碎玻璃等刺伤、割伤后感染的危险性极大,故应立即停止工作并采取以下措施。

(1)清洗双手,冲洗伤口,挤出局部血液,用碘酒或 75% 酒精消毒,必要时就医。

(2)立即告知实验室负责人和生物安全负责人受伤的原因及可能污染的病原微生物,根据所污染病原微生物的情况采取相应的处理措施。如被 HBV 等病原微生物污染的锐器刺伤,则应注射乙肝疫苗、高效免疫球蛋白及其他相关疫苗;如被 HIV 病原微生物污染的锐器刺伤,则应在 2 h 内服用抗艾滋病毒药物等。

(3)详细记录受伤原因、事故处理经过和相关污染情况,并保留完整的就医记录。视情况隔离观察,其间根据条件接受适当的预防治疗。

14.2.4　实验动物抓伤和昆虫咬伤的应急处理

因被实验动物或昆虫抓伤或咬伤后感染的危险性极大,故应立即停止工作并采取以下措施。

(1)立即脱下工作服,完成用清水冲洗伤口、止血(无须包扎,勿涂软膏)、用 2%～3% 碘酒或 75% 酒精消毒等处理后,立刻就近到医院急诊科或外科门诊进行伤口处理。

(2)完成伤口处理后,立刻到所在地区的疾病预防控制中心进行登记,医生根据情况确定注射狂犬疫苗的免疫程序,并且决定是否应该注射抗狂犬病血清;立刻到指定地点注射狂犬疫苗;一旦开始注射狂犬疫苗,就必须按时、全程接种疫苗。

(3)实验室应记录安全事故的经过,并保留完整的医疗记录。

14.2.5 潜在危害性气溶胶释放（在生物安全柜外）的应急处理

发生潜在危害性气溶胶释放事件后，所有人员必须立即撤离相关区域，任何暴露人员都应接受医学咨询。当事人应当立即通知实验室负责人和生物安全负责人。为了使气溶胶排出和使较大的粒子沉降，在一定时间内（如1 h内）应严禁人员入内。如果实验室没有中央通风系统，则应推迟进入实验室（如24 h）。

应在实验室门口张贴"禁止进入"的标识。经过相应时间后，相关人员可在生物安全负责人的指导下清除污染，清除污染时，应穿适当的防护服，戴呼吸保护装备。

14.2.6 离心管发生破裂的应急处理

（1）当非密闭离心桶的离心机运行中离心管发生破裂或者怀疑破裂时，可视为发生气溶胶暴露事故，应立即加强个体防护力度。具体处理措施如下。①应关闭离心机电源开关，保持离心机盖子关闭至少30 min，使气溶胶沉降。如果机器停止后发现破裂，则应立即将盖子盖好，密闭至少30 min。在这段时间内，应立即通知生物安全负责人。②相关人员在生物安全负责人的指导下，戴结实的厚橡胶手套（必要时，可在外面再戴一双一次性手套）进行清理。如有玻璃碎片，则应用镊子清理。③对所有的离心管、玻璃碎片、离心桶、十字轴和转子，都应浸泡在无腐蚀性的、已知对相关病原微生物有杀灭活性的消毒剂内（如75%酒精、新洁尔灭等）。对未破损的带盖离心管，应放在另一个有消毒溶剂的容器中，然后回收。④对离心机腔内用适当浓度的同种消毒剂擦拭2或3遍，最后用清水擦洗干净，晾干后再用。⑤对清理时使用的材料，应按感染性废弃物处理。

当可封闭的离心桶（安全杯）内离心管发生破裂时，对所有密封的离心桶都应在生物安全柜内装卸。如果怀疑在安全杯内发生破损，则应该松开安全杯的盖子并对离心桶进行高压蒸汽灭菌，还可以采用化学消毒方法对安全杯进行消毒。

14.2.7 发生自然灾害的应急处理

14.2.7.1 发生地震后的应急处理

（1）在地震频发区不应建设 BSL - 3 及 BSL - 3 以上实验室。一旦发生地震，就应根据实验室被破坏的程度进行处理。

（2）地震容易导致房屋倒塌。对 BSL－2 及 BSL－2 以上实验室首先应设立适当范围的封锁区，其次应进行适当范围的消毒，边消毒边清理，最后由专业人员在做好个体防护的前提下对实验室边消毒边清理，清理到菌（毒）种保存室。如果菌（毒）种的容器没有破坏，则可将之转移到其他安全的实验室存放。如果菌（毒）种的容器已有破坏和外溢，则应立即用可靠的方法进行彻底的消毒、灭菌。对处理现场的人员要进行适当的医学观察。

（3）对实验室的轻微损坏，可由专业人员按照上述方法处理。

14.2.7.2　发生水灾后的应急处理

在经常发生水灾的或可能发生水灾的地区，不应建设 BSL－3 及 BSL－3 以上实验室。一旦发生水灾报警，实验人员就应立即停止工作，对菌（毒）种和相关材料进行转移，对实验室进行彻底消毒，对仪器设备进行消毒、转移，做好相关防水处理。水灾过后，对实验室应进行消毒、清理、维修和试运转，待安全参数检测验证合格后，方可重新启用。

14.2.7.3　发生火灾后的应急处理

实验室应加强防火。一旦 BSL－3 及 BSL－3 以上实验室发生火灾，就应做好以下几点：首先，应保证实验人员安全撤离；其次，在判断火势不会迅速蔓延的情况下，可力所能及地扑灭或控制火情；最后，消防部门要控制火情，以便火灾不会殃及周边，消防人员只有在专业人员的陪同下才可进入实验室，不得用水灭火。

14.2.8　设备障碍的应急处理

14.2.8.1　停电的应急处理

要迅速启动双路电源/备用电源/自备发电机，电源转换期间应保护好呼吸道；如时间较短，则应屏住呼吸，待正常或佩戴好面具后再恢复正常呼吸；如时间较长，则应该加强个体防护，如佩戴专用头盔等。

14.2.8.2　实验室正压、安全柜负压的应急处理

有潜在危险时，应停止工作，继续保持生物安全柜的负压 10～20 min，对房间进行

常规处理后撤离。

14.2.8.3　生物安全柜出现正压的应急处理

若生物安全柜出现正压,则应被视为房间有生物因子污染,并对实验人员危害较大,应立即关闭生物安全柜电源,停止工作,缓慢撤出双手,离开操作位置,避开从生物安全柜中流出来的气流,在保持房间负压和加强个体防护的条件下进行消毒处理。

若生物安全柜和房间同时出现正压,则应被视为房间有生物因子污染,并对实验人员危害较大,同时对环境有污染的可能,应做到以下几点。①应立即关闭生物安全柜电源,停止工作,启动备用排风机,加强个体防护,消毒和撤离实验室,进入第2缓冲间,进行淋浴或其他消毒,换鞋,洗手,进行喷雾消毒后离开,开门,进入半污染区,锁住或封住第2缓冲间的外门;②对半污染区进行消毒,完成个人消毒后,进入第1缓冲间,锁住或封住进入半污染区的门;③在第1缓冲间进行消毒净化处理,用肥皂水洗澡,离开实验室,锁住或封住实验室进口,并标明实验室污染。

14.3　突发公共卫生事件的应急处理

突发公共卫生事件是指突然发生、造成或者可能造成社会公众健康严重损害的重大传染病疫情、群体性不明原因疾病、重大食物和职业中毒以及其他严重影响公众健康的事件。突发事件监测机构、医疗卫生机构和有关单位发现有发生或者可能发生传染病暴发、流行的,发生或者发现不明原因的群体性疾病的,发生传染病菌(毒)种丢失的,发生或者可能发生重大食物和职业中毒事件的情形之一的,应当在2 h内向所在地县级人民政府卫生行政主管部门报告。参照国务院《突发公共卫生事件应急条例》的规定,当生物安全实验室出现突发公共卫生事件(如感染性物质泄露事件)且实验人员难于处理时,应立即停止工作。

(1)实验人员应屏住呼吸,迅速离开房间,小心脱去个体防护装备。当脱去个体防护装备时,必须确保个体防护装备暴露面朝内,然后用肥皂液和水仔细洗手,立即通知实验室负责人和生物安全负责人。所有工作人员应立即撤离相关区域,在实验室入口处张贴"禁止进入"的标识,对实验室排风至少1 h。如果实验室没有中央空调和通风系统,则应推迟进入实验室(如24 h)。实验室在生物安全负责人的指导下做好相关防护清洁后,才准许实验人员再次进入。发生大范围污染后,相关人员必须通知生物安全办公室,由其安排相关人员清洁实验室,以便再进入。

（2）感染性气溶胶产生后,应针对产生的原因采取措施,如停止相关实验操作、隔离感染动物等。若为装有中央空调和通风系统的实验大楼,则应根据气溶胶的污染程度和感染物的危险性,对大楼空间、中央空调和通风系统进行局部或全部消毒处理。

（3）若操作者或其所在实验室的工作人员出现与被操作病原微生物导致疾病类似的症状,则应被视为可能发生实验室感染,应及时到指定医院就诊,并如实主诉工作性质和发病情况。在就诊过程中,应采取必要的隔离防护措施,以免造成疾病传播。

结合以上相关实验室突发事件的应急处理,实验室需要针对各类危险性实验项目及其所涉及的安全问题制订一套行之有效的实验室突发公共卫生事件应急预案。一旦发生实验室突发事件,则需要根据突发事件的性质和具体情况,按照制度的应急预案启动相关应急响应,以采取合适的应对措施。

（何　柳　史　莹）

参考文献

[1] 杨玉海.北京冬季奥运会安保的结构体系和运行机制探索[J].公安教育,2018,(10):35-39.

[2] 世界卫生组织.实验室生物安全手册[EB/OL].4版.(2020-03-27)[2023-12-30].https://www.chinacdc.cn/lac/gzzd/gwfgbz/202003/t20200327_215579.htm.

[3] 中国实验室国家认可委员会.实验室　生物安全通用要求:GB 19489—2008[S].北京:中国标准出版社,2009.

[4] 应急管理部.生产经营单位生产安全事故应急预案评估指南:AQ/T 9011—2019[S].北京:应急管理出版社,2019.

[5] 国家市场监督管理总局,中国国家标准化管理委员会.生产经营单位生产安全事故应急预案编制导则:GB/T 29639—2020[S].北京:中国质检出版社,2021.

[6] 游志斌.应急"专业化"建设成国际潮流[J].中国应急管理,2020,(2):56-58.

[7] 叶冬青.实验室生物安全[M].3版.北京:人民卫生出版社,2020.

[8] 和彦苓.实验室安全与管理[M].2版.北京:人民卫生出版社,2015.

[9] 孙翔翔,张喜悦.实验室生物安全管理体系及其运转[M].北京:中国农业出版社,2020.

[10] 雷诺兹·M.萨莱诺,詹妮弗·高迪索.实验室生物风险管理[M].北京:清华大学出版社,2021.

[11] 顾华,翁景清.实验室生物安全管理实践[M].北京:人民卫生出版社,2020.

附　录

附录1　生物安全实验室标识

实验室安全标识需要张贴在实验室相关区域,以提醒实验人员注意潜在的危险,并采取必要的安全措施。建立良好、全方位的生物安全实验室标识,在安全、醒目、便利、协调的原则及一致性和秩序性的指导下,符合审美、材料安全环保的实验室安全标识可以很好地降低生物安全事故发生的概率[1]。

生物安全实验室标识主要是指用于生物安全实验室传达与实验室所从事的特定科研内容生物安全性的特定识别符号。它是在生物安全领域长期发展和实践中,逐渐形成的一种以图形传达信息的象征符号,以便实验人员能够直观区别、辨识特定生物危害,起到指示、警告、提示、识别,甚至命令的作用。

1　生物安全实验室标识的类型

生物安全实验室是通过特定的物理防护屏障和严格规范的管理措施,实现有效控制和切实避免所操作的具有特定生物危害性的致病因子的危害,达到国家对应相关规范和标准的动物性生物安全实验室和生物性实验室。其所涉及的安全标识主要包括禁止标识、警告标识、指令标识、提示标识和专用标识五大类[2]。

1.1　禁止标识

禁止标识(prohibition sign)是指用来禁止人们不安全行为的图形标志,其基本形式是红色带斜杠圆边框,图形是黑色,背景是白色。在生物安全实验室中常用的禁止标识主要有禁止吸烟、禁止明火等20种,详见附表1.1。

附表 1.1　生物安全实验室中常用的禁止标识

编号	名称	图形标识	设置范围和地点
1-1	禁止烟火 No burning		实验室易燃易爆化学品存放和使用区域;实验操作区域,可燃气体储存室等
1-2	禁止明火 No open flames		实验室易燃易爆化学品存放和使用区域;实验操作区域和可燃气体储存室等
1-3	禁止吸烟 No smoking		实验室禁止吸烟的场所,如实验区域、可燃气体储存场所和医院等
1-4	禁止饮食 No food or drink		易于造成人员伤害的场所,如实验室区域、污染源入口处、医疗垃圾存放处和手术室等
1-5	禁止存放食物 No food storage		禁止存放食物的区域,如实验室区域、污染源入口处、医疗垃圾存放处和手术室等
1-6	禁止混放 No mixing		禁止将可能发生化学反应的 2 种或 2 种以上物质(物品)混放在同一环境(试管)中,如乙炔和氧气瓶
1-7	禁止饮用 No drinking		实验室用水存放区域,或实验室自来水龙头处

续附表1.1

编号	名称	图形标识	设置范围和地点
1-8	禁止用嘴吸液 No sucking liquid		实验时,禁止用口吸方式移取液体
1-9	禁止入内 No entering		可引起危害的实验室场所入口处或涉险区周边,如可能产生生物危害的设备故障时,维护、检修存在生物危害的设施设备时,根据现场实际情况设置
1-10	禁止通行 No thoroughfare		有危险的作业区,如实验室内各种污染源区域
1-11	儿童禁止入内 No children will be admitted		易对儿童造成事故或伤害的场所,如实验室区域、各种污染源区域等
1-12	禁止宠物入内 No pets		宠物进入该区域会携带病原微生物,易对人员造成伤害的场所,如实验室区域、各种污染源区域等
1-13	禁止触摸 No touching		禁止触摸的设备或物体附近,如实验室电源控制箱、高压蒸汽灭菌器灭菌过程的表面、液氮及具有毒性、腐蚀性物体等
1-14	禁止戴手套触摸 No touching with gloves		禁止戴受(病原微生物)污染的手套触摸仪器设备和用品附近

续附表 1.1

编号	名称	图形标识	设置范围和地点
1－15	禁止合闸 No switching on		检修设备或路线时,相应开关附近
1－16	禁止靠近 No nearing		不允许靠近的危险区域,如变电设备、高等级生物安全实验室设备机房等附近
1－17	禁止开启无线移动通讯设备 No activated mobile phones		使用无线移动通信设备易造成爆炸、燃烧和电磁干扰及泄密的场所
1－18	禁止乱扔废弃物 No littering		将废弃物扔到指定的地点或容器(如利器盒、医疗垃圾袋和指定的容器)内
1－19	禁止开启 No opening		因工作需要而禁止开启的实验室门
1－20	禁止启动 No starting		暂停使用的仪器设备附近,如仪器设备检修、零件更换时的相关场所

1.2　警告标识

警告标识(warning sign)是指提醒人们注意周围环境,以避免可能发生危险的图形标志,其基本形式常采用黄色背景和黑色图形或文字,形状为等边三角形。在生物安全实验室中常用的警告标识有生物危害等 20 种,详见附表 1.2。

附表1.2　生物安全实验室中常用的警告标识

编号	名称	图形标识	设置范围和地点
2-1	生物危害 Biohazard		易发生感染的场所,如BSL-2及BSL-2以上实验室入口、菌(毒)种及样本保藏场所的入口和感染性物质的运输容器等表面
2-2	危险废物 Hazardous waste		危险废物贮存、处置场所,如盛装感染性物质的容器表面、有害生物制品的生产、储运和使用场所
2-3	注意安全 Warning danger		易造成人员伤害的场所及设备
2-4	当心火灾 Warning fire		易发生火灾的危险场所,如实验室储存和使用可燃性物质的通风橱、通风柜和化学试剂柜等
2-5	当心爆炸 Warning explosion		易发生爆炸危险的场所,如实验室储存易燃易爆物质处、易燃易爆物质使用处或受压容器存放处
2-6	当心腐蚀 Warning corrosion		实验室内有腐蚀性物质的使用场所,如试剂室和配液室

续附表1.2

编号	名称	图形标识	设置范围和地点
2－7	当心化学灼伤 Beware of chemical burns		存放和使用具有腐蚀性化学物质场所
2－8	当心中毒 Warning poisoning		剧毒品及有毒物的存储及使用场所,如试剂柜、有毒物品操作处
2－9	当心触电 Warning electric shock		有可能发生触电危险的电器设备和线路,如配电室和开关
2－10	当心伤手 Warning sharp objects		实验室切片等操作易造成手部伤害的作业地点
2－11	当心高温表面 Warning hot temperature		有灼烫物体表面的场所或物体表面,如高压灭菌间、高压蒸汽灭菌器和干燥箱等
2－12	当心低温 Warning low temperature		易导致冻伤的场所,如冷库、气化器表面、存在液化气体的场所如液氮等

续附表1.2

编号	名称	图形标识	设置范围和地点
2－13	当心滑倒 Warning slippery surface		易造成滑跌伤害的地面,如紧急喷淋处,试剂残液、消毒液等物质滴洒处
2－14	当心高压容器 Warning high pressure vessel		易发生压力容器爆炸和伤害的场所,如气瓶室
2－15	当心紫外线 Warning ultraviolet		紫外线造成人体伤害的各种作业场所,如生物安全柜、超净台和实验室紫外消毒等
2－16	当心锐器 Warning sharp objects		易造成皮肤刺伤、切割伤的物品或作业场所,如存放、使用和处理注射器处
2－17	当心飞溅 Warning splash		具有液体和气溶胶物质溅出的场所,如处理感染性物质的过程中使用匀浆、超声、离心机等仪器
2－18	当心动物伤害 Warning animals may bite		实验过程中可能有动物攻击(如动物咬伤、抓伤等)造成人员伤害的场所

续附表 1.2

编号	名称	图形标识	设置范围和地点
2-19	当心电离辐射 Caution isotope & ionizing radiation		能产生同位素和电离辐射危害的作业场所
2-20	当心有毒气体 Warning toxic gas		存放有毒有害气体的场所

1.3　指令标识

指令标识(direction sign)是指用来强调人们必须做出某种动作或采用防范措施的图形标志,其基本形式是图形是白色,背景是蓝色。在生物安全实验室中常用的指令标识有必须穿戴防护服等 16 种,详见附表 1.3。

附表 1.3　生物安全实验室中常用的指令标识

编号	名称	图形标识	设置范围和地点
3-1	必须穿防护服 Must wear protective clothes		因防止人员感染而须穿防护服的场所,如实验室入口处或更衣室入口处
3-2	必须穿工作服 Must wear work clothes		按规定必须穿工作服(实验室基本工作服装)的场所,如实验室风险较低,不需要穿防护服的一般工作区域

续附表 1.3

编号	名称	图形标识	设置范围和地点
3－3	必须戴防护帽 Must wear protective cap		易污染人体头部的实验区
3－4	必须戴防护镜 Must wear protective goggles		对眼睛有伤害的作业场所
3－5	必须戴面罩 Must wear protective face shield		对人体有害的气体和易产生气溶胶的场所
3－6	必须戴呼吸装置 Must wear breathing apparatus		经风险评估因易导致呼吸道感染而需要相应防护的高等级生物安全实验室,如需要面部和呼吸道防护的区域
3－7	必须戴一次性口罩 Must wear disposable masks		实验室内防止致病性物质喷溅时,如离心机的离心、匀浆机的匀浆过程等
3－8	必须戴口罩(N95 及 以上型号) Must wear mask (N95 or higher level)		操作《人间传染的病原微生物名录》(卫科教发〔2006〕15 号)中"实验活动所需生物安全实验室级别"规定的场所,如 BSL－3/ABSL－3 实验室及其以上实验室

续附表 1.3

编号	名称	图形标识	设置范围和地点
3-9	必须戴护耳器 Must wear ear protector		噪声超过 85 dB 的作业场所
3-10	必须戴防护手套 Must wear protective gloves		易造成手部感染和伤害的作业场所,如感染性物质操作,具有腐蚀、污染、灼烫、冰冻及触电危险的工作时
3-11	必须穿鞋套 Must wear shoe covers		易造成脚部污染和传播污染的作业场所,如实验室核心工作间等地点
3-12	必须穿防护鞋 Must wear protective shoes		易造成脚部感染和伤害的作业场所,如具有腐蚀、污染、砸(刺)伤等危险的作业地点
3-13	必须手消毒 Must disinfect hands		在实验活动结束后,杀灭手上可能携带的病原微生物
3-14	必须加锁 Must be locked		剧毒品、危险品和致病性物质的库房等场所,如放置感染性物质的冰箱、冰柜、样品柜,有毒有害、易燃易爆品存放处
3-15	必须固定 Must be fixed		须防止移动或倾倒而采取的固定措施的物体附近,如二氧化碳钢瓶、高(和/或低)压液氮罐存放处

编号	名称	图形标识	设置范围和地点
3 – 16	必须通风 Must be ventilated		产生有毒有害化学气体、致病性生物因子气溶胶的场所

1.4 提示标识

提示标识(information sign)是指用来向人们提供目标所在位置与方向性信息的图形标志,其基本形式为矩形边框,图形和文字是白色,背景是绿色。在生物安全实验室中常用的提示标识有紧急出口等10种,详见附表1.4。

附表1.4 生物安全实验室中常用的提示标识

编号	名称	图形标识	设置范围和地点
4 – 1	紧急出口 Emergent exit		便于安全疏散的紧急出口处,与方向箭头结合设在通向紧急出口的通道、楼梯口等处
4 – 2	击碎板面 Break to obtain access		必须击开板面才能获得出口,如应急逃生出口、消防报警板面等
4 – 3	急救点 First aid		设置现场急救仪器设备及药品的地点
4 – 4	应急电话 Emergency telephone		安装应急电话的地点

续附表 1.4

编号	名称	图形标识	设置范围和地点
4-5	洗眼装置 Eyewash station		放置紧急洗眼装置的地点,如洗眼器附近
4-6	生物安全应急处置箱 Biosafety emergency box		放置生物安全事故紧急处置物品的地点,如生物安全应急箱附近
4-7	工具箱 Tool box		实验室仪器维修工具存放处
4-8	动物实验 Animal experiment		在实验室内,为了获得有关生物学、医学方面的知识而使用动物进行科学研究的场所
4-9	紧急喷淋 Emergency spray		设置紧急喷淋装置的地点,如喷淋装置或喷淋装置附近
4-10	消毒中 Disinfecting		提示正在进行消毒,如正在进行消毒的区域和实验室入口处

1.5 专用标识

专用标识(special mark)又称为文字辅助性标识,是指针对某种特定的事物、产品或者设备所制定的符号或标志物,用以标示,便于识别,其基本形式是安全色、图形符号、几何图形和文字等元素组合。在生物安全实验室中常用的专用标识有生物危害等

6 种,详见附表 1.5。

附表 1.5　生物安全实验室中常用的专用标识

编号	名称	图形标识	设置范围和地点
5-1	生物危害 Biohazard		放置实验室入口处,不同等级生物安全实验室有相应的标注,如生物安全三级实验室标记"BSL-3"
5-2	设备状态 Equipment status		处于正常使用、暂停使用、停止使用状态的仪器和设施设备上或其附近
5-3	医疗废物 Medical waste		医疗废物产生、转移、贮存和处置过程中可能造成危害的物品表面,如医疗废物处置中心、医疗废物暂存间和医疗废物处置设施附近以及医疗废物容器表面等
5-4	废液回收 Waste liquid recycling		实验室废液回收储存场所或物品表面,如废酸、有机溶剂等回收容器表面
5-5	灭火设备 Fire extinguisher		实验室内放置灭火装置的区域,如灭火器放置场所

续附表 1.5

编号	名称	图形标识	设置范围和地点
5-6	工作中 In the work		需要表明实验室处于工作状态的醒目位置，如实验室主入口或防护区入口等处（可辅助以灯箱使用）

在生物安全实验室中，除了上述 5 种常用的安全标识，在实验室以及实验室有关的其他场所，也必须注明其他相应的安全标识，如实验室平面图和逃生路线标识、化学品危险标识以及警戒线使用等，其使用要求应符合相对应的规定。

2 生物安全实验室标识管理

建立规范化、人性化、简洁化的安全标识可以很好地完善生物安全实验室管理体系，不仅实现了"安全第一，预防为主"的原则，而且可以在最大程度上避免生物安全实验室事故的发生，为生物安全实验室的安全管理保驾护航，切实保障实验室科研、教学等各项事业的快速发展。在生物安全实验室进行标识管理的过程中，应遵循以下基本原则。

（1）实验室用于标示危险区、警示、指示、证明等的图文标识是管理体系文件的一部分，包括用于特殊情况下的临时标识，如"污染""消毒中""设备检修"等。

（2）标识应明确、醒目和易区分。只要可行，就应使用国际、国家规定的通用标识。

（3）应系统而清晰地标示出危险区，且应适用于相关的危险。在某些情况下，宜同时使用标识和物理屏障标示出危险区。

（4）应清楚地标示出具体的危险材料、危险，包括生物危险、有毒有害、腐蚀性、辐射、刺伤、电击、易燃、易爆、高温、低温、强光、振动、噪声、动物咬伤、砸伤等；需要时，应同时提示必要的防护措施。

（5）应在须验证或校准的实验室设备的明显位置注明设备的可用状态、验证周期、下次验证或校准的时间等信息。

（6）实验室入口处应有标识，明确说明生物防护级别、操作的致病性生物因子、实验室负责人姓名、紧急联络方式和国际通用的生物危险符号;适用时,应同时注明其他危险。

(7)实验室所有房间的出口和紧急撤离路线应有在无照明的情况下也可清楚识别的标识。

(8)实验室的所有管道和线路应有明确、醒目和易区分的标识。

(9)所有操作开关应有明确的功能指示标识,必要时,还应采取防止误操作或恶意操作的措施。

(10)实验室管理层应负责定期(至少每 12 个月 1 次)评审实验室标识系统,需要时及时更新,以确保其适用现有的危险。

(黄　江　刘玉波　杨宏坤)

参考文献

[1] 叶冬青.实验室生物安全[M].3 版.北京:人民卫生出版社,2020.

[2] 国家卫生和计划生育委员会.病原微生物生物安全实验室标识:WS 589—2018[Z].北京:中国标准出版社,2018.

附录2　《生物安全法》

(2020 年 10 月 17 日第十三届全国人民代表大会常务委员会第二十二次会议通过)

目　录

第一章　总则

第一条　为了维护国家安全,防范和应对生物安全风险,保障人民生命健康,保护生物资源和生态环境,促进生物技术健康发展,推动构建人类命运共同体,实现人与自然和谐共生,制定本法。

第二条　本法所称生物安全,是指国家有效防范和应对危险生物因子及相关因素威胁,生物技术能够稳定健康发展,人民生命健康和生态系统相对处于没有危险和不受威胁的状态,生物领域具备维护国家安全和持续发展的能力。

从事下列活动,适用本法:

(一)防控重大新发突发传染病、动植物疫情;

(二)生物技术研究、开发与应用;

(三)病原微生物实验室生物安全管理；

(四)人类遗传资源与生物资源安全管理；

(五)防范外来物种入侵与保护生物多样性；

(六)应对微生物耐药；

(七)防范生物恐怖袭击与防御生物武器威胁；

(八)其他与生物安全相关的活动。

第三条　生物安全是国家安全的重要组成部分。维护生物安全应当贯彻总体国家安全观,统筹发展和安全,坚持以人为本、风险预防、分类管理、协同配合的原则。

第四条　坚持中国共产党对国家生物安全工作的领导,建立健全国家生物安全领导体制,加强国家生物安全风险防控和治理体系建设,提高国家生物安全治理能力。

第五条　国家鼓励生物科技创新,加强生物安全基础设施和生物科技人才队伍建设,支持生物产业发展,以创新驱动提升生物科技水平,增强生物安全保障能力。

第六条　国家加强生物安全领域的国际合作,履行中华人民共和国缔结或者参加的国际条约规定的义务,支持参与生物科技交流合作与生物安全事件国际救援,积极参与生物安全国际规则的研究与制定,推动完善全球生物安全治理。

第七条　各级人民政府及其有关部门应当加强生物安全法律法规和生物安全知识宣传普及工作,引导基层群众性自治组织、社会组织开展生物安全法律法规和生物安全知识宣传,促进全社会生物安全意识的提升。

相关科研院校、医疗机构以及其他企业事业单位应当将生物安全法律法规和生物安全知识纳入教育培训内容,加强学生、从业人员生物安全意识和伦理意识的培养。

新闻媒体应当开展生物安全法律法规和生物安全知识公益宣传,对生物安全违法行为进行舆论监督,增强公众维护生物安全的社会责任意识。

第八条　任何单位和个人不得危害生物安全。

任何单位和个人有权举报危害生物安全的行为;接到举报的部门应当及时依法处理。

第九条　对在生物安全工作中做出突出贡献的单位和个人,县级以上人民政府及其有关部门按照国家规定予以表彰和奖励。

第二章　生物安全风险防控体制

第十条　中央国家安全领导机构负责国家生物安全工作的决策和议事协调,研究制定、指导实施国家生物安全战略和有关重大方针政策,统筹协调国家生物安全的重大事项和重要工作,建立国家生物安全工作协调机制。

省、自治区、直辖市建立生物安全工作协调机制,组织协调、督促推进本行政区域内生物安全相关工作。

第十一条　国家生物安全工作协调机制由国务院卫生健康、农业农村、科学技术、外交等主管部门和有关军事机关组成,分析研判国家生物安全形势,组织协调、督促推进国家生物安全相关工作。国家生物安全工作协调机制设立办公室,负责协调机制的日常工作。

国家生物安全工作协调机制成员单位和国务院其他有关部门根据职责分工,负责生物安全相关工作。

第十二条　国家生物安全工作协调机制设立专家委员会,为国家生物安全战略研究、政策制定及实施提供决策咨询。

国务院有关部门组织建立相关领域、行业的生物安全技术咨询专家委员会,为生物安全工作提供咨询、评估、论证等技术支撑。

第十三条　地方各级人民政府对本行政区域内生物安全工作负责。

县级以上地方人民政府有关部门根据职责分工,负责生物安全相关工作。

基层群众性自治组织应当协助地方人民政府以及有关部门做好生物安全风险防控、应急处置和宣传教育等工作。

有关单位和个人应当配合做好生物安全风险防控和应急处置等工作。

第十四条　国家建立生物安全风险监测预警制度。国家生物安全工作协调机制组织建立国家生物安全风险监测预警体系,提高生物安全风险识别和分析能力。

第十五条　国家建立生物安全风险调查评估制度。国家生物安全工作协调机制应当根据风险监测的数据、资料等信息,定期组织开展生物安全风险调查评估。

有下列情形之一的,有关部门应当及时开展生物安全风险调查评估,依法采取必要的风险防控措施:

(一)通过风险监测或者接到举报发现可能存在生物安全风险;

(二)为确定监督管理的重点领域、重点项目,制定、调整生物安全相关名录或者清单;

(三)发生重大新发突发传染病、动植物疫情等危害生物安全的事件;

（四）需要调查评估的其他情形。

第十六条 国家建立生物安全信息共享制度。国家生物安全工作协调机制组织建立统一的国家生物安全信息平台，有关部门应当将生物安全数据、资料等信息汇交国家生物安全信息平台，实现信息共享。

第十七条 国家建立生物安全信息发布制度。国家生物安全总体情况、重大生物安全风险警示信息、重大生物安全事件及其调查处理信息等重大生物安全信息，由国家生物安全工作协调机制成员单位根据职责分工发布；其他生物安全信息由国务院有关部门和县级以上地方人民政府及其有关部门根据职责权限发布。

任何单位和个人不得编造、散布虚假的生物安全信息。

第十八条 国家建立生物安全名录和清单制度。国务院及其有关部门根据生物安全工作需要，对涉及生物安全的材料、设备、技术、活动、重要生物资源数据、传染病、动植物疫病、外来入侵物种等制定、公布名录或者清单，并动态调整。

第十九条 国家建立生物安全标准制度。国务院标准化主管部门和国务院其他有关部门根据职责分工，制定和完善生物安全领域相关标准。

国家生物安全工作协调机制组织有关部门加强不同领域生物安全标准的协调和衔接，建立和完善生物安全标准体系。

第二十条 国家建立生物安全审查制度。对影响或者可能影响国家安全的生物领域重大事项和活动，由国务院有关部门进行生物安全审查，有效防范和化解生物安全风险。

第二十一条 国家建立统一领导、协同联动、有序高效的生物安全应急制度。

国务院有关部门应当组织制定相关领域、行业生物安全事件应急预案，根据应急预案和统一部署开展应急演练、应急处置、应急救援和事后恢复等工作。

县级以上地方人民政府及其有关部门应当制定并组织、指导和督促相关企业事业单位制定生物安全事件应急预案，加强应急准备、人员培训和应急演练，开展生物安全事件应急处置、应急救援和事后恢复等工作。

中国人民解放军、中国人民武装警察部队按照中央军事委员会的命令，依法参加生物安全事件应急处置和应急救援工作。

第二十二条 国家建立生物安全事件调查溯源制度。发生重大新发突发传染病、动植物疫情和不明原因的生物安全事件，国家生物安全工作协调机制应当组织开展调

附 录
APPENDIX

查溯源,确定事件性质,全面评估事件影响,提出意见建议。

第二十三条　国家建立首次进境或者暂停后恢复进境的动植物、动植物产品、高风险生物因子国家准入制度。

进出境的人员、运输工具、集装箱、货物、物品、包装物和国际航行船舶压舱水排放等应当符合我国生物安全管理要求。

海关对发现的进出境和过境生物安全风险,应当依法处置。经评估为生物安全高风险的人员、运输工具、货物、物品等,应当从指定的国境口岸进境,并采取严格的风险防控措施。

第二十四条　国家建立境外重大生物安全事件应对制度。境外发生重大生物安全事件的,海关依法采取生物安全紧急防控措施,加强证件核验,提高查验比例,暂停相关人员、运输工具、货物、物品等进境。必要时经国务院同意,可以采取暂时关闭有关口岸、封锁有关国境等措施。

第二十五条　县级以上人民政府有关部门应当依法开展生物安全监督检查工作,被检查单位和个人应当配合,如实说明情况,提供资料,不得拒绝、阻挠。

涉及专业技术要求较高、执法业务难度较大的监督检查工作,应当有生物安全专业技术人员参加。

第二十六条　县级以上人民政府有关部门实施生物安全监督检查,可以依法采取下列措施:

(一)进入被检查单位、地点或者涉嫌实施生物安全违法行为的场所进行现场监测、勘查、检查或者核查;

(二)向有关单位和个人了解情况;

(三)查阅、复制有关文件、资料、档案、记录、凭证等;

(四)查封涉嫌实施生物安全违法行为的场所、设施;

(五)扣押涉嫌实施生物安全违法行为的工具、设备以及相关物品;

(六)法律法规规定的其他措施。

有关单位和个人的生物安全违法信息应当依法纳入全国信用信息共享平台。

第三章　防控重大新发突发传染病、动植物疫情

第二十七条　国务院卫生健康、农业农村、林业草原、海关、生态环境主管部门应

当建立新发突发传染病、动植物疫情、进出境检疫、生物技术环境安全监测网络,组织监测站点布局、建设,完善监测信息报告系统,开展主动监测和病原检测,并纳入国家生物安全风险监测预警体系。

第二十八条　疾病预防控制机构、动物疫病预防控制机构、植物病虫害预防控制机构(以下统称专业机构)应当对传染病、动植物疫病和列入监测范围的不明原因疾病开展主动监测,收集、分析、报告监测信息,预测新发突发传染病、动植物疫病的发生、流行趋势。

国务院有关部门、县级以上地方人民政府及其有关部门应当根据预测和职责权限及时发布预警,并采取相应的防控措施。

第二十九条　任何单位和个人发现传染病、动植物疫病的,应当及时向医疗机构、有关专业机构或者部门报告。

医疗机构、专业机构及其工作人员发现传染病、动植物疫病或者不明原因的聚集性疾病的,应当及时报告,并采取保护性措施。

依法应当报告的,任何单位和个人不得瞒报、谎报、缓报、漏报,不得授意他人瞒报、谎报、缓报,不得阻碍他人报告。

第三十条　国家建立重大新发突发传染病、动植物疫情联防联控机制。

发生重大新发突发传染病、动植物疫情,应当依照有关法律法规和应急预案的规定及时采取控制措施;国务院卫生健康、农业农村、林业草原主管部门应当立即组织疫情会商研判,将会商研判结论向中央国家安全领导机构和国务院报告,并通报国家生物安全工作协调机制其他成员单位和国务院其他有关部门。

发生重大新发突发传染病、动植物疫情,地方各级人民政府统一履行本行政区域内疫情防控职责,加强组织领导,开展群防群控、医疗救治,动员和鼓励社会力量依法有序参与疫情防控工作。

第三十一条　国家加强国境、口岸传染病和动植物疫情联合防控能力建设,建立传染病、动植物疫情防控国际合作网络,尽早发现、控制重大新发突发传染病、动植物疫情。

第三十二条　国家保护野生动物,加强动物防疫,防止动物源性传染病传播。

第三十三条　国家加强对抗生素药物等抗微生物药物使用和残留的管理,支持应对微生物耐药的基础研究和科技攻关。

县级以上人民政府卫生健康主管部门应当加强对医疗机构合理用药的指导和监督,采取措施防止抗微生物药物的不合理使用。县级以上人民政府农业农村、林业草原主管部门应当加强对农业生产中合理用药的指导和监督,采取措施防止抗微生物药物的不合理使用,降低在农业生产环境中的残留。

国务院卫生健康、农业农村、林业草原、生态环境等主管部门和药品监督管理部门应当根据职责分工,评估抗微生物药物残留对人体健康、环境的危害,建立抗微生物药物污染物指标评价体系。

第四章　生物技术研究、开发与应用安全

第三十四条　国家加强对生物技术研究、开发与应用活动的安全管理,禁止从事危及公众健康、损害生物资源、破坏生态系统和生物多样性等危害生物安全的生物技术研究、开发与应用活动。

从事生物技术研究、开发与应用活动,应当符合伦理原则。

第三十五条　从事生物技术研究、开发与应用活动的单位应当对本单位生物技术研究、开发与应用的安全负责,采取生物安全风险防控措施,制定生物安全培训、跟踪检查、定期报告等工作制度,强化过程管理。

第三十六条　国家对生物技术研究、开发活动实行分类管理。根据对公众健康、工业农业、生态环境等造成危害的风险程度,将生物技术研究、开发活动分为高风险、中风险、低风险三类。

生物技术研究、开发活动风险分类标准及名录由国务院科学技术、卫生健康、农业农村等主管部门根据职责分工,会同国务院其他有关部门制定、调整并公布。

第三十七条　从事生物技术研究、开发活动,应当遵守国家生物技术研究开发安全管理规范。

从事生物技术研究、开发活动,应当进行风险类别判断,密切关注风险变化,及时采取应对措施。

第三十八条　从事高风险、中风险生物技术研究、开发活动,应当由在我国境内依法成立的法人组织进行,并依法取得批准或者进行备案。

从事高风险、中风险生物技术研究、开发活动,应当进行风险评估,制定风险防控计划和生物安全事件应急预案,降低研究、开发活动实施的风险。

第三十九条　国家对涉及生物安全的重要设备和特殊生物因子实行追溯管理。购买或者引进列入管控清单的重要设备和特殊生物因子,应当进行登记,确保可追溯,并报国务院有关部门备案。

个人不得购买或者持有列入管控清单的重要设备和特殊生物因子。

第四十条　从事生物医学新技术临床研究,应当通过伦理审查,并在具备相应条件的医疗机构内进行;进行人体临床研究操作的,应当由符合相应条件的卫生专业技术人员执行。

第四十一条　国务院有关部门依法对生物技术应用活动进行跟踪评估,发现存在生物安全风险的,应当及时采取有效补救和管控措施。

第五章　病原微生物实验室生物安全

第四十二条　国家加强对病原微生物实验室生物安全的管理,制定统一的实验室生物安全标准。病原微生物实验室应当符合生物安全国家标准和要求。

从事病原微生物实验活动,应当严格遵守有关国家标准和实验室技术规范、操作规程,采取安全防范措施。

第四十三条　国家根据病原微生物的传染性、感染后对人和动物的个体或者群体的危害程度,对病原微生物实行分类管理。

从事高致病性或者疑似高致病性病原微生物样本采集、保藏、运输活动,应当具备相应条件,符合生物安全管理规范。具体办法由国务院卫生健康、农业农村主管部门制定。

第四十四条　设立病原微生物实验室,应当依法取得批准或者进行备案。

个人不得设立病原微生物实验室或者从事病原微生物实验活动。

第四十五条　国家根据对病原微生物的生物安全防护水平,对病原微生物实验室实行分等级管理。

从事病原微生物实验活动应当在相应等级的实验室进行。低等级病原微生物实验室不得从事国家病原微生物目录规定应当在高等级病原微生物实验室进行的病原微生物实验活动。

第四十六条　高等级病原微生物实验室从事高致病性或者疑似高致病性病原微生物实验活动,应当经省级以上人民政府卫生健康或者农业农村主管部门批准,并将实验活动情况向批准部门报告。

对我国尚未发现或者已经宣布消灭的病原微生物,未经批准不得从事相关实验活动。

第四十七条　病原微生物实验室应当采取措施,加强对实验动物的管理,防止实验动物逃逸,对使用后的实验动物按照国家规定进行无害化处理,实现实验动物可追溯。禁止将使用后的实验动物流入市场。

病原微生物实验室应当加强对实验活动废弃物的管理,依法对废水、废气以及其他废弃物进行处置,采取措施防止污染。

第四十八条　病原微生物实验室的设立单位负责实验室的生物安全管理,制定科学、严格的管理制度,定期对有关生物安全规定的落实情况进行检查,对实验室设施、设备、材料等进行检查、维护和更新,确保其符合国家标准。

病原微生物实验室设立单位的法定代表人和实验室负责人对实验室的生物安全负责。

第四十九条　病原微生物实验室的设立单位应当建立和完善安全保卫制度,采取安全保卫措施,保障实验室及其病原微生物的安全。

国家加强对高等级病原微生物实验室的安全保卫。高等级病原微生物实验室应当接受公安机关等部门有关实验室安全保卫工作的监督指导,严防高致病性病原微生物泄漏、丢失和被盗、被抢。

国家建立高等级病原微生物实验室人员进入审核制度。进入高等级病原微生物实验室的人员应当经实验室负责人批准。对可能影响实验室生物安全的,不予批准;对批准进入的,应当采取安全保障措施。

第五十条　病原微生物实验室的设立单位应当制定生物安全事件应急预案,定期组织开展人员培训和应急演练。发生高致病性病原微生物泄漏、丢失和被盗、被抢或者其他生物安全风险的,应当按照应急预案的规定及时采取控制措施,并按照国家规定报告。

第五十一条　病原微生物实验室所在地省级人民政府及其卫生健康主管部门应当加强实验室所在地感染性疾病医疗资源配置,提高感染性疾病医疗救治能力。

第五十二条　企业对涉及病原微生物操作的生产车间的生物安全管理,依照有关病原微生物实验室的规定和其他生物安全管理规范进行。

涉及生物毒素、植物有害生物及其他生物因子操作的生物安全实验室的建设和管理,参照有关病原微生物实验室的规定执行。

第六章　人类遗传资源与生物资源安全

第五十三条　国家加强对我国人类遗传资源和生物资源采集、保藏、利用、对外提供等活动的管理和监督,保障人类遗传资源和生物资源安全。

国家对我国人类遗传资源和生物资源享有主权。

第五十四条　国家开展人类遗传资源和生物资源调查。

国务院科学技术主管部门组织开展我国人类遗传资源调查,制定重要遗传家系和特定地区人类遗传资源申报登记办法。

国务院科学技术、自然资源、生态环境、卫生健康、农业农村、林业草原、中医药主管部门根据职责分工,组织开展生物资源调查,制定重要生物资源申报登记办法。

第五十五条　采集、保藏、利用、对外提供我国人类遗传资源,应当符合伦理原则,不得危害公众健康、国家安全和社会公共利益。

第五十六条　从事下列活动,应当经国务院科学技术主管部门批准:

(一)采集我国重要遗传家系、特定地区人类遗传资源或者采集国务院科学技术主管部门规定的种类、数量的人类遗传资源;

(二)保藏我国人类遗传资源;

(三)利用我国人类遗传资源开展国际科学研究合作;

(四)将我国人类遗传资源材料运送、邮寄、携带出境。

前款规定不包括以临床诊疗、采供血服务、查处违法犯罪、兴奋剂检测和殡葬等为目的的采集、保藏人类遗传资源及开展的相关活动。

为了取得相关药品和医疗器械在我国上市许可,在临床试验机构利用我国人类遗传资源开展国际合作临床试验、不涉及人类遗传资源出境的,不需要批准;但是,在开展临床试验前应当将拟使用的人类遗传资源种类、数量及用途向国务院科学技术主管部门备案。

境外组织、个人及其设立或者实际控制的机构不得在我国境内采集、保藏我国人类遗传资源,不得向境外提供我国人类遗传资源。

第五十七条　将我国人类遗传资源信息向境外组织、个人及其设立或者实际控制的机构提供或者开放使用的,应当向国务院科学技术主管部门事先报告并提交信息备份。

第五十八条　采集、保藏、利用、运输出境我国珍贵、濒危、特有物种及其可用于再生或者繁殖传代的个体、器官、组织、细胞、基因等遗传资源,应当遵守有关法律法规。

境外组织、个人及其设立或者实际控制的机构获取和利用我国生物资源,应当依法取得批准。

第五十九条　利用我国生物资源开展国际科学研究合作,应当依法取得批准。

利用我国人类遗传资源和生物资源开展国际科学研究合作,应当保证中方单位及其研究人员全过程、实质性地参与研究,依法分享相关权益。

第六十条　国家加强对外来物种入侵的防范和应对,保护生物多样性。国务院农业农村主管部门会同国务院其他有关部门制定外来入侵物种名录和管理办法。

国务院有关部门根据职责分工,加强对外来入侵物种的调查、监测、预警、控制、评估、清除以及生态修复等工作。

任何单位和个人未经批准,不得擅自引进、释放或者丢弃外来物种。

第七章　防范生物恐怖与生物武器威胁

第六十一条　国家采取一切必要措施防范生物恐怖与生物武器威胁。

禁止开发、制造或者以其他方式获取、储存、持有和使用生物武器。

禁止以任何方式唆使、资助、协助他人开发、制造或者以其他方式获取生物武器。

第六十二条　国务院有关部门制定、修改、公布可被用于生物恐怖活动、制造生物武器的生物体、生物毒素、设备或者技术清单,加强监管,防止其被用于制造生物武器或者恐怖目的。

第六十三条　国务院有关部门和有关军事机关根据职责分工,加强对可被用于生物恐怖活动、制造生物武器的生物体、生物毒素、设备或者技术进出境、进出口、获取、制造、转移和投放等活动的监测、调查,采取必要的防范和处置措施。

第六十四条　国务院有关部门、省级人民政府及其有关部门负责组织遭受生物恐怖袭击、生物武器攻击后的人员救治与安置、环境消毒、生态修复、安全监测和社会秩序恢复等工作。

国务院有关部门、省级人民政府及其有关部门应当有效引导社会舆论科学、准确报道生物恐怖袭击和生物武器攻击事件,及时发布疏散、转移和紧急避难等信息,对应急处置与恢复过程中遭受污染的区域和人员进行长期环境监测和健康监测。

第六十五条　国家组织开展对我国境内战争遗留生物武器及其危害结果、潜在影响的调查。

国家组织建设存放和处理战争遗留生物武器设施,保障对战争遗留生物武器的安全处置。

第八章　生物安全能力建设

第六十六条　国家制定生物安全事业发展规划,加强生物安全能力建设,提高应对生物安全事件的能力和水平。

县级以上人民政府应当支持生物安全事业发展,按照事权划分,将支持下列生物安全事业发展的相关支出列入政府预算:

(一)监测网络的构建和运行;

(二)应急处置和防控物资的储备;

(三)关键基础设施的建设和运行;

(四)关键技术和产品的研究、开发;

(五)人类遗传资源和生物资源的调查、保藏;

(六)法律法规规定的其他重要生物安全事业。

第六十七条　国家采取措施支持生物安全科技研究,加强生物安全风险防御与管控技术研究,整合优势力量和资源,建立多学科、多部门协同创新的联合攻关机制,推动生物安全核心关键技术和重大防御产品的成果产出与转化应用,提高生物安全的科技保障能力。

第六十八条　国家统筹布局全国生物安全基础设施建设。国务院有关部门根据职责分工,加快建设生物信息、人类遗传资源保藏、菌(毒)种保藏、动植物遗传资源保藏、高等级病原微生物实验室等方面的生物安全国家战略资源平台,建立共享利用机制,为生物安全科技创新提供战略保障和支撑。

第六十九条　国务院有关部门根据职责分工,加强生物基础科学研究人才和生物领域专业技术人才培养,推动生物基础科学学科建设和科学研究。

国家生物安全基础设施重要岗位的从业人员应当具备符合要求的资格,相关信息应当向国务院有关部门备案,并接受岗位培训。

第七十条　国家加强重大新发突发传染病、动植物疫情等生物安全风险防控的物资储备。

国家加强生物安全应急药品、装备等物资的研究、开发和技术储备。国务院有关部门根据职责分工,落实生物安全应急药品、装备等物资研究、开发和技术储备的相关措施。

国务院有关部门和县级以上地方人民政府及其有关部门应当保障生物安全事件应急处置所需的医疗救护设备、救治药品、医疗器械等物资的生产、供应和调配;交通运输主管部门应当及时组织协调运输经营单位优先运送。

第七十一条　国家对从事高致病性病原微生物实验活动、生物安全事件现场处置等高风险生物安全工作的人员,提供有效的防护措施和医疗保障。

第九章　法律责任

第七十二条　违反本法规定,履行生物安全管理职责的工作人员在生物安全工作中滥用职权、玩忽职守、徇私舞弊或者有其他违法行为的,依法给予处分。

第七十三条　违反本法规定,医疗机构、专业机构或者其工作人员瞒报、谎报、缓报、漏报,授意他人瞒报、谎报、缓报,或者阻碍他人报告传染病、动植物疫病或者不明原因的聚集性疾病的,由县级以上人民政府有关部门责令改正,给予警告;对法定代表人、主要负责人、直接负责的主管人员和其他直接责任人员,依法给予处分,并可以依法暂停一定期限的执业活动直至吊销相关执业证书。

违反本法规定,编造、散布虚假的生物安全信息,构成违反治安管理行为的,由公安机关依法给予治安管理处罚。

第七十四条　违反本法规定,从事国家禁止的生物技术研究、开发与应用活动的,由县级以上人民政府卫生健康、科学技术、农业农村主管部门根据职责分工,责令停止违法行为,没收违法所得、技术资料和用于违法行为的工具、设备、原材料等物品,处一百万元以上一千万元以下的罚款,违法所得在一百万元以上的,处违法所得十倍以上二十倍以下的罚款,并可以依法禁止一定期限内从事相应的生物技术研究、开发与应用活动,吊销相关许可证件;对法定代表人、主要负责人、直接负责的主管人员和其他直接责任人员,依法给予处分,处十万元以上二十万元以下的罚款,十年直至终身禁止从事相应的生物技术研究、开发与应用活动,依法吊销相关执业证书。

第七十五条 违反本法规定,从事生物技术研究、开发活动未遵守国家生物技术研究开发安全管理规范的,由县级以上人民政府有关部门根据职责分工,责令改正,给予警告,可以并处二万元以上二十万元以下的罚款;拒不改正或者造成严重后果的,责令停止研究、开发活动,并处二十万元以上二百万元以下的罚款。

第七十六条 违反本法规定,从事病原微生物实验活动未在相应等级的实验室进行,或者高等级病原微生物实验室未经批准从事高致病性、疑似高致病性病原微生物实验活动的,由县级以上地方人民政府卫生健康、农业农村主管部门根据职责分工,责令停止违法行为,监督其将用于实验活动的病原微生物销毁或者送交保藏机构,给予警告;造成传染病传播、流行或者其他严重后果的,对法定代表人、主要负责人、直接负责的主管人员和其他直接责任人员依法给予撤职、开除处分。

第七十七条 违反本法规定,将使用后的实验动物流入市场的,由县级以上人民政府科学技术主管部门责令改正,没收违法所得,并处二十万元以上一百万元以下的罚款,违法所得在二十万元以上的,并处违法所得五倍以上十倍以下的罚款;情节严重的,由发证部门吊销相关许可证件。

第七十八条 违反本法规定,有下列行为之一的,由县级以上人民政府有关部门根据职责分工,责令改正,没收违法所得,给予警告,可以并处十万元以上一百万元以下的罚款:

(一)购买或者引进列入管控清单的重要设备、特殊生物因子未进行登记,或者未报国务院有关部门备案;

(二)个人购买或者持有列入管控清单的重要设备或者特殊生物因子;

(三)个人设立病原微生物实验室或者从事病原微生物实验活动;

(四)未经实验室负责人批准进入高等级病原微生物实验室。

第七十九条 违反本法规定,未经批准,采集、保藏我国人类遗传资源或者利用我国人类遗传资源开展国际科学研究合作的,由国务院科学技术主管部门责令停止违法行为,没收违法所得和违法采集、保藏的人类遗传资源,并处五十万元以上五百万元以下的罚款,违法所得在一百万元以上的,并处违法所得五倍以上十倍以下的罚款;情节严重的,对法定代表人、主要负责人、直接负责的主管人员和其他直接责任人员,依法给予处分,五年内禁止从事相应活动。

第八十条　违反本法规定,境外组织、个人及其设立或者实际控制的机构在我国境内采集、保藏我国人类遗传资源,或者向境外提供我国人类遗传资源的,由国务院科学技术主管部门责令停止违法行为,没收违法所得和违法采集、保藏的人类遗传资源,并处一百万元以上一千万元以下的罚款;违法所得在一百万元以上的,并处违法所得十倍以上二十倍以下的罚款。

第八十一条　违反本法规定,未经批准,擅自引进外来物种的,由县级以上人民政府有关部门根据职责分工,没收引进的外来物种,并处五万元以上二十五万元以下的罚款。

违反本法规定,未经批准,擅自释放或者丢弃外来物种的,由县级以上人民政府有关部门根据职责分工,责令限期捕回、找回释放或者丢弃的外来物种,处一万元以上五万元以下的罚款。

第八十二条　违反本法规定,构成犯罪的,依法追究刑事责任;造成人身、财产或者其他损害的,依法承担民事责任。

第八十三条　违反本法规定的生物安全违法行为,本法未规定法律责任,其他有关法律、行政法规有规定的,依照其规定。

第八十四条　境外组织或者个人通过运输、邮寄、携带危险生物因子入境或者以其他方式危害我国生物安全的,依法追究法律责任,并可以采取其他必要措施。

第十章　附则

第八十五条　本法下列术语的含义:

(一)生物因子,是指动物、植物、微生物、生物毒素及其他生物活性物质。

(二)重大新发突发传染病,是指我国境内首次出现或者已经宣布消灭再次发生,或者突然发生,造成或者可能造成公众健康和生命安全严重损害,引起社会恐慌,影响社会稳定的传染病。

(三)重大新发突发动物疫情,是指我国境内首次发生或者已经宣布消灭的动物疫病再次发生,或者发病率、死亡率较高的潜伏动物疫病突然发生并迅速传播,给养殖业生产安全造成严重威胁、危害,以及可能对公众健康和生命安全造成危害的情形。

(四)重大新发突发植物疫情,是指我国境内首次发生或者已经宣布消灭的严重危害植物的真菌、细菌、病毒、昆虫、线虫、杂草、害鼠、软体动物等再次引发病虫害,或者本地有害生物突然大范围发生并迅速传播,对农作物、林木等植物造成严重危害的情形。

(五)生物技术研究、开发与应用,是指通过科学和工程原理认识、改造、合成、利用生物而从事的科学研究、技术开发与应用等活动。

(六)病原微生物,是指可以侵犯人、动物引起感染甚至传染病的微生物,包括病毒、细菌、真菌、立克次体、寄生虫等。

(七)植物有害生物,是指能够对农作物、林木等植物造成危害的真菌、细菌、病毒、昆虫、线虫、杂草、害鼠、软体动物等生物。

(八)人类遗传资源,包括人类遗传资源材料和人类遗传资源信息。人类遗传资源材料是指含有人体基因组、基因等遗传物质的器官、组织、细胞等遗传材料。人类遗传资源信息是指利用人类遗传资源材料产生的数据等信息资料。

(九)微生物耐药,是指微生物对抗微生物药物产生抗性,导致抗微生物药物不能有效控制微生物的感染。

(十)生物武器,是指类型和数量不属于预防、保护或者其他和平用途所正当需要的、任何来源或者任何方法产生的微生物剂、其他生物剂以及生物毒素;也包括为将上述生物剂、生物毒素使用于敌对目的或者武装冲突而设计的武器、设备或者运载工具。

(十一)生物恐怖,是指故意使用致病性微生物、生物毒素等实施袭击,损害人类或者动植物健康,引起社会恐慌,企图达到特定政治目的的行为。

第八十六条 生物安全信息属于国家秘密的,应当依照《中华人民共和国保守国家秘密法》和国家其他有关保密规定实施保密管理。

第八十七条 中国人民解放军、中国人民武装警察部队的生物安全活动,由中央军事委员会依照本法规定的原则另行规定。

第八十八条 本法自 2021 年 4 月 15 日起施行。

索　引